学术新知·当代科学技术论译丛

Engaging Science

How to Understand Its Practices Philosophically

涉入科学

如何从哲学上理解科学实践

著 【美】约瑟夫·劳斯(Joseph Rouse)

译 戴建平

苏州大学出版社
SOOCHOW UNIVERSITY PRESS

图书在版编目(CIP)数据

涉入科学:如何从哲学上理解科学实践/(美)劳斯著;戴建平译.—苏州:苏州大学出版社,2010.9
(学术新视野:当代科学技术论译丛)
Engaging Science: How to Understand Its Practices Philosophically
ISBN 978-7-81137-517-6

Ⅰ.①涉… Ⅱ.①劳…②戴… Ⅲ.①科学哲学—研究 Ⅳ.①N02

中国版本图书馆 CIP 数据核字(2010)第 182609 号
著作合同登记号 图字: 10-2008-342 号
Engaging Science: How to Understand Its Practices Philosophically, by Joseph Rouse, originally published by Cornell University Press

书　　名	**涉入科学——**如何从哲学上理解科学实践
著　　者	[美] 约瑟夫·劳斯(Joseph Rouse)
译　　者	戴建平
责任编辑	赵　强
出版发行	苏州大学出版社 (地址:苏州市十梓街 1 号　215006)
经　　销	江苏省新华书店
印　　刷	丹阳市教育印刷厂
开　　本	700 mm×1 000 mm　1/16
字　　数	261 千
印　　张	17.75
版　　次	2010 年 9 月第 1 版 2010 年 9 月第 1 次印刷
书　　号	ISBN 978-7-81137-517-6
定　　价	35.00 元

苏州大学出版社网址　http://www.sudapress.com

致　谢

在本书构思与写作的七年当中，我一直受到同事、朋友、机构和家庭的支持。在这一致谢的开始，我要感谢对我提供最直接最基本帮助的国家科学基金 DIR 9122683，提供了一段离职度假期的资助，在这一重要时期内，我得以充分地重新构思了第二部分并写作了其中一些内容。我要特别感谢项目主任罗纳德·奥佛曼(Ronald Overmann)，他在项目申请与评议的整个过程中一直在鼓励和支持着我。我参加了阿瑟·法因(Arthur Fine)的 NEH 暑期讨论班——“实在论的遗产”，以及哈勃·德里福斯(Hubert Drefus)和大卫·霍伊(David Hoy)NEH 暑期讨论班——“解释与人文科学”，这两个讨论班激起我产生了最初的想法。在我与史蒂夫·富勒共同主持的卫斯廉大学 NEH 暑期学院“作为文化与实践的科学”的讨论中，我的那些与这一计划有关的想法受到了充分挑战，但是也得到了巩固。从卫斯廉大学享受到的 1989 年和 1991 年的学术休假以及 1988 年卫斯廉人文科学中心提供的研究职位使我有机会思考和写作。

在这本书里，我坚持强调知识的互动和动态性两方面。因此，我应该感激地指出，我所写下的很多内容都得益于与阿瑟·法因、史蒂夫·富勒、唐纳·哈拉维(Donna Haraway)、马克·奥克伦特(Mark Okrent)和贝蒂·斯莫克维蒂斯(Betty Smocovitis)等人持续地交谈。尽管他们必须免于因本书内容而受到的责难，但也为其中的很多内容负有责任。还有很多其他的人需要感谢，这些人里面有詹姆斯·鲍曼(James Bohman)、朱迪·巴特勒(Judith Butler)、大卫·卡尔(David Carr)、南希·卡特莱特(Nancy

Cartwright)、约翰·康普顿(John Compton)、罗伯特·克里斯(Robert Crease)、哈勃·德里福斯(Hubert Drefus)、布瑞恩·费(Brain Fay)、南希·弗雷泽(Nancy Fraser)、彼得·盖里森(Peter Galison)、莱迪亚·戈尔(Lydia Goehr)、加里·嘉丁(Gary Gutting)、桑德拉·哈丁(Sandra Harding)、大卫·西里(David Hiley)、安德鲁·皮克林(Andrew Pickering)、汉斯-尤格·雷恩博格(Hans-Jorg Rheinberger)、保罗·娄斯(Paul Roth)、托马斯·雷克曼(Thomas Ryckman)、大卫·斯坦普(David Stump)、肯尼斯·泰勒(Kenneth Taylor)、斯蒂芬·沃格尔(Steven Vogel)、托马斯·瓦腾博格(Thomas Wartenburg)、肯尼斯·维斯特费(Kenneth Westphal)、塞缪尔·惠勒 III(Samuel Wheeler III)、史蒂夫·伍尔伽(Steve Woolgar)以及艾利森·惠利(Alison Wylie)。感谢玛格丽特·克劳齐(Margaret Crouch)、布雷恩·费、卢斯·金兹博格(Ruth Ginzberg)、莱迪亚·戈尔、斯蒂芬·郝斯特(Steven Horst)、安德鲁·诺曼(Andrew Norman)、马克·奥克伦特、托马斯·雷克曼、马克·斯通(Mark Stone)以及来自康奈尔大学出版社的两位匿名编辑。

像往常一样,我在卫斯廉大学的学生们也给予我这一工作很多帮助,他们经常提出的挑战性的质疑、反驳、澄清以及建设性的意见是我不可缺少的。特别感谢马克斯·贝尔金(Marx Belkin)、爱德·伯德克尔(Ed Boedeker)、达弗·伯兰德(Dave Burland)、约什·顿斯比(Josh Dunsby)、劳拉·费多菲(Laura Fedolfi)、亨利·戈德施密特(Henry Goldschmidt)、尤-尤·库(Jo-Jo Koo)、珍妮菲尔·朗顿(Jennifer Langdon)、伊丽莎白·莫晨特(Elizabeth Merchant)、苏珊纳·波尔兹(Susannah Paletz)、杰西卡·菲佛(Jessica Pfeifer)、约什·施维莫尔(Josh Schwimmer)、玛格丽特·西沃尔(Margaret Sewall)、彼得·斯佩尔曼(Peter Spillman)和克里斯·泽恩(Chris Zurn)。

我还因如下原因而获益匪浅,即本书部分内容有机会在一些善思而机敏的听众面前宣讲,包括康涅狄格大学(University of Connecticut)哲学系、丹尼森学院(Denison College)、乔治亚大学(University of Georgia)、新汉普郡大学(University of New Hampshire)、奥柏林学院(Oberlin College)、圣路易大学(Saint Louis University)、纽约大学石溪分校(State Univeristy of New York at Stony Brook)、西安大略大学(University of Western Ontario)、威廉和玛丽学院(College of William and Mary)以及美国哲学学会东部分会,布朗大学潘布鲁克中心(Pembroke Center at Brown University),加里福尼亚大学圣迭戈分校的科学论计划(Science Studies Program at the University of California at San Diego),科罗拉多大学科学史与科学哲学计划(the program in History and Philosophy of Science at the University of Colorado),佛罗里达大学(University of Florida)历史系,斯坦福大学的"非统一性和语境论"会议,塞拉库斯大学的麦克斯韦研究生中心(the Maxwell Graduate Center at Syracuse University),卫斯廉大学人文科学中心(the center for the Humannities at Wesleyan University),明尼苏达科学哲学中心(the Minnesota Center for the Philosophy of Science),耶路撒冷、希伯来大学(Hebrew University)与特拉维夫大学(University of Tel Aviv)联合主办的范·里尔研究院(Van Leer Institute)。我要特别感谢一些机构,UCLA 的"定域化知识"会议以及罗格斯大学(Rutgers University)当代文化批判分析中心邀请我演讲,这使我写出了第 4 章和第 9 章的初稿。

我还要表示感谢的是,我的一些已经发表过的材料获许在书中如下章节使用:

第 1 章重印了"科学哲学与现代性的持续叙事",发表于《科学史与科学哲学研究》(*Studies in History and Philosophy of Science*)第 22 卷(1991 年):141—162,承蒙埃斯维尔科学有限公司(位于 The Boulevard, Langford Lane, Kidlingdon OX51GB)惠允重印。

第 2 章重印自《科学哲学》(*Philosophy of Science*)58 卷(1991 年):607—627,承蒙科学哲学学会惠允重印。

第 3 章重印自 *PSA* 1988,第 1 卷由阿瑟·法因和加里特·利普林编,294—301,承蒙科学哲学学会惠允重印。

第 6 章最初以"科学的叙事重建"为题发表于《探询》(*Inquiry*)33 卷(1990 年):179—196,承蒙斯堪的纳维亚大学(Scandinavian University)出版社(位于 Oslo,NorWay)惠允修改、重印。

第 7 章的部分内容也是经过修改在此重印的,以“科学中权力与知识的动态性”为题发表于《哲学杂志》(*Journal of Philosophy*)88 卷(1991 年):658—667。

第 9 章最初发表于《轮廓》(Configurations)1 卷 1 号(1993):1—22,这里重印时进行了扩充,版权拥有者为约翰·霍普金斯大学出版社以及文学与科学学会。

特别感谢邻区幼儿园(Preschool)那些有才华且非常投入的老师们,他们为我提供了不同方式的支持和安全感,对我的工作来说也是非常重要的。我的儿子们,布雷恩·格鲁坎·劳斯(Brain Grucan Rouse)和马丁·格鲁坎·劳斯(Martin Grucan Rouse),在一些比本书重要得多的事物上,给了我一些极其宝贵的看法。我的妈妈海伦·劳斯(Helen Rouse)以及与我的父亲 J. T. 劳斯(J. T. Rouse)有关的记忆不断激励着我。莎丽·格鲁坎(Sally Grucan)提供了最重要的帮助,她给了我爱、鼓励、分享和快乐,这些一直是我生命的基础。我要用爱和赞美把这本书献给莎丽。

约瑟夫·劳斯

中心区,康涅狄格

目　录
Contents

中文版序言

中国的读者即将看到《涉入科学》的中文译本面世，对此我感到极大的快乐和荣幸。我之所以写作这本书，是为了改变哲学家、历史学家以及科学家考虑科学的方式。通过改变学者们的科学观念，我还希望为科学家们以及相关的公民提供新的方式，来考虑和谈论科学对于文化和社会的重要性。在中国，科学工作的迅速增长发生于重大的技术、经济和环境变化的过程之中。如果本书的翻译能有助于那些寻求理解和影响这些重大发展的中国学者和公民，我将感到特别高兴。

在20世纪90年代，当这本书处于写作之中的时候，北美和欧洲对科学进行的哲学和社会研究正沉湎于让人沮丧的无效的争论之中。科学是否是"合理的"，它们是否表象了和如何表象了实在，以及如何最好地说明科学争论的结果，在这些问题上他们争论不休，即使这些争论中的主角们也越来越对这些问题的表达感到不快。几年后，一位卓越的思想史家——约翰·赞姆托，对这一过程进行了详细的历史研究，并把1960—1992年的科学哲学和社会学研究解释为一连串失败的研究纲领。《涉入科学》提供了一个诊断，告诉我们这些研究纲领出现了什么样的问题，还从哲学上和经验上提供了一些新的思考科学的方式。

问题出在学者们对科学的理解一直受到一些常见但过分单纯的故事的影响上，这些故事讲的是，对于国家和文化来说变得"现代"意味着什么。在这些故事中，"现代"科学是一个重要角色，学者们听任他们对科学的理解受到他们偏爱的、讲述这一故事的方式所具有的假定的影响。这些"现代性故事”讲的是城市、世俗和理性社会的逐渐出现。在这一叙事中，科学和技术总是扮演了突出的角色，并以适于其故事讲述的方式而被理解。有时，故事被讲成一个进步和启蒙的传说；有时是一首挽歌，讲的是从自然和有意义人类群落中的异化；更经常的是，它被貌似均衡地讲述为有得有失的故事。不过，关于科学，这些不同的讲述方式都有类似的假定，而这些假定都没有得到批判性的质疑，特别是对习惯于认识这些过于简单化了的故事的中国读者来说，也许是误导性的。这些是欧美的故事，对于中国来说，科学在“现代化”中的作用也许有不同的经验。不过，中国读者也许可以认识到这些故事如何影响了欧洲人和美国人对科学的一般认识。

在本书的第一部分，我提出，关于科学的各种哲学和社会科学讨论，它们具有共同的科学概念，其科学概念正是根据欧美现代故事形成的。我还提出，这些共同的科学概念具有限制性和误导性。与其去解决有关以科学合理性、进步及“实在”的发现或构造为中心的争论，我们不如去消解它们，并以不同的方式来思考科学。

因此，本书的第二部分就是寻求通过把科学理解为实践来发展这些新的方式。在一定程度上，我吸收了人类学家、历史学家、女性主义学者和其他一些人的工作成果，他们开始用不同的方式来研究科学，挑战那些更传统的哲学和社会学假定。然而，在那时，这一工作的意义并未得到充分认识。这一新见识受到误解，一定程度上是因为它并不回答老的、熟悉的哲学问题。然而，更重要的是，没有人明确认识到或呼吁人们关注这些经验研究相互之间的支持，以形成一个关于科学及其文化和社会地位的替代性概念。因此，我的任务就是把这一科学实践的替代性概念表述为内在于社会文化生活的必要部分。部分工作是要发展一个关于“实践”的充分概念。与大多数哲学家对知识进行回溯性评估不同，我还强调了科学实践的未来指向性。我集中于科学与世界之间的动态互动，而不是谈论作为表象的静态集合的知识。甚至科学家们表述其理解的预言也需要被构想为内在于他们与世界的互动，而不是对世界的脱节的表象。

我对哲学家和社会科学家的一部分挑战是重新构想他们与他们所研究的科学之间的关系。更早的几代哲学家曾主张超越于科学之上的权威性:哲学家提出了应当支配科学知识所主张的那些规范。最近,哲学家和社会学家接受了科学结论,并寻求对这些结论的权威解释。他们对于哪个理论"更好地理解了科学"持有不同的意见,就好像应当由哲学家来回答什么是科学的目标以及这一目标如何达到。本书的书名提示了一种替代性的图像。在英语中,我们会说,涉入他人以进行谈话,涉入另外一个团体以进行谈判,或者在一次战斗中涉入一股敌军。我所说的如何从哲学上涉入科学,这更像是对话而不是战斗。我对"涉入"一词的使用强调了两个重要的主题。首先,涉入某人或某物要求实际上进行接触。我想促使科学哲学转回与科学工作的更紧密的联系,而不是通过如何变得"现代"的哲学故事的透镜来看待科学。其次,当一个人在谈话、谈判甚至战斗中与其他人联系时,结果并不由其中任何一方决定,而是产生于他们之间的互动。我们既不能为科学强加一个哲学解释,也不能无批判地接受科学家们谈论自己成就的方式。我强调,像任何好的对话一样,从哲学和社会理论出发来涉入科学应当从新方向出发来对待科学和哲学,这些新方向是其中任何一方在一开始都无法想到的。

13 年后再回头来看这本书,我为本书出版之后科学哲学和科学论领域所发生的事情感到高兴。我在第一部分批评的那些论题丧失了它们开始具有的中心地位。新的和激动人心的工作出现了,这些工作与我强调的理解科学实践相一致,尽管实践概念还需发挥更加明确的作用。这些新的进展包括有关理论模型、实验系统、因果作用以及科学工作的社会和文化意义。我称之为"科学的文化研究"的这些新研究方向还在人类学、历史学、社会学、女性主义科学论甚至在哲学家中间繁荣起来。但是我也必须承认,还存在一些让人失望的情况。哲学和"文化研究"学者还没有经常阅读或引用彼此的著作,即便两个学科的发展是互补的。我的一些关于术语的提议也没有得到响应。我提供了一个替代性的、更有趣的概念,以说明对科学哲学来说变成"后现代"将意味着什么,但是这一术语依旧保持着我所批评的那些常见假定。"科学的文化研究"这一术语还没有被广泛接受,没有成为这些科学论新研究方向的名称。不过,术语并不是真正重要的。我对理解科学实践的建设性说明,对后来的科学哲学和科学论仍然是至关重要的。

我盼望着中国在科学哲学和科学论方面的学术进步，盼望着在新一代的中国哲学家和学者的工作中出现思考科学的新方向。中国的学者和公民正在为更好地理解中国的科学，并就有关科学、技术与社会展开更广泛的国际对话而奋斗，我希望这本书的中文译本能对此有所帮助。

约瑟夫·劳斯

导 言

在20世纪的大部分时间里，关于科学的哲学讨论，至少由前后相继的四种解释性的传统构成，它们都试图弄清科学知识的意义。科学哲学的学 【1】科起源，至少就盎格鲁—美国来说，可以追溯到维也纳学派，那些战前迫不得已的移民在美国和英国建立了逻辑经验主义和波普学派的纲领。随后，历史理性主义、科学实在论、社会建构论以严肃的替代者姿态出现，以作为被广泛认为失败了的实证论/经验论纲领之后的选择。这几个传统中的每一个都有其自身的内在历史，各自充满了争论，其中心问题和教条也都经历了逐步重构的过程。没有哪个传统能够形成铁板一块的统一观点。尽管各自具有复杂性和内在分化的特征，这些传统却有着重要而相同的主旨以及基本上共享的论题，这构成他们之间争论的明显标志。〔1〕

---

〔1〕 我认为后实证主义传统是由如下这些人的影响广泛的著作引入的，包括汉森(N. R. Hanson)、托马斯·库恩(Thomas Kuhn)、斯蒂芬·图尔明(Stephen Toulmin)、保罗·费耶阿本德(Paul Feyerabend)以及迈克尔·波兰尼(Michael Polanyi)。其后来的发展则是通过拉卡托斯(Imre Lakatos)、达德利·夏皮尔(Dudley Shapere)、玛丽·赫西(Mary Hesse)以及拉里·劳丹(Larry Laudan)和其他一些人的著作。科学实在论的当代形式可以追溯到威尔弗雷德·塞拉斯(Wilfred Sellars)、J. J. C·斯玛特(J. J. C. Smart)和葛鲁佛·麦克斯韦的工作，但是作为解释性传统的一个替代选择，则始自希拉里·普特南(Hilary Putnam)和理查德·伯德(Richard Boyd)。随后发展成各种不同的温和的、内在的、碎片的以及实体实在论。社会建构论传统始自爱丁堡学派"强纲领"，但随后发展的巴斯相对主义、常人学研究、话语分析、行动者网络理论、构造自反性对之进行了充分的修正。尽管人们普遍认为逻辑经验主义已经死去，但还是有一些人试图重新引入实证论传统。例如巴斯·范·弗拉森(Bas van Fraassen)、克拉克·格莱摩尔(Clark Glymour)，尽管二者的路径很不相同。阿瑟·法因、南希·卡特莱特和伊安·哈金的工作与实证论传统尽管有所区别，但也有着重要的共鸣，正如我在第4章讨论的那样。迈克尔·福雷德曼(Michael Friedman)、托马斯·赖克曼(Thomas Ryckman)、托马斯·里克茨(Thomas Ricketts)以及阿兰·理查德森(Alan Richardson)和一些人也表明，与20世纪50年代的逻辑经验主义相比，维也纳学派还包括了一些更有趣的立场和论点。

【2】 这本书不仅源自我对这些解释性传统的严重的个人不满,也是因为,这些传统在对将它们区分开来的论题及解决方式的看法上存在着共同点。在第一部分的那些章节,我清楚地指出了使我对科学哲学和科学社会学中这些有影响的发展感到不满的那些基本假设和论题。在第二部分,我开始制订一套从哲学上涉入科学的替代方式。不过这两个部分很难避免一些重叠。我对这些哲学和社会学传统的明确批评,指示了在随后章节中所探讨的重要主题,而后者是对先前那些批评的扩展和引申。导言后面的内容由四个部分组成。首先,我概括说明了科学哲学和科学社会学中主流的解释性传统,以及他们共同致力于现代科学整体合法化的需求。在第二部分,我总结了我对隐藏在这些解释性传统之中明显分歧背后的那些共同点进行的批评。第三个部分则概括了以跨文化研究为模式的对科学论进行重构所引起的一些哲学问题。在导言的最后,我简单概述了每一独立的章节如何与全书的内容相匹配。

实在论、合理性、社会建构论以及现代科学的合法化

科学哲学和科学社会学共同关注的核心问题,是说明构成科学探究的各种活动。这一共同的关注说明了普特南宣称的“实在论反对观念论的一个典型论证,是它使得科学的成功成为一个奇迹”[1],以及范·弗拉森的回应“建构经验论比实在论更好地说明了科学和科学的活动,而没有多余的形而上学”[2]。斯蒂芬·夏平和西蒙·谢佛提出了第三种说明科学的
【3】 策略:“随着我们逐渐认识到各种认知形式的约定性和人为性特点,我们也就认识到,正是我们自己而不是实在,为我们所知道的东西负责。”[3]如此说来,科学活动有意义,是因为它们可以被合理地理解为成功达到了一个特殊的目标。例如,科学实在论者们把科学实践理解为致力于产生一些理论,这些理论至少近似地描绘了一个独立于心灵的世界。工具论者反驳

〔1〕 Putnam 1978:18.
〔2〕 Van Fraasen 1980:73.
〔3〕 Shapin and Schaffer 1985:344.

说,如果我们把科学的目标理解得不那么有野心的话,我们就可以更好地理解科学:对可观测事件的更好预言,更广泛更精确地解决问题,或者为其他目的而成功地操纵事物。更具历史主义倾向的哲学家提出,科学实践能自我确立其目标:各门科学不断致力于提高它们的理论、方法以及目的,因此科学家们可以更好地知道如何学习。当然,无论为科学假定什么样的目标,在科学探究自身的情境中,这些目标本身必须是一个值得期望的结果。但是大多数科学哲学家把他们赋予科学实践的那些目标视为普遍可取的,如此一来,科学实践发生于其中的具体情境的特点仅具有微不足道的哲学意义。任何能够进行科学探究的文化大概都会发现,拥有(近似)真的理论、可靠的预言或者提高探究的方法是一件值得做的事情。

然而,仔细想想,这些相互竞争的关于科学知识的哲学解释之间,到底什么是最关键的问题,我们并不是十分清楚。如果我们发现科学真的通过工具主义、实在论或者根据历史进步的合理性得到了最好的理解,又会改变什么呢?也许文化的自我理解自身有一定的价值,也许是自然科学在文化上如此重要。但是珍视文化理解的一个重要原因就是它能对未来活动有指导意义。在这个意义上,我们会惊讶地发现,当代对科学的这么多的哲学解释是如此有限。科学哲学和科学社会学经常倒转了马克思《费尔巴哈提纲》中的第11条:到目前为止,哲学家们一直试图改变科学,但最近几十年来,问题仅仅是如何解释它。

科学哲学并不总是被如此束缚的。在20世纪中叶,那些说明科学的 【4】
最杰出的哲学框架都对科学实践采取了一个至少是批判性的立场。与现象学或者新马克思主义批判理论相比,逻辑实证论和波普证伪主义把他们自己与科学事业更紧密地联系起来,但是他们往往去质疑那些不能满足其方法论标准的科学信念和实践。实际上,他们的忠诚献给了一个哲学理想中的科学,而现实的科学实践无法体现。相反,在对科学成就及科学目标的解释上,当代科学实在论也许与范·弗拉森这样的经验论者或者拉里·劳丹和达德利·夏皮尔这样的历史理性主义者有所不同,但是,他们同样不会改变绝大多数的科学实践及其结果。〔1〕在这些哲学家中间，问题的关键最终变成，对科学实践的成就特别是科学理论，应该采取什么样的认识论态度。我们应当相信很好确立的科学理论是(很可能是)真的吗？我们应当回避信仰并接受那些在经验上同样充分的理论吗？或者，我们应当认可对这些理论的追求，而无须使自己采取接受或信仰的态度？可以理解的是，对于这些解释上的论辩，科学家们也许并不关心，或者可能根据美学上的原因从这些竞争的立场中选择一种，因为这些立场并没有为科学实践提供任何约束或建议。

但是，如果我们只是将之视为哲学家内部的纷争——这些哲学家希望澄清他们对科学事业之价值的共同信念，也许我们就会根本误解这些哲学
【5】分歧的意义。当代科学哲学的内部情况，受到托马斯·库恩和费耶阿本德的决定性影响。不论库恩和费耶阿本德自己想要说些什么，他们的工作在哲学及哲学以外的领域内被广泛地解释为对科学的合理性和文化权威性的攻击。〔2〕此外，在过去的 20 年里，科学社会学领域内大多热情地采取了对库恩和费耶阿本德的这一定位。与爱丁堡学派的“强纲领”和巴斯建构论——“相对主义纲领”一起，很多科学社会学家提出，哲学家们根据科学实践合理性或者近似真理解释的现象，可以通过社会学得到更好的说明。

哲学进路和社会学进路的这一对比最初显得非常重要，因为社会学家们提出的说明不会使常常被赋予科学实践及其结果的权威性合法化。论辩科学结论为近似真理、经验上可靠或者探究合理结果是同一回事；如果得到证实，这些论证就是接受这些结论以及支持获得这些结论的实践和方法的理由。但是，如果这些结论通过占主导地位的社会群体的利益得到更

〔1〕 也许让人惊讶的是，这同样也是很多社会学文献的特点，试图用一种纯粹描述的方式来解释科学知识，以代替哲学家们对当代科学实践的捍卫。我将在这篇导言的后面讨论社会建构论的文献。

〔2〕 现在人们广泛认识到的是，库恩的这一“非理性主义者”形象与库恩的自我认识相抵触，费耶阿本德(1975)对人们宣称的科学合理性进行批评的动机或目的同样经常被误解。他们本人对这些误解的积极回应，参见库恩(1977)和费耶阿本德(1987：19—89)。但是，对这些回应的反应，时常表现为阿兰·姆斯格雷夫对库恩的典型评论“也许革命者从来没有真正存在过——但这就有必要发明他”(Musgrave1980：15)之中。

好的说明，或者由其他社会偶然因素予以更好的说明，那么，这些说明充其量在是否应该接受这些结论的问题上是无关于真或假的。科学结论被广泛接受是因为它是近似的真理，或者得到了合理的辩明，在这个意义上，这些社会学解释的成就也许可以走得更远，并且削弱了对它们的合理性辩明。对科学进行的哲学解释的关键也许因此就获得了与科学知识的社会学说明以及库恩和费耶阿本德的遗产十分不同的重要性。因此，重要的事情就是充分（合理）地利用科学探究以维护科学的权威性，也许还有其文化上和政治上的自主性。解释得稍不充分，就更易受到为维护科学知识主张的合理性和权威性而提出的批评。

这样，初看起来，在科学实在论或科学方法合理性的支持者与他们的社会学批评者之间的主要争论就清楚了。科学是一种明显合理的探究形式？在试图理解和与世界打交道时，人们应该遵从于它？或者科学实践是一项社会事业？它的运作依据于社会规范，牵涉到相互冲突的利益和解释、统治、抵抗、协商和妥协，最终其结果并不比任何其他复杂社会实践更多一些（当然可以推断，也并不更少一些）合理性或可靠性？

这些冲突的关键问题初看起来同样是清楚明白且让人信服的。科学权威性和自主性的哲学捍卫者频繁地暗示认识论相对主义的极端危险。如果科学结论既不是近似的真理，也不是探究或批判的独特合理方法的结 【6】
果，那么就不会存在任何基础，使得人们可以选择有关世界的一套信仰而不是另外一套。在公立中学的课程表上，进化生物学没有任何合法化的主张来排斥创造论科学；江湖医术和医药科学将享有同等的认识论地位；没有任何合理的理由来批评"科学"种族主义和男性至上论；科学在技术上的很多成功运用将难以解释或不可理解。就这样，人们开始捍卫科学理论和方法的合理性以及近似真理性，将其作为科学研究实践合法化的必不可少的条件，同时也作为具有充分自反性和自我批判性的文化政治学的必备条件。

新的科学社会学家不完全相信所谓的相对主义的危险，坚持对科学文化霸权进行批判的重要性。人们区分了新科学社会学在认识论或方法论上的相对主义特点与将所有知识主张视为同等有效的"判断上的相对主义"之间的不同。[1]说科学标准、价值以及规范的辩护相对于某一特殊的共同体或者生活的社会形式，此说法自身并不挑战科学在相关语境中的运用。对于日常实践的目的来说，关于一个特殊社会语境的辩护已经足够了。但是，在更广泛的文化语境中，特别是要对科学知识进行批判性反思的时候，方法论相对主义或者对科学共同体接受的那些信念和不接受的那些信念进行说明的对称性原理，也许显得很有必要。在西方文化中，各门科学享有巨大的文化声誉和权威性。为了理解科学是如何实践的以及其结论是如何获得并得以承认的，社会学家们坚持认为，我们必须把科学知识合理性的假定搁置起来，让科学的那些成就将自身与其他信仰和实践放在同一个层次上。只有这样，才能充分超越那些根深蒂固的对科学权威性的先行文化假定，使得对科学实践和信仰的认识论地位的清醒判断成为可能。只有这样，人们才能在科学置身其中并产生影响的很多文化环境中的科学探究和成就的地位进行充分评估。

【7】 如此一来，科学实践的哲学解释和社会学解释之间的冲突就揭示了有关这一情境的冲突印象，而对这些冲突的印象，这些解释都需予以回应。科学的哲学解释获得其文化意义，是因为它感觉有必要去捍卫科学的合理性及其认识论成就，以反对广泛流行的对推理和证据的轻视和对科学的非理性的敌意。社会学相对主义回应却是另一种图像，即认为人们普遍地求助于科学实践的合理性或者科学理论的近似真理性，已形成了一种意识形态的功能，从而掩盖了未经辩明的科学文化霸权。社会学说明的目的是表明科学权威性是如何偶然建构的，并由此削弱广泛的自然或理性必然性的幻觉，这些幻觉常常与科学理论和概念相联系。

这些都是我们文化境调中所熟知的图像，但是这一熟知同时也要求一种质疑。在第一部分中，我讨论了在科学合法化问题上这些类似的争论，以及那些捍卫或拒斥"现代时期合法性"的文化"元叙事"。那些主要的科学哲学解释和社会学解释得以显明意义的叙事结构与这种"元叙事"的结构相当匹配。哲学家们将科学的历史重构为一部合理科学方法的成熟史

[1] Knorr-Cetina and Mulkay 1983：5-6.

和科学知识的增长史。这些进步故事是现代化颂歌中的固有部分，其中人类理性的进步战胜了传统、反动和迷信的非理性力量。对于这一颂歌，科学社会学解释则采取了一个更加骑墙的立场。正如我在第一章中指出的，最近几十年中最有影响的社会学纲领有时与那些对理性进步持批判态度的反现代主义批评结成同盟。但是，更多的是，他们采取了一个超现代主义的立场：哲学家们和科学家们对科学的合理性和进步性的信念自身也成为另外一种非理性教条，必须接受（社会学）理性的审视。让人吃惊的是，无论哪种立场，社会学家们都与哲学家们享有一个共同的看法，那就是将科学视为一个典型的"现代"世界的历史发展的固有部分，这一发展从根本上说需要批评、捍卫或者完善。

但是为什么要对这些宏大的文化叙事进行质疑呢？将科学知识的解释直截了当地置于有关我们当代文化困境的基本问题中间，这有何问题？即使我们暂时不考虑将我们的世界构造为"现代"的更大的叙事框架，这里还会产生更严重的问题。可以反过来问这样一个问题：这些现代性叙事如 【8】何构造了对科学和科学知识的解释？因为人们会感到惊讶的是，那些表面是如此冲突的对科学的各种解释，如实证论、历史理性主义和实在论，以及建构论传统，却共享着有关科学、科学解释及其关键问题的相同假定。这些共享的假定包括范围的普遍性、历史编纂学的中心地带以及科学面对的合法化问题的抽象性。更基本的是，他们还共同聚焦于科学知识，认为科学知识是解释和科学合法化问题的中心，并共同假定知识是表象的，对于什么是解释或说明科学知识的关键问题也持有同样的看法。

首先，在这些不同的解释中，一个普遍的潜在共识是作为一个整体的科学产生了合法化问题。对逻辑实证主义和波普主义来说，合法化必然是整体性的，因为科学知识的合法化特征就是提供一个关于科学和更普遍的经验知识的原则上的划界。他们的继承者降低了划界纲领的重要性，但是仍然提出一些整体性论证来处理合法化问题。例如，科学实在论者提出，在一个"成熟"的科学中，依赖于科学理论的那些方法在技术上的成功，最好的解释就是科学理论是近似的真理。这样，与"一个整体上独立于我们的思想和理论观点的实在"相符合，是那些最为人们所承认的科学领域的显著特征。[1]范·弗拉森提供了一个相似的一般立场，把科学探究的目标设想为经验充分的理论。以上两个案例中都提出了一种一般性的解释来说明科学的成功实践，由此也说明（在解释和辩护的双重意义上）了各种科学实践的文化权威性和自主性。

历史理性主义传统看起来似乎远离了这一科学的总体性解释，因为它的支持者越来越多地支持将科学理解为“碎片”的。但是正如我在第1章所论述的，在他们提出的所谓科学的特殊领域的解释中，夏皮尔、劳丹、理
【9】查德·米勒或者甚至彼得·盖里森仍旧发展了一套一般性的历史编纂学框架，对任一特殊科学学科或领域历史的定位，其目的还是为了评估这些科学领域的合法化问题。[2]“对一般性的崇拜”迹象以及对讨论现代时期合法性的心理需要，在历史编纂学的“碎片”纲领中昭然若揭。

社会建构论者们不断要求一种对等的对科学事业之哲学合法化的整体性拒斥。作为历史编纂学纲领的建构论来说，其两大宗旨就是大卫·布鲁尔的“强纲领”的四个信条和斯蒂芬·夏平对拉卡托斯的历史编纂学主张的反击。[3]布鲁尔坚持一种普遍的对称性原则，要求对那些明显是正确的和错误的信念作出同样的因果说明。他还提出，只有社会学的解释能够让人信服地满足这一要求。至于对称性对科学的解释强加了怎样的约束，随后的社会学家们有着各式各样的说明。例如，哈里·柯林斯推广了布鲁尔的原则，并超出了提出该原则的最初意图，他提出“对称性的一个含义就是，我们必须如此对待自然界，好像它从未影响过我们对它的感觉”[4]。还有一些人质疑布鲁尔对宏观利益的强调说明——这恰恰是布鲁尔和爱丁堡学派的特点，他们更倾向于根据微观互动来说明知识主张。[5]但是，

---

〔1〕 Boyd 1984：42；同样是Boyd，很有特点地使用“成熟科学”来标记其论证试图达到的范围。

〔2〕 Shapere 1984，Laudan 1984，Miller 1987，Galison 1988. 下面提到的“对一般性的崇拜”这个短语就采自米勒。Fine(1991)也讨论了米勒和夏皮尔纲领在编史学上的一般性。

〔3〕 Bloor 1991 and Shapin 1982.

〔4〕 Collins 1983：88.

〔5〕 从微观社会学进路来理解科学知识的经典例子是Latour和Woolgar 1986(在第二版中“社会”这个词被从标题中删掉了)；Knorr-Cetina 1981；以及Collins 1983，1992。

我以为"社会建构论"说明的核心是双重的：首先，所有的科学信念必须通过社会因素得到说明，不管这一分析范畴最终包括了哪些内容；其次，对科学知识主张的任何充分解释必须对其知识论和政治合法性保持中立，因此在这个意义上其投入了某种认识论相对主义的怀抱。[1]

社会学相对主义自身本可以退出对科学知识进行的总体合法化的批评，但它的第三个核心却和诸多科学哲学解释有一致的地方。把所有这些【10】标准的解释性传统统一起来的最基本的一点是：科学知识在我们文化中的地位需要一个总体性的解释上的合法化。我将他们对科学需求的这一解释称为合法化方案。这一常常是默许的信念同样说明了科学的哲学解释和社会学解释致力获得的意义。在一种能满足这一要求的科学说明方式中，哲学家们认为自己在一个更广阔的社会文化中具有重要的地位。而以某些令人不安的方式，社会学家对科学信念的真理或合理性合法化进行充分说明，他们暗示，哲学家的要求一定不能得到满足，因此科学知识的当前文化地位就大有问题。

合法化方案内部的这些冲突发生在远离科学实践的一个让人吃惊的高度抽象的层次上。例如，当哲学家们提供了一个普遍性的历史编纂学来捍卫科学合理性时，他们并不是说科学发生于其中的实际结构和实践是相当理性或进步的。没有人声称在这些情境中，如资源、优先权以及科学研究资金的分配建立在一个合理的基础之上。也没有任何严肃的努力来捍卫或批评科学文献的判断标准、格式或者分配模式，那些训练科学家的教育及职业途径、武装力量、制度化的医药、化学或石油工业及农业工业对形成科学重点的影响，或科学家政治活动及其对公众政策的影响。不过，合法化问题远离其具体体制领域的抽象，似乎反映了几种不同的不言自明的辩护，正如史蒂夫·富勒已经指出的：

---

[1] 当然我对社会建构论的这一描述可能会引起争议。尽管它公正地描述了社会学传统中的很多经典立场；但一些有影响的社会学传统的参与者现在拒绝这两个教条或其中一条(例如，可参见 Latour 1987；Pickering 1992，1995)。我把"社会建构论"等同于这些社会学家有时所说的传统或经典科学知识社会学("SSK")，目的恰恰就是突出他们对这一社会学传统的超越或提升，去揭示其所具有的深远含义。

> 一方面,内在论可以通过如下方式(又一个拉卡托斯)得到辩护,即可以认为一个被采用的科学合理性模型能够由数量上无限的社会学所例示,因为像证伪主义这样的方法论并不暗示某种特别的组织科学知识生产的方式……另一方面,内在论也可以通过
> 【11】另外一种方式(又一个夏皮尔)得到辩护,即认为一个被采用的科学合理性模型事实上不过是在科学史中演化出来的一种。哲学家把她的描述定位在如此抽象的高度,是因为她想专注于实际情境中有助于知识增长的那些特征。[1]

富勒忽略了在几种选择之间还存在第三种可能性,即不可知论:科学实在论者们提供了一个一般性的论证,表明"成熟"科学的现实实践偶然成功地形成了近似为真的理论,而未能说明在一个不同的体制史中,这些成就能否被复制。

在这一方面,社会建构论者做得相当好,在一些详尽的案例研究中,他们把科学的社会实践和体制纳入到解释之中。在这些特殊的案例中,他们讨论了我在前面提到的那些考虑。然而,他们对合法化方案的贡献被奇怪地从其案例研究的细节中抽离出来。唐纳德·麦肯兹和巴里·巴恩斯已经充分认识到这一点,在评价他们有关世纪之交孟德尔主义和生物统计学之间争论的研究更广泛的意义时说:"一般性的问题不是科学判断的目标指向特征,这暗示了它与某些特殊偶然性或外部因素或政治利益的关系;所暗示的是,任何这样的偶然性都有可能对判断产生影响,并且某种社会偶然因素一定会产生影响。"[2]社会偶然性的事实本身,不应该被视为那些塑造科学的专门偶然性的、不光彩的或规训性的特征,其已经导致社会建构论者去质疑各门科学的文化权威性。当安德鲁·皮克林对有关高能物理学的丰富历史研究进行总结时说:"没有给任何人强加责任去构造一个世界观来考虑 20 世纪科学"[3],他的理由不在于他对物理学家们致力

〔1〕 Fuller 1989:11.

〔2〕 MacKenzie and Barnes 1979:205.

〔3〕 Pickering 1984:413.

于调整场论和夸克的社会学说明的具体细节之中，而是在于为了这一目的竟然有这么多的偶然性社会细节可供使用。

从具体案例研究细节中的抽离之余，还有一些十分普遍性的论证作为 【12】
补充。由此，柯林斯挑战了科学实验的可重复性经常扮演的合法化角色，他称之为"实验者倒退(experimenter's regress)"：如果不是实验成功地得到"正确"结果，就没有标准来衡量这一实验是否被彻底地执行，而决定结果的正确与否，又超出了实验的基础。柯林斯因此坚持认为，必须从社会方面说明实验的结果，将之视为其他某种事实不完全决定的结论。[1]同样地，布鲁诺·拉图尔和史蒂夫·伍尔伽提出了一个关于科学陈述及其所达目标之间关系的一般性论证，以否定对象(客体)在有关陈述被接受的说明中发挥任何作用。"实在和地方环境之间的区分仅仅存在于陈述确立为一个事实之后……'实在'不能被用于说明为什么一个陈述变成了一个事实，因为仅仅是在它成为一个事实之后，实在的效应才被获得了。"[2]只有科学家们的"微观处理"活动决定着何时一个陈述将自身分裂成一个陈述和一个它指称的独立对象。因此科学陈述自身最终成了一些虚构，而各种虚构性说明之间最重要的那些区别，则成了可以列队支持它们的资源。[3]

参与合法化方案的绝大多数解释科学的哲学家和社会学家，其普遍性和抽象性的水平，直接并根本上与各种解释性传统的共同焦点相联系，它们都集中于把科学解释为一个知识生产的活动，科学知识也被理解为由某种形式的表象构成。科学之哲学解释的这一传统将焦点集中于科学知识，最开始的时候还不很明显。作为一个子学科，科学哲学与更久远的认识论历史之间的关系，实际上相当模糊。传统的知识理论一般会问如下问题，什么是一般意义上的知识？得到这些知识有哪些必要和充分的条件？只有这样，他们才会考虑哪些探究实际上满足这些条件。而一种科学哲学在开始时则会考虑实际的探究实践。科学哲学家们接着会问这些实践会成就什么，如何成就，为何这些成就是有价值的。它的规范性维度不是来自 【13】

〔1〕 Collins 1992.
〔2〕 Latour and Woolgar 1986：180.
〔3〕 Latour and Woolgar 1986：252－258.

于一种有关知识必须是什么的先验概念，而是来自于对最好的探究实践之所以获得成功的反思，这样一些实践就可以成为对其他实践进行批判性评估的基准。并不偶然的是，科学哲学的学科起源可以追溯到这样一个群体——维也纳学派，它的绝大部分成员都是科学家、数学家、社会科学家和历史学家，也就是说，这些人从受到的训练来说都不是哲学家。

尽管科学哲学这一学科对于传统认识论的态度有些含糊，但是其实际的科学哲学实践绝大多数在认识论上相当保守，因为其中心问题历来都由传统的知识概念构成。迈克尔·威廉姆斯（追随巴里·斯特劳德）对认识论传统的核心提供了一个有用的刻画："对知识的传统哲学审查……指向四个中心观念：评估我们关于世界知识的总体性，从一个独特的超然的立场出发作出判断，对我们所声称的拥有关于一个客观世界的知识形成一个裁决。"〔1〕科学哲学和科学社会学将它们审查的焦点从一般知识转移到科学知识，但出于各自的目的改编了这四条主题。合法化方案不过是为了满足对科学——它主张自己是关于一个客观世界的知识——进行总体性评估的需要。〔2〕因此，我们可以认为合法化方案表明了科学哲学和认识论之间的连续性，或者科学社会学和知识社会学之间的连续性。

科学哲学家还从当代认识论传统中借用了一个概念，即认为科学知识

---

〔1〕 Williams 1991：22.

〔2〕 当然，在每一个主题的解释方式上存在重要的差别。哲学家独特地从规范性的意义上刻画"科学的总体性"（只有"成熟"科学被包含在内；对其他的不成熟科学的评价必须等到它们达到了一种合适的成熟状态）；而社会学家坚持我们必须以同样的方式来处理所有致力于或声称为可信知识的实践。与此相似，哲学家和社会学家提供了采取某种超然立场的不同模型。哲学反思提出的超然立场远离了所有实际的利益和纠纷，除了对客观知识的兴趣。因此，哲学上的超然，其目的是为了探索与其所研究的科学同样的旨趣，但用的方式是抽象的，从而使得与科学生气勃勃的那些兴趣远离开来。社会学家提供了一幅不同的超然的图画。社会学家和科学家之间任何共有的兴趣或规范，都要被搁置起来或被取消，以把科学实践和信念作为社会学研究的对象来对待，就像任何其他的社会现象一样。如果必要的话，社会学家必须主动使自己对研究的科学保持陌生，否则，对研究对象的熟悉会使他们自己在科学上的超然态度受到影响。

是由以语言为中介而呈现出来的表象构成的。[1]这样,需要从哲学上弄明白的,就是三者之间的关系,即一个认识者(一个理性的主体,对他来说,表象是有意义的)、知识(有意义表象的内容及其担保)以及被知的对象(据称被科学知识表象的事物)。下面,在对这一关系的理解中产生了两个主要论题:说明知识的"内容"(包括这一内容的内在结构);决定这一内容所表象的知识对象的"本体论地位"。这两个概念都需进行详细说明。 【14】

科学知识"内容"的想法可以与弗雷格的语句意义的概念联系起来。弗雷格把一个符号的意义等同于它对一个对象的"表象模式",这个模式既决定了此符号指称哪一个对象,又以很多可能方式中的一种将这一对象表象出来(也就是说,"《物种起源》的作者"以及"贝格尔号上的博物学家"都指称达尔文,但给出了不同的表象)。一个符号所传达的意义或感觉不但与实际运用的符号截然不同(同样的符号可以传达不同的意义,不同的符号可以传达相同的意义),也与符号所表示的对象截然不同(同样的对象可以通过不同的方式标示出来,而在没有任何对象能与之对应的情况下,符号可以有一定的意义)。[2]因此,科学知识的表象内容就是科学家表述知识时采用的不同方式所传达的意义或感觉,而这些意义或感觉又可以由哲学家和历史学家用不同的术语进行重构。在将其解释的核心集中于知识内容的时候,科学哲学家们希望提取出科学家们说了些什么或者为何种理由相信,而不是考虑这些话讲于何时、何地、何人,以及对谁、为何目的。

科学哲学的核心问题主要是处理科学的认识论内容的推理结构。关于确证、说明、还原以及理论术语解释的经典实证论问题被明确阐述为这样的问题,它研究的是构成知识主要内容的科学理论、定律和观察报告之 【15】
语句内容之间的推理关系。随后的对科学家在方法论和评价上所作努力的关注,也被表述为关注其方法、价值和标准的内容。这是因为,尽管很多

〔1〕 认为知识是一种表象的概念是17世纪认识论的核心贡献,特别是笛卡尔和洛克。语言学转向重新规划了关于知识的问题,在20世纪转折点上,弗雷格(Gottlob Freg)和罗素(Bertrand Russell)开始把知识问题归为语言表述中语义学内容之间的关系。我强调这一谱系的目的是为了提出,科学哲学的主流传统可以被理解为把经典认识论的核心概念应用到科学知识之上。科学哲学的激进可能性——在对科学反思的基础上来重新构想知识——实际上还未得到充分展开。

〔2〕 Frege 1970: 56-78,特别是57-61。

科学哲学家逐渐放弃将科学知识内容重构为形式结构的尝试，后实证主义者关注科学史的明显哲学特征，同样是把这一历史重构为一个进化着的科学知识内容之间的辩证关系史。

科学实在论者和社会建构论者看起来都拒绝实证论和早期后实证论强调知识内容而脱离其物质的和社会的环境。毕竟，当代实在论特别表述为反对意义和指称的弗雷格主义，说明并面对意义变化的有关困难，后者成为后实证论者最初工作的主要内容。同时，社会建构论者直接反对理解科学的内在论进路，因为它明显与以认识论内容为关注焦点的哲学相联系。但是对于这二者来说，这些仍是对科学知识内容之理解和说明方式上的不同，都不是对“内容”本身的转向或批评。

知识内容如何被决定的，这些内容如何意向性地指向世界中的对象，弗雷格主义对这些问题的经典说明为科学实在论者所拒绝，但是在其对科学知识的解释中，认识论内容的概念仍然很重要。实在论的典型特征否认这样一种说法，即语言符号的约定意义建立了它们的感觉，并接着将其指称固定下来。甚至，他们论辩说，一个表述的指称首先是由其最初的或标准性的使用所引起的因果联系固定的。由此说来，当 J. J. 汤姆逊使用“电子”一词来描述阴极射线管的实验时，这个词从此就指称他所讨论的对象，无论与实际实验现象相联系的是什么客体。他的有关电子言论的意义内容同样在一个很显著的程度上为客体自身所决定了：它们的内容为无论什么样的解释所固定，这种解释使其最大程度真实地表象了电子。

理解科学语言的实在论进路有三点值得注意。第一，确定的科学表达
【16】的内容对于科学的实在论观点来说非常关键，因为科学家的主张和事物之所是之间的对应（或不对应）关系在其整个解释中发挥着说明性的角色。问题一定不仅仅是世界是什么样的，而且是科学家的言论说世界是什么样的。第二，尽管实在论者求助于（至少在原则上）一个语句的最初或标准使用的语境特征来决定它指称什么样的对象，这些特征却在随后被忽略了。对象最初洗礼的功用，就是将指示性词语的指称固定下来，并一劳永逸。第三，这一说明从根本上来说仍然预设了某种东西，类似于弗雷格主义对“原因（cause）”这一语义学上很关键的概念的意义和指称之关系的理解。

这一词语(已经固定)的感觉一定直接指向科学家对词语的使用和其周围事物之间存在的真实的、独立于心灵的联系。否则,"原因"一词的指称靠自身永远不能确定下来:它将指向(真实地)导致其最初或标准使用的任何关系,但是如果不是我们已经知道"原因"指的是什么的话,这些关系就不能被决定。[1]

对于将知识内容从其实际表达中抽取出来的想法,社会建构论者好像提供了一个更激进的批评。他们的特点是,坚持知识生产之地方语境特征对说明科学工作的不可消除的重要性。然而,也许对他们来说,将自己的进路与更早对科学的功能主义社会学解释区分开来是如此重要,建构论者一遍遍强调将科学知识内容包含在社会学说明领域的重要性。甚至是像我一样批评了社会建构论很多方面的拉图尔,也在 1990 年的一个评论中一再地斥责沙龙·特拉维克(Sharon Traweek)的工作"未能将物理学的内容与社会组织联系起来"[2]。正如富勒断定的:

> 外在论者们同样假定科学有一个内容需要被说明。因此……知识社会学中强纲领提出的"因果性"和"对称性"原理中一定有些东西被误导了……这些原理指导科学的学者去对科学的内容进行如其所愿的说明,就像说明任何其他文化产品一样。【17】不幸的是,文化产品比内容看起来更清楚确定地位于一定时空的范围内。[3]

无疑,很多社会建构论者可以抗议(并且已经有一些人准备这样做了)说,关于内容的哲学观念在他们的说明中并不真正地发挥作用。他们声称的知识内容应当被社会地解释,也可以被认为是在说明了科学实践和语句之后,关于科学知识不再有其他什么东西需要说明。但是正如我在第二部

〔1〕 对实在论使用指称因果理论所具有的这些困难的更详细讨论,参见 Rouse 1987b:第 5 章,和 Rouse 1991a。

〔2〕 Latour 1990:167.

〔3〕 Fuller 1989:15.

分所讨论的，这样一种置换对社会学家来说并不是无关紧要的，因为他们对社会说明的典型性诉求，在概念上与科学知识内容的观念相联系，而后者却需要进一步的说明。因此对“内容”的批评就会损害社会建构论的观点。[1]

第二个占据科学知识之哲学解释和社会学解释的论题是人们以为的客观知识所表象的对象的“本体论地位”。本体论地位的观念与知识内容的观念紧密相关，但对于缺乏哲学知识的人来说，这一点并不容易认识到。对“内容”的一个常识性阐发可以求助于“事物(thing)”的观念，它是“说的一回事”的那些语句所说的相同的东西。但首先困难的是如何解决在哲学上成问题的表象性内容与它声称所表象的事物之间的关系。这个问题首先产生于经验论或工具论(反实在论)对理论表象的批评之中。在整个科学史中，这些批评一直受到某些理论表象有用性的压制(例如，哥白尼行星轨道，原子，基因，或者亚原子粒子)，但对他们字面上的精确性一直保持着
【18】怀疑。他们由此提出，所谓被这些理论表象的客体是人造物，因为有用，所以被作为工具来预言感觉经验或操纵并控制自然，但并不是先于发明它们的目的而存在的真实的客体。所以，反实在论者们新颖地将此拟表象性建构与为了描绘真实客体独立于人类目的而存在的真实的表象语句进行了对照。实在论者否定了这一对照，坚持认为所有(科学)语言都是表象的(尽管并不总是这样成功，这是事实)。对实在论者来说，科学陈述具有特别的表象内容，它们的真假依赖于世界是否像他们所说的那样。

社会建构论者同样属于反实在论阵营，尽管他们将人工制造的和真实表象话语的对照线划在不同的地方。所有自然的表象，不论是理论的、观

---

〔1〕 这种批评为一定数量的对科学社会学做出杰出贡献的社会学家所采用，也许最值得注意的是拉图尔(1987)和迈克尔·林奇(1985，1992)。具有讽刺意味的是，伍尔伽(1988)也开始批评“社会因素”的首要性，但保留了将知识视为表象的基本想法。有了林奇或拉图尔或皮克林最近的工作，人们可以很好地重写我对科学论历史的这一勾勒，并把本书直接置于建构论传统之中。前文已经指出，我并没有选择这样做，是为了强调与社会建构论和哲学传统共享的那些假定决裂的重要性，再重复一下，这些假定对于他们将自我认定为社会建构论来说是不可缺少的，还有就是为了产生一个显著不同的社会学解释。那些顽固的社会建构论者对林奇、拉图尔和皮克林以及其他一些人的背叛进行的哀悼，可参见布鲁尔 1992、科林斯和耶耳利 1992a，b。

察的,或技术/实践的,都被认为是社会建构的:它们并不(即是说不能)描绘一个独立于人类概念、实践和社会互动的世界,而是必须被理解为这些人类活动的地方决定的产品。但是社会建构论者由此却必须把这些人类范畴、实践和社会互动的表象视为真实的表象:它们描述了社会结构或互动,并说明或者弄清了自然之科学表象的内容。[1]如此一来,社会建构论说明就特别明显地表现出表象内容和本体论地位概念之间的密切关联。他们赋予(自然)科学知识对象这样一种本体论地位:它是这类知识内容的社会决定的产品。拉图尔和伍尔伽以极为清晰的方式推进了这一观点:“一旦(科学)陈述开始稳定下来,那么,一个重要的变化就发生了。这个陈 【19】述变成了一个分裂的实体。一方面,它是一个语词的集合,表现为一个关于某个客体的陈述。另一方面,它与一个自己有生命的自在客体相符合。就好像是,这个原初陈述投射了一个虚拟的自我图像,而这一图像却存在于这个陈述之外。”[2]

但是,除了社会建构论者们,还有其他人发现在科学陈述内容与他们评定其本体论地位的客体之间存在着这一值得注意的密切并行关系。当描述被表象的客体时,科学实在论者再生产了理论的表象内容,因为除了使用科学理论提供的语言来描述这些客体外,他们别无其他可用。然而,实在论者们坚持理论内容与客体之间匹配的偶然性;不存在这样的必然性,科学家们一定能得到成功符合世界实际结构的理论。社会建构论者同样看到了其中包含的偶然性:不存在这样的必然性,构造知识的社会实践能在任何情况下足够稳定,从而构建了一个持续的(社会建构的)客体。二者的区别不过在于,相关的偶然性发生在哪里:是在自然客体和种类的独

〔1〕 此处还有一点,社会学传统沿着注释13和27所指出的路线发生了分裂。爱丁堡强纲领、巴斯经验论的相对主义纲领、话语分析以及某些早期的研究科学知识的常人学进路实际上相信,在其建构主义说明中,他们自己的(社会)范畴也是未经分析的(特别明确和详尽的辩护,见科林斯和耶耳利1992a)。一个有趣的部分意义上的例外是拉图尔和伍尔伽(1986),他们主动地质疑自己说明的建构,甚至(第1版)仍然使用“社会的”特别“说明”作为未经分析的表象。最近以来,有些研究者已经明确地拒绝了在社会建构的“客体”和他们阐发的社会建构过程中表象出来的那些社会利益或者实践之间的任何反实在论对照。我在下文第8-9章中对史蒂夫·伍尔伽的“自反性转向”这样一个杰出案例进行了批评性讨论。

〔2〕 Latour and Woolgar 1986:176.

立于实践的、真实的特征之中，还是在于能够解释自然的科学说明之偶然性的社会实践之中。

经验论者和工具论者设想，在科学知识内容和其客体的本体论地位之间存在一个更复杂的共生关系，因为他们通常并不从表面的意义上来理解科学陈述的明显内容。需要一个充分的知识理论或意义理论来对表象和客体进行比较。或者必须根据一个对科学内容可能表象何物进行说明的理论来重构科学陈述的语义学内容，或者科学陈述的认识论内容被限制在像我们这样的认识者可能得到的知识的范围。[1]逻辑经验论者的意义证实理论展示的是第一个选择，而范·弗拉森的建构经验论可能是第二种做法的最清楚的例证。但是这些更复杂的例子不过是同一个主题的不同变
【20】种。在所有三个例子中(实在论、社会建构论、经验论/工具论)，科学知识的内容及其客体的本体论地位是紧密相连的观念，共同造就了一个表象的理论，并说明了表象的和被表象的二者之间的关系。

在这些传统中，认识主体在表象的三角关系中的角色，并没有被彻底忽略，虽然对科学知识进行解释的首要问题是关注知识内容及其对象的本体论地位。后实证论的历史主义、社会建构论及其奎因和维特根斯坦的哲学根源把他们的部分注意力引向这样一个问题，即是否一个科学认识者能够被处理为私人主体，或是知识的无法还原的社会主体。他们还关心的是，对科学知识的哲学解释是否能够被限制在认知者精神活动(这是指信念及其推理关系)中的理性因素，或者还必须说明他们的愿望。对认识主体的最大哲学注意力也许被引向认识者的感觉经验、他们对这一经验的知性把握及其概念和信念之间的关系。

但是，这些话题常常被重新解释，回到表象内容之上。有关认知者如何知觉和观察的问题被转换为这样一些问题，这些问题讨论的是感觉材料或观察语句与其他表象内容之间的关系。有关信念—愿望之间联结的问
【21】题被类似地重构为有关“价值”(愿望的表象内容)在决定科学知识内容中

〔1〕 法因(1986d)对实在论的认识论和语义学替代版本进行了批评性讨论。富勒(1989:38—40)论辩说，实在论和反实在论对科学的说明可以被证明为相互依赖的，在详细展开其计划的过程中，每一个都预设了另外一个的真理性。

的角色问题。关于认识主体的个人或社会本质绝大多数情况下被转换为语言表象获得其内容是社会的还是个人的。结果是形成了一个相当抽象的、无血无肉的认知主体概念。即便是社会建构论者，倾心于迪昂一奎因论题和彼得·温奇的维特根斯坦(Peter Winch's Wittgenstein)，也常常把认知主体处理为社会塑造的信念和愿望网络，或者是自我封闭生活形式中的互相参与者。

到此为止，我将知识的表象概念——构成了实证论、理性论、实在论和社会建构论之间的解释之争，与构成这些相互竞争的不同解释之关键的合法化概念联系起来。任一传统的绝大多数参与者都尝试通过说明科学知识内容的历史发展结构及其对象的本体论地位，来解决科学知识的合法化问题。科学探究的文化权威性及政治自主性，或者通过表明知识内容如何被决定、如何与世界相关而得到了辩明，或者通过表明表象如何被以不提供总体合法化的方式被接受而受到了挑战。

批评合法化方案

在我对科学论领域内合法化方案的讨论中，至少出现了四种重要的批评。这些批评主要讨论如下问题：合法化方案从具体环境中的脱离，而正是在这些环境中，对科学实践和科学主张的评价才是实实在在要紧的；很多20世纪60年代后期科学哲学和科学社会学的规范缺乏症，正是这一贫血导致了它们不能适当地对科学及其对政治和文化影响进行批判性联系；合法化方案对认识内容、交流透明性和科学共同体的成问题的依赖；对科学之哲学和社会学解释的目的、重要性、文化范围及其认识和政治影响的不充分的自反性注意。这些问题中的每一点都需要进一步详细阐发。

首先，合法化方案的所有版本通过对科学进行总体性评价来保证其有效性。对合理性、工具可靠性、近似真理或科学知识的社会建构的说明太多的时候显得像是不得要领，没有抓住具体的情境和考虑，正是在具体的情境和考虑中，科学实践、体制和信念的关联性、重要性或可信性才是最需要讨论的。首先考虑一下科学探索的选择性及随之而来的科学是否真的处理的是最值得认识的事物这一问题。所以，在回答这些成就有多么重要这个问题之前，对科学知识进步、确立知识所用方法的合理性甚至理论之
【22】 真理近似性的合法化说明往往会陷入沉默。[1]社会建构论对合法化争论的贡献微不足道或仅止于此。如果发现，决定哪些对象是最重要的认识目标以及关于这些对象哪些是最重要的认识内容，与社会利益争夺和互动紧密相关，没有人会感到惊讶。然而这一认识驱散了反哲学嘲弄的修辞力量，它是社会建构论拥有的合法化方案的基本资源。社会偶然性的重要意义本身依赖于把科学结果对照性地解释为偶然社会互动和利益的结果而不是自然或理性的结果。[2]当自然和理性没有这样假定的角色而被质疑时，这个一般性的建构论动机就是无用的。

与此类似，至于抽象的、非物质的知识内容——哲学家将其作为理性地达到的或者近似为真的，在将科学成就置于物质和社会情境之中并进行的任何评价中，被移除开来。科学探究要求物质的、财政的和人力的资源，这些资源在科学上的分配是可以讨论的。知识是由社会化、交往和评价的特殊网络造就的，其界线、约束性、排他性和变形可以在很多不同的基础上进行争论。对某些人知识能力的承认分别赋予了特殊形式的权威性和权力。此外，正如我在《知识与权力》中所讨论的，使得某些事物成为科学上可以认识的，要求对事物的背景环境进行大规模的转换；在这一背景中，通过扩展物质材料、设备和实践，使对事物进行揭露或监测成为可能，从而完

[1] 哲学家们通常在两个语境中处理这一问题。在强调解释力的优点时，哲学家们常常提出，具有更广泛解释范围的理论相比比较窄的理论而言更有价值、更可取。但是除了对比不同理论之解释范围的困难之外，把解释力等同于重要性会导致严重的问题。例如，卡特莱特(1983)曾论辩说，增加的解释范围通常要求现象学的精确性。卡特莱特的论证提出了需要一个对精确性和普遍性之相关价值给出一个更加语境化的评价。哲学家考虑重要性的第二个语境是，提出一个科学共同体的共同价值决定了什么值得研究以及哪个结果是重要成就；可以设想，他们所使用的方法的合理性或者他们得到理论的近似真理性为他们的集体选择提供了某种证明。但是，当科学共同体内部或外部讨论的正是这些基本价值的时候，这样一种对重要性的预设主义说明没有什么用途。

[2] 伍尔伽(1983)清楚明白地说明了，他所说的“工具的嘲弄”对于合法化争论中社会学贡献的重要性。尽管这篇文章在科学社会学家中间广为流传，它对合法化争论中的社会学参与的质疑还没有被这个领域充分认识。

成对事物的认识。[1]任何这些实践和结果都可以对批评开放，即使它们是通过理性手段达到的，或者是通过发展和运用近似为真的理论。

实际语境——在其中，科学体制和实践对批判性的评价开放——的另外一个方面，即认识主体的发展，对此合法化方案也没有进行充分的讨论。【23】哲学家和科学家经常把科学训练和科学方法描述为不仅在认识上有价值，而且在道德上和政治上有益。理性的培养、心灵开放的怀疑精神、宽容以及世界主义，这些都被认为是科学工作可以加以提升的基本品格。还有，科学主体形成中的另外一个可能方面，也许还存在问题，对其重要性、合法化方案还未能给予充分确定。有关科学认识者是如何性别化的问题，所受训练必须内化为一个认识主体的问题，或者科学认识者的情感动态性问题，这些问题对于评价科学实践的文化意义可能是十分重要的。[2]更一般的是，通过排他和边缘化评估，一些主体获得了认识者资格以及获准使用知识上的重要资源，这一情况为科学哲学解释所忽略了。例如，科学认识者过度集中于少数几个高度工业化国家以及在这些国家中又集中于一个特殊的社会群体，这难道没有政治上和认识上的问题吗？

合法化方案与具体情境——其中，评估科学信念和实践才成为问题——的分离，还可以很好地解释 1970 年以来科学哲学和社会学典型具有的“规范缺乏症”特点，这是我四个批评主题中的第二个。哲学家们绝大多数情况下丧失了，而社会学家则从来没有得到过的是，从其自身的论争和考量上出发对专门科学实践展开批评所需要的学科背景上的自信。我在上文指出，科学哲学家不断远离针对科学的批判性立场，这仍然是实证主义和波普主义的一个特征。大多数历史理性论者、科学实在论和经验论的科学知识解释的基本问题只是如何最好地阐发和辩明早已假定了的科学

〔1〕 我(1987b，特别是第 4 章和第 7 章)对改变世界使其可以认识的政治重要性进行了详尽的讨论。

〔2〕 关于科学中性别问题的很多文献(例如，可参见凯勒 1983，哈丁 1986，1991，哈拉维 1989，特拉维克 1988，考得 1991)提出了很多有关认知主体建构及其道德和政治意义的问题，其讨论方式都是合法化争论未加有效处理的。米歇尔·福柯对训练之权力效果的讨论及其对话语的刺激也与当下讨论的内容有关，同样也是标准的科学哲学解释不能容纳的。

体制和实践的合法化。[1]然而，具有讽刺意味的是，大多数社会建构论者同样没有对科学实践和信念进行显著的批判性联系。部分意义上，这反映了他们对科学哲学解释的不满，后者的规范性立场是如其所是的那样认可科学实践，他们自觉地试图以一个科学实践的描述性方式来替代哲学家们的规范性认可。因此，例如科林斯在提出其"经验论相对主义纲领"的方法论
【24】文章中指出："新科学社会学按照如其所是的样子来对待纯科学；主要来说它仅仅描述它。"[2]当然，这样一种规范性的描述主义是不诚实的。例如，对人们所做的事情的重新描述，其自身往往是十分间接的。另外，如果我们将科学的社会地位和资源利用权作为"如其所是的纯科学"的一部分的话，社会学预期的讽刺力量不会只是按照如其所是的样子来对待科学。[3]这样一来，社会学家所致力的反常性描述主义就会让人吃惊地强化其对如下做法的默示的忠诚：把知识表象内容的抽象当做是他们需要解释的对象。最后，如富勒所讨论的，尽管社会建构论者明确反对哲学上赋予科学家的合理性，他们自身却毫不犹豫地赋予科学家以远大的社会竞争力和机会主义合理性，对确认和追逐其自己的兴趣来说，这都是必要的。[4]

我的第三个批评直指种种科学知识解释的心脏，它们被提出是为了满足合法化方案的需要。我发现，对这些解释来说非常关键的一些基本概念越来越站不住脚：科学知识的表象内容，这一内容的透明性交流，科学共同体，部分由成员所效忠的共同预设而形成的科学共同体。在随后的章节
【25】中，反对这些观念的理由会越来越清楚，但是在这里，我还是愿意指出，我的理由集中于两点，一是所谓的认识内容的非物质性和非历史性，一是假定的个体科学认识者之内和之间在信念和愿望上的统一性。非决定性、不稳定性、不透明性以及差别性必须在对科学知识的充分理解中扮演重要的

〔1〕 科学实在论提供了一个强硬的基础来批评边缘性的科学实践和信念，理由是它们依赖于一些无所指称的概念和对世界的错误主张。我们也许可以发现实在论者是在反驳通俗心理学、人类社会生物学或"创造论科学"的知识地位。但是他们的论证依赖于某些核心"成熟"科学理论的成功指称和近似真理的合法化，这一事先假定的合法化并未经过质疑。

〔2〕 Collins 1983：98.

〔3〕 伍尔伽(1983)已经强调了社会学描述与其预期的讽刺力量之间不同的重要性。

〔4〕 Fuller 1992c.

角色，我所说的大致就是如此。

最后一个批评来自我对合法化方案的反思，针对理解科学知识之标准进路在自反性上的不充分性。在其关于自然本体论态度的工作中，阿瑟·法因论证了很多这些解释性进路中存在的自反性上的不连贯，这使他们的核心论证显得任意、难以理解或问题重重。〔1〕伍尔伽和另外几位论证说，很多社会学研究的自反性应用导致它们在修辞学上不连贯。〔2〕我发现，法因的论证大体上让人信服，而伍尔伽的论证有深刻缺陷，但我更关心的是一个不同的自反性问题：科学论中的解释如何处理其自身在文化和政治上的定位？以及作为言说行动，其自身的成就和任务的重要性为何？在合法化方案的不同案例中，我关注的是，没有途径可以弄清维系它们自身的文化和政治意义。在科学论的后继方案（包括我自己的）中，政治自反性问题可能是最重要的、最有挑战性的问题。

社会实践和科学的文化研究

在这四个考虑的回应中出现的最突出的一点是进一步明晰科学实践的观念，以及一个作为文化研究的跨学科科学论的概念。如果科学知识的合法化把真理及其辩明的问题提到前台，科学实践的研究则突出了重要性问题的地位。科学实践的重要性在科学探索的每一个层次上都得到了处理，它包容了广泛的、纲领性的问题（哪种方案值得处理，什么设备和技能 【26】
如此重要需要获得，哪些先前因素需要考虑），以及实验室工作的绝大多数平台方面（哪些程序上的变化带来一些改变，哪些实验运作是好的运作）。关于重要性的问题掌控了成就的编辑（哪些结果值得发表，这些结果如何在文章中进行表述）以及随后对研究的再指导（本领域内哪一项新近发展是重要的，它们如何影响未来工作的前景）。对重要性的突出强调提醒我们，有关世界的绝大多数真理对科学来说是不相关的或无趣的；对于理解

〔1〕 Fine 1986a,b,d, 1991，即将出版的著作；我在第2－3章讨论了法因的论点及其含义。
〔2〕 Woolgar 1988a 和 Ashmore 1989 讨论了修辞的自反性。

科学实践来说,确认重要的和不重要的主张的区别,是必不可少的。对重要性的讨论还表明,对科学工作的批判性评估如何是多维度的,大大超越了对真理或经验上充分的主张进行辩护的范围。

我认为,关于重要性的问题,只能在当下进行的科学实践的语境中处理。实践是对一个情境进行回应的行动的模式。实践是动态的,因为这些模式只能通过不断地被产生而存在。它们的融贯性和连续性既依赖于多种参与者和事物之间的协作,又依赖于这种协作在时间上的持续。因为科学实践者在地理上是散布的,受到实地机遇和约束的影响,不充分地交流,不连续地监督,以及位于不同但相互重叠的科学实践领域,因此对“同一个”实践进行的再生产,就有滑动的空间。此外,实践内在地对多种解释开放(对某个实践的最基本的“解释”方式是延续它,或者将其推广到新的情境〔1〕),因为实践的再生产不能为规则所决定。在任何情况下,科学实践通常包容了一些引人注目的解释上的差别(既明显但又未得到明晰),甚至同时性地包容这些差别。作为一个结果,科学实践具有复杂的当时性。如汉斯·尤格·莱辛博格(Hans-Jorg Rheinberger)让人信服地概括了当下进行的科学实践之再生产的时间性滑动,“近期是过去未曾发生的某些事物的结果,而过去则是未来不会发生的某些事物的踪迹”〔2〕。

【27】 这样,科学就表现出清楚性和不连贯性之间的持续紧张。散布性和对多种解释的开放性持续地威胁着它们的连贯性,但是因为专门的探索只有对一个与其他人共享的计划有所贡献时才是可明白的和重要的,因此还存在一种无情的压力,调整着一个人的工作,以适应其他人正在做的事情。这种不断进行的紧张在我所说的科学的叙事重构中非常明显。我所说的“叙事”不是指一个文学形式,而是指一种理解自身行动之当时性的一种方式。科学家们明白自己的行动,主要是通过把它理解为一种对过去研究所提情境的回应和对未来发展的预期。这是说,他们不断地制作叙事,他们(以及其他人的)当下活动得以在其中清楚地安置下来。他们的叙事理解

〔1〕 Rouse 1987b 第三章中更广泛地发展了作为实践的解释概念。

〔2〕 Rheinberger 1994: 67.

必须不断被重构，以容纳其他人和事物的情节并利用由此创造的新的可能性。作为一个结果，科学家所做工作的意义和重要性不断被后来的科学探索所重构。把科学实践理解为叙述重构，可以表明，科学工作如何变得连贯和重要，而无需依靠成问题的科学共同体、共识或背景内容。科学家们共有的不是一个信念的背景，而是一个他们可能属于其中而在理解上有分歧的情境。

叙事重构对科学实践的说明指向科学理解和交流的动态特点。我对科学认识动态性的讨论模仿了托马斯·瓦尔腾博格对权力的情境化的和动态的说明。[1]瓦尔腾博格提出，权力是由“社会联合体”调节的：一个行动者的行动有效地对另外一个行动者施加权力，其有效性在于使其他行动者的行动以适当的方式与统治地位的行动者联合在一起。权力关系是动态的，因为它们依赖于持续地维系这种联合体，并对受统治行动者的反抗和逃避做出反应。认识也由类似的“认识联合体”所调节；技巧、模型、概念以及陈述提供研究对象的基本信息，只是在于其他人和事物与其保持的联合体中相互作用。这一类比要求对瓦尔腾博格对权力的讨论进行一些修改，因为他错误地将权力调节局限在人类行动者的社会联合体之中。正如我在《知识与权力》[2]中所讨论的，对行动的物质和实践环境进行重新构 【28】
造，同样也构造了或改变了权力关系。但是一旦权力联合体的异质性得到承认，我们就可以辨认出类似的联合体在定位、调节着知识的评价、分配、依赖或竞争。

认真对待这些认识实践的动态性，鼓励对科学知识进行一种紧缩性的(deflationary)或者非固化的(nonreifying)说明。对知识的紧缩性说明直接反对那些把知识构造为理论上连贯的观点。将科学知识视为连贯的，这一概念为绝大多数合法化方案的参与者含蓄地持有；它有意义的一点仅仅在于它声称科学知识作为一个整体是近似为真的，理性地获得的，或者社会建构的或利益相关的，如果存在这么个东西的话。但是，紧缩性说明与

〔1〕 Wartenburg 1990.

〔2〕 Rouse 1987b：第1章和第7章。

怀疑论没有共同之处，怀疑论依赖于将科学知识等同于理论上连贯的，只有这样，怀疑论才能声言这个理论是空的。[1]相反，紧缩论承认广泛种类的知识，但否定它们连贯地构成了一个体系。也许让人惊讶的是，紧缩性说明还应该与认识论取消主义区分开来。消除主义者提出，我们关于知识的日常谈论应该被代以一些更有信息内容的词汇，通过这些词汇，认识论范畴变得不可通约了(在第 7 章，我把丘齐兰的新生理学消除主义和富勒的社会学消除主义作为消除主义的显著代表)[2]。紧缩主义者认为，“认识(know)”这一术语的日常用法，以及相关的辩明、依赖、批评的实践，这些都是有价值的，整体上是没问题的，同时否定它们可以被阐发成完好构造种类的例子。与消除主义的对照特别有趣，因为紧缩主义说明比消除主义者所提出的取代理论允许更多的异质性，因为它与具体语境中对知识的日常描述有潜在关联。

【29】 我对“认识联合体”动态性的处理自身并不是对知识的又一整体性说明，因为后者将与一个紧缩性理解相冲突，因为紧缩性说明并不把知识刻画为一个整体或一个理论上连贯的类。一个认识联合体的概念是结果开放的，因此不适合充当认识论理论的角色。没有理由相信当前的实践已经穷尽了(或者当前的理论已经囊括地描述了)可能对认识联合体做出贡献的各种因素或者它们可能有效联合的方式。它们也不会束缚什么会形成有意义的联合体。各门科学的一个历史性重要特征，就是它们一直改变着什么可以被认识为知识。使这一变化成为正当的，不是分析这些变化如何具体地论证了正是知识应当是什么样的(这一分析当被提供的时候，最好被理解为此类重组完成的概念变化的编纂)。使它们正当的“辩明”是，它们实现了以增益人们知识的方式把人们所做的事情与其环境联系起来。

知识的紧缩性说明的一个让人吃惊的后果是它毁灭了任何整体性的

〔1〕 威廉姆斯(1991)清楚并让人信服地讨论了紧缩说明和怀疑论或认识论基础主义之间的区别。在展开它的说明中，他论证包括了知识连贯理论的“基础主义”的某种意义。按照威廉姆斯的观点，基础主义者和怀疑论者都同意成为“认识论的实在论者”，这是说，都同意把知识及其分支(关于外部世界的知识，关于其他心灵的知识，等等)视为连贯的、统一的类。

〔2〕 Churchland 1989；Fuller 1989.

表象范畴。知识是表象的这一表面上看很自然的观点说明了合法化方案的很多直观上的诉求。这一观点驱动着如下问题，表象如何能够一贯地与其表象的客体联系起来。不论表象是位于人们的头脑中、语句中、技巧中、实践中，或是生活形式中，这一问题都有着相同的整体形式。与此类似的是，客体也许被构造为物自体，或者是在知觉上、实践上或概念上明摆着的事物，仍然无法回避表象论的种种问题。

我试图从不同的途径来破坏表象论的这一表面上的明显性。首先，知识的紧缩性说明使得表象论在认识论上显得没有必要。它使得我们可以说明科学实践及其他探究的重要性和可理解性，可以废除的对"知识"的描述，而无需假定任何知识存在于其中的表象。其次，实践的观念被更谨慎地阐发，以避免隐蔽地重新引入表象主义。很多乞援于"社会实践"的哲学和社会学依旧再生着表象论，把实践等同于认识者或行动者体现或制定的规则、规范或技巧。〔1〕实践因此就变成与认识主体类似的东西，并随后与 【30】
实践中的客体区分开来。作为一个替代选择，我提出把实践设想为有意义的情境或世界的重组。行动者或认识者并不赋予意义于实践，而是相反：他们只是通过自己在当下进行的实践模式中的位置而获得行为者和认识者的身份。这个实践概念最终需要被发展为对意向性的充分说明；我更有限的目的就是表明这一概念对理解涉入科学所具有的优越性。

也许对科学的表象主义说明的最大挑战来自对其潜在语义学直觉的批评。任何研究科学的人都承认语言对科学理解的中心地位。因此，科学哲学家和科学社会学家通常毫无争议地假定语言是表象地起作用的，并且这一预设使得知识的表象主义观点看起来显得既自然又无可避免，但是还存在替代性的选择。例如，唐纳德·戴维森给出了一个有吸引力的和相当合理的意义与交流解释，它并不固化指称关系、约定意义甚至自然语

〔1〕 Turner(1994)很有说服力地批评了社会理论和哲学中最常见的此类"社会实践"诉求。尽管他没有像我那样专门讨论实践的"表象论"概念，但很清楚的是，他的主要靶子是批评这样一类观点，其中"实践"这个术语可以和"传统、默会知识、Weltanschaung、范式、意识形态、框架和预设"等诸如此类的术语互换。

言。〔1〕戴维森对交流实践的讨论很好地配合了对科学知识的紧缩性说明和我建议的以文化研究来塑造科学论研究。这将要求一本不同的著作来严肃地捍卫戴维森语义学进路的正确性。然而，我确实声称，这样一种说明的可能性破坏了表象主义和合法化方案的重要动机，并鼓励对其他替代进路的注意。

对于科学实践与哲学、历史、社会学或常人学科学论之间的关系，我的说明有何意义？合法化方案的各种参与者试图从一个称之为“认识至上”
【31】的立场来说明科学。认识至上将允许对相互冲突的主张和方法给出一个超然的解释和评价。它的立场是进行不公平的裁判和判断，并假定了科学和科学论从事的元科学实践之间的尖锐区分。〔2〕理想地说，科学实践处理真理主张，而科学论则处理元层次上的方法论或社会学问题，这些问题将说明并可能辩护这些科学决定。相比之下，我的进路提出了自然科学像自然语言一样包含了它的元实践。问题不是去把科学论还原成狭隘构想的科学，而是把“科学”概念扩展到包括对自身实践和目标的批判性反思。我的意思既指科学实践不可避免地包括着这些反思（常常是非主题的），也指科学论应该被理解为与科学实践保持密切联系而不是只是解释它。用法因优雅的概括说，“不存在对科学的合法化解释学的说明，只有一个解释学活动，它是科学自身的一个活生生的部分”〔3〕。

认识论和政治哲学的一个悠久而杰出的传统是坚持认为认识和政治上的批判只能从一个至上权的立足点得到辩护。那些放弃这一立足点的人被认为是不再有依据去说明任何人的认识或政治实践，因为他们没有设计出自己的解释标准。然而，在科学论领域内，正是认识至上的捍卫者们，现在发现很难对科学进行批判性的说明。我在几个方面尝试重新引入批判维度的科学论而无需假定认识至上。我在其他场合已经提出，拒绝一个

〔1〕 Davison 1984，1986.

〔2〕 关于“认识至上”观念的讨论，参见劳斯 1993 及下文。正如我在下面的章节中提出的，社会建构论者频繁采用的相对主义立场是一个典型的从“认识至上”出发进行认识评价的案例：它与绝大多数科学的哲学合法化的区别仅仅在于什么是一个适当的超然立场以及采取这种立场的后果。

〔3〕 Fine 1986c：148 注释 9。

至上权的立场既不损害认识批判也不影响政治批判。[1]我对"认识至上"观念的详细阐发,模仿了米歇尔·福科的观点,他坚持认为,一种政治将"解除……规律和至上权在理论上的优越地位"[2]。我对非至上批判立场的更一般讨论,得益于对福科有关权力/知识讨论及尤尔根·哈贝马斯、南希·弗雷泽、查尔斯·泰勒和理查德·罗蒂的批评性反思,他们认为,福柯的著作或者是深刻保守的或者是规范上困惑的。[3] 【32】

这些一般性论点已经为很多女性主义科学论所体现,他们发展了一种批判性实践而没有假定认识至上的观点。[4]在这个意义上,女性主义科学论与建构论传统有明显的区别。[5]两个传统都坚持科学知识形成、评价和认证过程中存在不可消除的社会和政治维度。如我们已经指出的,社会建构论者从知识生产的社会偶然性中推出了怀疑论或相对主义的合法化方案。知识只有在特殊社会语境中得以合法化,不存在超验的标准来评价它的合理性或逼真性。然而对于女性主义来说,相对主义是不可接受的,这有多重原因。女性主义者们不能接受的是,男性至上主义信念和实践仅仅相对于男性至上主义的生活形式。女性主义者还频繁地提出,女性主义是一种社会运动和一种政治实践,能改进科学实践和理解。最后,女性主义者们常常辨认出认识至上的要求本身是一种残缺不全的性别主义立场,其男性偏见需要被揭露和超越。

可以根据科学的叙事重构以及认识联合体和反联合体来轻松地理解女性主义科学论。女性主义批评不是试图从科学的"外部"强加给科学一个性别政治学。相反,女性主义者已经表明,性别假定和实践如何构成被认为是重要而可靠的科学工作的内在部分。女性主义科学论的很多独创性工作源自科学内部,既是因为很多工作是由女性主义科学家完成的,也

〔1〕 Rouse 1993,即将出版的著作 a。

〔2〕 Foucault 1978: 90.

〔3〕 Habermas 1986, Fraser 1989, Taylor 1986, Rorty 1982, 1989.

〔4〕 明确处理我在这里考虑的认识论问题的女性主义科学批评的杰出案例,有哈拉维 1989,1990;朗吉诺 1989;哈丁 1991;凯勒 1985;惠利 1991,1992 及以后;尼尔森 1990;和考德 1991。

〔5〕 劳斯(b)对女性主义知识的社会和政治维度的概念与社会建构论之间的对比进行了详细讨论。

是因为它批评了生物学和心理学领域内性别角色的特殊建构。[1]科学史、科学哲学和科学社会学或科学人类学领域内的女性主义研究也许尝试了
【33】对性别化科学提出更一般的理论批判，但是这些方案没能摆脱与专门科学实践的具体联系。女性主义认识实践试图重新联合科学实践，直接通过竞争性的科学工作，或者建构女性主义反联合体，以抵抗科学和科学论中对女性主义批评的压制或忽视。不像社会建构论者——他们挑战了科学的文化权威性而没有质辩那些被认为是权威的专门实践或主张，女性主义批评尝试了涉入到实践中，通过这一实践，关于世界的知识被建构为具有了权威性。

女性主义科学论和社会建构论之间的对比，可以被认为提出了一个更好的解释的和批判的科学论实践模型。我提出，科学哲学以及更广泛意义上的科学论，应该被重新构想为关于科学的跨学科文化研究。文化研究集中于人类实践领域内的意义突现。不过，对实践和意义的集中并不把文化和自然或物理世界对立起来。物质文化同样属于"文化"研究，包括世界抵抗或强化人类试图理解它的方式。文化和自然之间的区分，或有意义行动及其无意义的物理环境之间的区分因此就属于意义的领域，意义是文化研究处理的对象，而不是构成领域的界线。

文化研究还拒绝任何认识或政治至上的立场。文化和文化意义不是研究的客体，研究者可以保持一种超然状态，并指向意义的领域，其中文化研究将自身与其逼近研究的对象安置在一起。其结果是，文化研究的实践必须是自反性的和政治关联的。文化研究的跨学科定位恰当地反思了文化形成的异质性贡献。可以说，我们熟悉的绝大多数文化研究都集中于文学和流行文化。[2]它们主要的理论工具采自于政治经济学、社会理论、解释人类学、历史学和后黑格尔哲学。但是科学的文化研究必须致力于一个

〔1〕 重要的例子可参见布雷尔 1984；弗斯托-斯特尔林 1985；博克 1986 以及凯勒 1985。哈拉维(1989)也明确讨论了 20 世纪 70 年代和 80 年代中很多有关灵长类动物行为研究中的女性主义主题。

〔2〕 Grossberg, Nelson, and Treichler (1992) 以及 During(1993)广泛概括了文化研究的当下进路和成就。

对科学实践和文化的批判性理解,而不是一个事先公认的理论和学科的聚 【34】 集。因此,我之所以提出文化研究作为科学论的模范,目的并不是一个反讽(ironic)的学科帝国主义。[1]我确实希望鼓励新的思考科学实践和成就的方式,并提升一个广泛得多的科学哲学、科学社会学和科学史的概念。但是它开辟了承认科学和技术文化实际上与一般文化有共同的范围的路径。通过对科学的与技术的实践的持续关注,把自然解释和重构为其他文化和政治纲领的内在组成部分,文化研究将会产生更为广泛的影响,并且这种影响会持续下去。

本书的结构

在本书的第一部分,我展开了对合法化方案及其根本假定的解释和批评,由此提出了第二部分中一些更具建设性的主题。第1章,"科学哲学与持久的现代性叙事",包括了我对科学哲学和科学社会学之间的连续性、"现代性"之合法化争论的绝大多数讨论。尽管我讨论了实证论、实在论和社会建构论,但我的核心是以历史展开合理性或科学进步为其认识论和文化合法化基础的"碎片"传统。讨论劳丹、夏皮尔、米勒和盖里森的理由是,他们声称回应了很多我归之于合法化方案的那些哲学问题。通过强调他们的进路与实证论、实在论和建构论传统之间的连续性,我表明,合法化方案共享的那些有问题的假定,要比他们更熟悉的方向所提示的更深远的哲学再构。

我还介绍了当代科学哲学和维也纳学派实证论之间的关系问题,在第4章"科学哲学应该是后实证主义的吗",我又回到这一问题。通过把各种竞争传统视为没有能够摆脱基本的错误实证论。实在论者、理性论者和建构论者不断兜售他们自己的研究途径,把它们视为最终揭露了并避免了实证论的种种缺陷,在第1章中,我提出,每一传统都没能做出这一与实证论 【35】

〔1〕 说"反讽(ironic)"是因为文化研究不断地挑战通过建立学科范式和标准而强加于探究和批评的那些约束。

的根本的断裂。首先，我表明，他们如此热衷于最终成为后实证论者，导致科学哲学家们很难认识到科学论中某些最有前景的工作并做出回应，这些工作从女性主义理论和跨学科文化研究中汲取了理论资源。其次，我表明，科学哲学和科学社会学中的某些最优秀的工作展现出与实证论的重要的建设性共鸣。在南希·卡特莱特、阿瑟·法因、伊安·哈金和布鲁诺·拉图尔的著作中，对后实证论主题的这一讨论也预示了第二部分的某些重要主题：科学的开放性和异质性以及科学哲学与科学实践和科学文化的联姻。

第一部分插入的两章是对法因在20世纪80年代发表的一系列重要文章的批判性反思[1]。法因的工作与我自己对科学哲学和科学社会学中合法化方案的批评有重要的连续性。针对实在论者、经验论者、建构论者和碎片理性论者所共有的那些有问题的立场，法因提出了“自然本体论态度”(Natural Ontological Attitude，简称NOA)，作为替代方案。在“后现代科学哲学的政治学”中，我探讨了NOA的意义，特别注意了它针对科学实践之文化和政治批评的立场。法因提出的态度把一种彻底的反本质主义科学观(“NOA”把科学看做是一个历史实体，在各种内在和外在压力下成长和变化)[2]，与一种认为科学不需要一个整体解释和合法化的观点结合起来。这些观点可能揭示了，NOA防止了科学的文化和政治批评与实在论、工具论或建构论解释走在一起。我用了几个女性主义研究作为例子，并论证说，对法因提案的最佳解读为对科学进行历史情景化的批判性反思留下足够的空间。这些讨论还提示了第二部分的一个重要主题：严肃地政治地
【36】涉入科学实践不是要求一个社会建构论版本的合法化方案，后者也许能损害任何科学伪装的认识和文化权威性，而是要求一个历史和文化情景化的政治批评。

第3章，“为自然本体论态度争辩”，考虑了使法因的提案显得容易理解需要怎样的论证。法因喜欢的最小主义辩明仅仅是提出NOA以供考

---

〔1〕 Fine 1986a，b，d，1991，即将出版的著作。

〔2〕 Fine 1986d：172.

虑，诉求讨论参与者的判断和好感。这一进路是法因对实证论的屈就：他钦佩维也纳学派对形而上学的敌意，并把这种敌意推广到包括认识论和语义学，但是他希望用他的自然本体论来代替他们关于意义的自拆台脚的循环理论。法因的进路也失败了，不论在哲学上还是在修辞学上。从哲学上说，这一进路产生了另一个自拆台脚的循环，可以与法因归之于合法化方案的各种参与者的那种循环相提并论。从修辞学上说，它低估了合法化方案在文化上的牢固性，即广泛感到的一种需要：对认识和政治信念的权威支持。这一章强烈地暗示着需要我在第二部分完成的一项工作，即捍卫对"真理"、"意义"、"辩明"和"知识"进行紧缩性的哲学理解。

在本书的第一部分，我不是要自负地对各种哲学和社会学的合法化方案进行直接的或广泛的批评。这些已经在各种科学哲学和科学社会研究文献中被完成了。主流传统的支持者们常常深刻地把握了竞争对手及其自身的弱点。例如，科学实在论面对的最根本困难，已经在劳丹、法因和范·弗拉森的广为人知的著作中得到有效的阐述。[1]随后增生的素朴实在论、温和实在论、内在实在论、实体实在论以及其他对"实在论"的高质量的诉求，都强烈地揭示了一个坚挺的实在论合法化方案所面对困难的麻烦性。[2]范·弗拉森复活经验论同样没有能够避免各种批评，尽管人们广泛地钦佩其阐述和辩护的哲学品质：建构经验论在今天更多地是一个实在论的陪衬，而不是一种广泛接受的对科学探究及其成就的替代性解释。[3]社会建构论传统经常被自命的哲学批评家严重误解或过于简单化，但是现在，一些广泛认识到的未解决的困难同样面对着"科学知识社会学"的标准进路，其中很多困难源自社会学传统自身之中。[4] 【37】

〔1〕 Laudan 1981；Fine 1986a；Van Fraassen 1980.

〔2〕 Fine(1991) 有效地把对坚挺科学实在论的批评，推广到一些最有名的版本。

〔3〕 Chuechland 和 Hooker1985 搜集了很多经典挑战；Fine1986b，1986d，也值得一提，因为也是很有力的批评。甚至那些倾向于捍卫一个彻底经验论的人（例如，Mitchell 1988）也承认这一立场需要进行实质性的重述以回应熟知的反驳。

〔4〕 Barrent 和 Roth 1991 以及 Brown1984 中的很多文章代表了广泛的主要是哲学的文献，它们对科学社会学进行批评的基础，是对社会学计划及其主张的极不同情或误导的说明。对经典科学知识社会学（SSK）的更有力的评估，可参见 Latour 1992；Woolgar 1983，1992；Lynch 1992；Proctor 1991；Fine 即将出版的著作；Roth1987；以及 Hesse 1986。

第一部分的目的并不是重演这些广为人知的解释和论点，而是致力于改变对它们的学术反应。我希望使读者相信，关于科学的不同问题，需要不同的回答，而不是一个实在论、经验论、社会建构论或科学的历史展开合理性的更好版本。这几章因此提出了对导致此类困难的共同假定的诊断；它们表明，为什么所谓那些标准进路的替代选择坚持了相同的假定或者遇到了类似的困难。首先，它们突出了合法化方案的主题和困难，并指向我自己在本书第二部分对这些问题的考虑。

在第二部分中，我提出了自己的选择来代替科学论领域中的合法化方案，第 5 章的开始，我讨论了“科学实践的意义”。在《知识与权力》中，我已经提出，科学应该被首先理解为一种实践。在简洁重述了这些论点的重要主题之后，我更细致地将这一主张与其他更近的科学实践的哲学和社会学讨论区分开来。在寻求一种非笛卡尔主义的人类主体或意向性概念的过程中，一些哲学家求助于实践，强调公开可说明的行动因(agency)而不是精神表象。他们根据实践来理解意向性，以更充分地区分自由王国和自然，
【38】或者人类的领域和自然科学。社会建构论者用社会实践来建构对自然或科学知识的解释，他们同样强调人的行动因。没有哪种进路与我对科学作为实践的解释是相一致的。我并不把实践理解为人类行动者的所作所为，而是理解为有意义的情景，其中这些作为是重要的。有意义的模式不是人类行动者赋予这个世界的，或者是他们共享的生活形式，而是来自于他们与世界互动的模式中。我对科学实践的理解因此是意义概念的一部分，回避了把意向性还原为因果过程的自然主义还原论和人文主义对主体性与自由的抬高。

在随后的一章，"叙事重建、知识意义及科学实践的时间性"，我进一步探索了第 5 章展开的实践和行动因的概念，把科学工作描述为叙事重构。这一章表明了为什么科学实践应该被理解为情境化的，属于竞争的叙事领域。我还介绍了如下观点：科学实践和主张的意义因此在时间上是延后的。在这些主题的展开中，我强调了科学实践之可理解性和重要性问题的重要性，反驳了后实证论关于科学交流的概念及其共有的假定，并提出一个科学统一性概念的替代选择。作为这一章的结论，我原创性地提出了文

化研究的讨论，作为科学知识跨学科研究的典范。

第7章，“科学认知的动态性：理解科学而不固化科学”，在很多方面都可算是第二部分的中枢。在这一章，我将从我关于科学实践的讨论中提出的科学知识概念进行了展开。我对科学实践的说明不能仅仅被吸收到一个更熟悉的认识论整体主义之中，它把实践并入一个“背景知识”之中。我对这一主张的论证首先是通过模仿瓦尔腾博格对调节社会权力的动态性和情境化联合体的说明来讨论科学知识的动态性和分布的特征。这一类比表明，“知识”不是认识者拥有或交换的某种物，而是刻画了它们是如何位于世界之中的。我接着表明了，理解知识的这一途径的认识论后果，由科学知识的紧缩性概念得到了最好的把握。一个紧缩的动机将注意力从视知识为连贯的一类物转移到评价权威、辩明、可靠性和知识增益性的实践。它进而表明，合法化方案及试图一般地说明或解释科学实践是不恰当的。【39】

在第8章，“反对表象：戴维森语义学与科学的文化研究”，我讨论了戴维森研究语言和交流的进路对科学论的重要性。戴维森提供了一个对语言的动态理解，与前一章中关于知识和权力的动态性概念相当，使用了一个紧缩的、语义学的真理概念，是我研究科学知识的紧缩性进路的范例。我主要从三个方面利用了戴维森进路：它表明驱动并支持合法化方案的语言学表象概念是可以省去的；它丰富并扩展了我的科学实践的概念，我认为科学实践与世界处于动态的关联之中；它进一步发展了作为文化研究的科学论的观念，提供了一个框架把理论建模和实验操作理解为话语实践。对解释的戴维森式说明也许初看起来与文化研究的批判维度相冲突。文化研究关注文化差别以及曲解和不可通约性的有力效果，而戴维森主义者否定了概念方案中基本差别的可能性。在这一章的结尾，我表明这一冲突仅仅是表面上的。戴维森语义学能够实际上成为有指导意义的资源，以批评和理解语言学理解和交流中的权力效应。最后一章，“什么是科学的文化研究”，我对科学的文化研究概念进行了更广泛的说明，以作为社会建构论传统的批判性替代，并将本书最初的很多主题聚集到一起。社会建构论这一纲领性陈述的陪衬，因为尽管它们存在着其所有的困难，它仍然是采取了合法化方案传统中最丰富、最有增益性的，它对科学的历史和常人说研究，是对科学的各种充分解释所必须考虑的。我的讨论自觉地利用了他人的工作，我以此为例来说明科学的文化研究。我提出的科学文化研究概念，不是作为思考科学的让人惊讶的新方式，而是尝试着从哲学上和政治学上更让人满意地表述建构论社会学、语境主义历史学和科学的女性主义理论的更新成就。

第一部分

重思传统：实证论、科学实在论、历史理性主义与社会建构论

1　科学哲学与持久的现代性叙事 【43】

最近一些年以来，科学哲学家越来越对他们接受的遗产感到不满，那是逻辑经验论、后经验论的历史主义和趋同实在论的前后相继的核心传统留下的遗产。尽管这些哲学传统的参与者之间存在着根本性的冲突，但是很多批评家还是对他们之间共有的东西感到惊讶。[1]所有三个传统都提供了一个统一化的叙事结构，其中他们书写了科学的内在史或哲学史。所有三个传统都假定，关于科学的三个基本的方法论概念(例如，解释、确证和还原/翻译)，在不同的科学学科及其历史发展的不同阶段，其意义在一些重要方面都是保持不变的。所有三个传统都坚持，在理论和观察或实验之间存在一种统一的、有等级的关系。最后，也许最重要的是，所有三个传统发现，对于从哲学上来理解科学，一种普遍性的意义理论或/和指称理论是必不可少的。

对于从实证论到实在论传统的这些独特的特征，那些同情和拒绝的人也都提出了科学哲学的替代性进路，这些进路也共有着很多重要特征。由米勒、劳丹、夏皮尔和盖里森提供的哲学纲领都求助于对意义或指称的整体性说明，偏爱论域一或论题一明确的方法论原则(domain-or topic-specif- 【44】
ic principles of methodology)。他们坚持认为，在那些不同科学学科或领域，对于科学工作来说，方法不是给定和固定的，而是在科学探索的过程中方法自身也得到了发展和提高。其结果是某种形式的方法论自助和重叠

〔1〕 例如，可参见米勒 1987，劳丹 1984；夏皮尔 1984；盖里森 1988，以及法因 1986 c，d。

的科学史分期，原来对理论和实验或理论、方法和认知价值之间关系的等级性说明，被代之以“网状”或“错层”模型。最终，这些“碎片主义”批评（采用夏皮尔的标签）发现一件重要的事情就是保留一种分明的内在的科学史观念，并支持和保护科学文化自主性，这正是内在史的理想反映。但典型的是，他们挽救内/外的区分是通过保留一两个传统内在论的概念（进步、合理性、实在、真理），而付出的代价是将它们相互分离开来。

盖里森惹人争议地对实证论、后经验论以及实在论的三重遗产进行了一般性反驳，将其与其他学科关于现代主义和后现代主义的文化叙事之争联系在一起。他提出，逻辑经验主义与两次大战之间各种文化领域内盛行的高度现代主义有重要的共鸣，并且，由库恩、费耶阿本德、拉卡托斯或劳丹早期提供的后经验论替代选择并没有与实证论的现代主义有根本性断裂。尽管盖里森没有讨论趋同科学实在论，但其最杰出的支持者很符合盖里森对作为现代主义话语展开的近期科学哲学史的描述。盖里森计划的一个重要部分是，在考虑哲学传统和更广泛的关于现代性的文化争论的背景下，在科学史和科学哲学领域内为其自身的研究进路定位：他并不担心把自己关于科学的观点称为一个“批判的‘后现代’模型”〔1〕。

开始人们也许会有疑问，盖里森建议我们将科学哲学置于现代性争论的滑动性语境之中，这样做有何用处。在哲学、文学理论和社会思想中，“现代性”这一词汇已变得越来越有问题，理论家们也开始考虑作为或成为“后现代”的可能性和重要性。例如，现代主义或现代性的一个重大特征和
【45】标识，从艺术和建筑、政治学、技术和科学，或者社会理论的不同视角看，有让人惊讶的不同。还有，在大战之间流行的关于高度现代主义的讨论，常常混合了对更宏大的叙事策略的反思，这些叙事策略把“现代世界”或“西方”建构为历史性知识和文化认同的对象。不过，在所谓的现代性和后现代性到底代表了什么这个问题上，还存在更深刻的差异。对某些人来说，后现代性似乎代表了一个历史性变化的世界，经历了三四个世纪的连续的“现代化”过程已经走到尽头，使我们走到了新的重大可能性的门槛；对另

〔1〕 Galison 1988：207.

外一些人来说，后现代主义代表了一种糟糕的伪装，或者是一种反现代的保守主义，或者是一种对资本主义消费文化的颂歌。[1]还有一些人把后现代主义看做是一个针对现代性分期的怀疑论，而不是文化叙事分期的内在发展，因此“我们很高兴地认识到根本不存在现代世界这样的东西”[2]。

然而，通过另外一种途径，这些关于“现代主义”重要性和范围的争论可以成为一个宝贝。尽管只有盖里森自觉地采用了现代性词汇，米勒、劳丹和夏皮尔也和盖里森一样，与科学哲学的传统假定断绝开来，甚至就是盖里森确认的那些现代主义假定。但是一个有趣的问题是，到底在何种程度上，这些不同的哲学纲领抛弃了现代性的话语和叙事策略。在这个意义上，尽管盖里森的论述有一些复杂并引起了一些争议，但仍然不失为一个有用的探针，可用来探索，他们对从逻辑实证论到科学实在论的哲学传统提出的种种挑战，到底有怎样程度的改变。不管怎么说，无论盖里森利用现代性话语对科学哲学做出了怎样的贡献，他毕竟处理了一个重大的不足，这一不足存在于各种关于现代性和后现代主义的哲学、文学和社会科学的讨论之中。这是因为，尽管对于“现代性”的叙事构造来说，自然科学及对自然科学的解释占据着明显的中心地位，尽管在多数科学哲学和这一构造所使用的叙事策略之间存在真实的共鸣，让人吃惊的是，对于理解现代性和后现代主义的构成来说，人们很少关注科学哲学的重要性。【46】

在这一章里，我将利用盖里森对科学哲学中现代主义的讨论来处理此前讨论的问题。开始，我将仔细地研究，科学哲学如何参与了我们认为与现代性构造有关的叙事策略和辞藻，这使我得以思考，我们如何理解由米勒、夏皮尔、劳丹和盖里森提出的哲学纲领。我采用现代性词汇的方式相当容易引起争议。我希望现在先不处理我在上文提及的那些争议。但是我使用他们的词汇，部分是用于检查这些批评是否或在何种程度上断绝了自己与实证论、后经验论和科学实在论的联系，部分用于探究科学的哲学解释与其他文化解释之间的连续性，对于后者来说，谈论现代性和后现代

〔1〕 Lyotard 1984，Habermas 1982，Jameson 1984.
〔2〕 Latour 1988：201，更广泛的讨论可见 Latour 1993。

性已经是家常便饭，使用这些词汇的最终目的是问：与科学哲学的现代话语中蕴含的假定断裂开来，需要做什么样的事情，如果这些批评目前还未成功做到的话。

盖里森毫不含糊地把两者之间的高度现代主义作为解释当代科学哲学的语境。他提出，逻辑经验论“与其他现代主义有密切的关联；它与20世纪20年代的艺术、建筑和政治宣言相平行”[1]。按照他的说明，尽管早期后实证主义者(库恩，费耶阿本德，N·R·汉森，拉卡托斯)与实证论传统有一些冲突的地方，但他们与逻辑经验论共享了一些根本的现代性假定。实证论者及其批评者共有的是构建一个大范围的“宏大叙事”计划，它为科学史投射了一种统一性，并因为科学史“提供了一种优势”而得到“强化”[2]。他们提供的对科学的说明乞援于理论与实验之间的等级性和还原论关系，其基础是对语言意义和指称结构的一般性说明。对于实证论，
【47】盖里森明确把他们对于基本语句角色的分析类比于包豪斯把建筑还原成基本几何形式的组合。后实证论者代之以一个理论—优位的整体论，同样是建立在意义的一般理论的基础之上。为了取代这些宏大而统一的、等级制度的、语言学的叙事策略，盖里森提供了一幅图景以作为“后现代”文化隐喻的开端，即理论、实验以及工具化的物质文化在相对自主和交错(intercalated)的水平上的发展。

即便是人们跟随盖里森，把高度现代主义作为理解科学哲学传统的核心，还是会发现其解释所面临的一些困难。为了使其实证论及其早期批评之间的并行论运转良好，重要的是要把实证论对理论语句还原为基本语句的说明置于实证论纲领的核心位置。否则，就很难再(像盖里森那样)坚持认为，理论和实验之间的等级关系是两个纲领的现代主义特征的关键。然而，一些历史学工作者提出，如果把休谟式的经验主义还原论置于逻辑经验主义的前端，就会误解逻辑经验主义。迈克尔·弗里德曼已经让人信服地指出，我们必须严肃对待维也纳学派的新康德主义根源，并承认其与希尔伯特元数学形

[1] Galison 1988：201.
[2] Galison 1988：201.

式主义之间共鸣的核心意义。[1]按照弗里德曼的解释,实证论传统的关键问题是,多值逻辑和相对论物理学的发展使得康德主义对直观的诉求成为既不必要也无道理的时候,如何说明数学真理。讽刺性的是,莫里茨·石里克和鲁道夫·卡尔纳普二者都开始了对知觉判断的整体论的、理论—优位的说明,并慢慢地被一种需要所驱动而走向经验论,这种需要是,当面对其形式主义导致的严重的理论非充分决定性问题时,要保卫数学和数学物理学的文化首要性。

如果接受了弗里德曼对实证论传统的阐释的大致要点,那么它与现代主义之间的连续性实际上就得到了强化,尽管以如此方式构造的连续性与盖里森的说明有所区别。盖里森把基本语句类比于基本几何形式有点勉强:这一类比失去了后者的数学形式主义及其对基本形式之有限项目的限制。相比之下,弗里德曼对实证论的说明提供了与现代主义的多维度共鸣。

艺术领域的现代主义运动是典型形式主义的,强调形式结构与指称内容的分离。在这个意义上,具有关键意义的是与弗里德曼一起承认,尽管 【48】
卡尔纳普的《构造》(*Aufbau*,*指《世界的逻辑构造》——译者*)享有崇高的声誉,但它不是一个现象主义宣传册,而是有关概念之形式结构的一般理论。正如卡尔纳普本人所强调的:"每一个科学陈述在原则上能够被如此改变,即它只是一个结构陈述。但是这一改变不仅是可能的,也是必要的。因为科学希望谈论客观的事物,而且,不论什么东西,只要它不属于结构,即便是属于物质的,但经过分析,最终都是主观的。"[2]像绘画、建筑、音乐和文学领域中的现代主义运动一样,实证论的数学和科学观强调学科纯洁性,把数学和科学视为形式的科学方法应用于客体的领域(这是说,应用于形式上被构造的概念)。并且当然的是,如盖里森正确强调的,对理性论者,对一种"像极了意大利未来主义或俄罗斯建构主义的无畏宣言而不是更普通的哲学小闹"的进步的国际主义而言,实证主义就是战斗的宣传册。[3]

---

〔1〕 Friedmann 1984, 1987.

〔2〕 Carnap 1928: sec. 16.

〔3〕 Galison 1988: 201.

然而,尽管存在这些有用的平行,我相信,还是必须把近期科学哲学置于不只是艺术领域的现代主义运动之中,还要置于一个更大的现代性话语之中。实证论方案中为其后继者延续的一些重要方面在更大的现代主义叙事策略中得到说明,但没有在盖里森选择的狭窄的指称框架中得到表现。在实证论的这些特征里,跳出与艺术领域现代主义运动类比的,是合理性和方法的重要性,把科学统一成客观知识的重要性,以及数学和数学物理学在整个文化中所具首要性的重要性。不考虑实证论科学哲学的这些更广泛的现代主义特征,人们也可以发现,恩斯特·卡西尔在其对象征形式的说明中也把科学包括在内,比卡尔纳普或汉斯·莱辛巴哈的实证论更与现代主义相符合。

为了明白这一论点,我们必须再谈谈"现代性"话语意味着什么,盖里
【49】森所引的高度现代主义被认为是这一现代性的重要组成部分。回忆一下我希望给"现代性"以最广泛的合理解释,目的是看看哪些认定的现代主义特征对科学哲学传统是有意义的,以及是否这些特征在米勒、夏皮尔、劳丹和盖里森的工作中被延续了下来,尽管他们声称自己与这一传统的最基本假定断裂开来。还请回忆一下,我希望对现代性叙事之真理保留态度;毕竟,即使现代主义的自我理解在某些重要方面犯了错误,但仍然很有影响。如果不是别的,"现代性"代表了一种广泛的文化自我理解。

因此我把"现代性"视为一个叙事策略的典型名称。它描述了现代世界的历史构造,这个世界在一些独特的并系统联系起来的方面与所有先前的文化区别开来。下面是人们经常引用的现代性的一些方面:

(1) 世俗化——不仅仅是宗教实践和信仰的衰落,还有各种人世生活从神学的脱离以及宗教和其他基本事务私人化为个人信仰和追求。

(2) "人性"(被抽象地区分的个人的统一)被构造为表象和知识的主体、所有价值的源泉,以及权力和道德尊严的拥有者。

(3) 界线分明的知识和实践领域的发展(例如,法律、经济学、科学),其自主性得到了体制上的承认和保护。

(4) 合理化——集中发展了计算的形式程序,扩展到越来越广泛的人类实践领域,以及不同领域之间的统一。

(5) 现代人类实践精华的科学技术的迅速增长，以及作为知识内在目标的对自然的相互关联的理解(科学可能是现代性这一称号对其几乎不会引起任何争议的唯一人类活动)。[1]

(6) 生产力资源的扩张和集中(通常把资本主义开端认同为生产的模式)。

(7) 欧洲("现代")文化在全球范围的扩张(殖民主义和后殖民现代化/西化)。

(8) 自指的现代性叙事合法化自身作为自由和真理的逐渐实现。

不难看到，现代主义叙事的这些不同特征是如何紧密地联系在一起，以至于把它们分割成现代性的不同方面有点造作。在一个世俗化的文化中，人 【50】
性被构造为认知主体和价值的源泉，取代了神学，把神学和政治传统改变成了个人的信仰和期望。这一私人化过程没有涉及的方面主要是纯形式的(合理化的)、程序性的权利。这些权利被赋予理性的、相互疏远的主体，他们可以在各种可能性中自由选择。世俗化的知识领域和实践同样通过合理化得以构建，被当做科学方法和经济行为的典型形式。科学和技术提供了世俗化领域形成的典型范例，并日益成为经济扩张和政治或文化西化的基础。西方文化的扩张既求助于普遍人权和知识形式的现代主义说明，也因为它而得到辩明。更一般的是，所有现代主义合法化叙事求助这些价值去辩护更进一步的世俗化、理性化、经济扩张和把资源与权威性分配给科学研究和技术发展。

当人们思考现代性的合法化叙事时，他通常思考的是一些进步故事，这些故事把现代化描绘成知识的进步，人权和人类实践的奠基，政治民主化，财富的创造，自然的控制，所有这些都可增加人类的福祉。不过，这些叙事经常伴随着各种反现代的反叙事。反现代主义叙事通常具有相同的全球性视野以及一个与现代进步故事类似的结构。确实，他们想的就是同样的故事，不过评价却被颠倒了。相同的实践如今被描述为对根源性和共同体的解构，任何有价值的东西被还原为单纯的工具性计算或任意的喜好，智慧和判断被官僚规则所代替，对各领域之间的整体性联系的严重漠

[1] 我要感谢托马斯·赖克曼，他对本章的早期版本的回应使我注意到这一点。

视或压制，对自然的统治和掠夺，以及消费文化的肤浅性。我们应该把现代性视为包容了现代主义和反现代叙事二者的辞藻和策略，以及双方支持者都感到的需要先发制止另一方的诉求。

现在我们可以问，在何种程度上，实证论科学哲学及其后继者属于这
【51】一更大范围的现代主义叙事传统。不难看出，尽管逻辑实证论自身有着技术上的复杂性，但与这一叙事领域有很密切的关系。实证论者对形而上学的敌意是启蒙运动反对神学迷信的延续：他们把形而上学视为神学的后继者。其观点的核心是数学和科学在文化上的优先性，数学物理学是典型的例证。科学被等同于形式方法的采用，目的是工具上的成功。可以推想，科学包含了一种宽容的怀疑论态度。科学方法的实践及其进步态度的采用保证了服务人类的工具能力的累积以及对错误的无情检测和消除。他们统一科学的纲领既是对形式理性构造的客观知识领域在技术上的联合和纯化，也是关于普遍的、国际主义的、进步价值的断言。其经验论版本强调个体经验的普遍性方面。正如人们广泛注意到的，维也纳学派的政治范围，从自由社会民主到科学马克思主义，在文化上不过是形式主义哲学纲领的附件。也许稍不为人注意的是，他们可敬地从开始就支持一个怀疑论的和宽容的科学态度：最终毁灭实证论纲领的绝大多数有力的哲学批评都产生于他们内部。

20 世纪 50 年代到 60 年代，实证论哲学纲领的逐渐崩塌使一些新的科学哲学主题和问题获得青睐。后实证论科学哲学在更大文化范围内被接受，通常与之联系的是库恩、费耶阿本德的名字，他们常常强调反现代主义的主题：废黜科学在文化上的崇高地位，把科学实践与教条主义或非理性主义信仰及排他主义共同体联系起来，用宗教皈依和不可分析的整体性格式转换的语言来代替形式方法和理性的自我批判。这一趋势本身提示了现代和反现代叙事辩证法的一个发展。但是它同样错失了库恩和费耶阿本德本人及如拉卡托斯、斯蒂芬·图尔明、玛丽·赫西以及拉里·劳丹这样著名的后实证论者著作之中的一些积极的现代主义主题所具有的更重大的突出性。

后实证论科学哲学对形式主义的广泛抛弃，反映了现代主义叙事中内

在的紧张。现代主义既赞同社会实践和日益专门化的知识领域的认识自主性,也支持通过推理和辩明的形式程序将它们统一起来。实证论者将科 【52】
学中学科自主的主张服从于形式方法和科学的统一性;其后实证论的批评者大体上抛弃了形式主义,目的是各门学科及各门学科内的研究纲领的自主性。尽管他们背弃了形式主义,绝大多数后实证论者仍然主要致力于对元科学合理性的说明(最好的例子是拉卡托斯对退化研究纲领的绝不空泛的说明,劳丹孤注一掷地希望测量问题——解决的效率,以及其他人沉迷于所谓库恩和费耶阿本德揭示的非理性主义)。[1]对合理性的如此关注密切联系于现代性叙事中地位重要的感觉合理化运动:这一关注是如下计划的一部分,即辨别"内在"的科学史,它由一些与作为探究领域的科学明显相关的因素构成,区分出哪些"外在"因素的影响,这些外部因素必须以伽利略反对罗马教会的名义予以取缔。

现代主义把科学与进步联系在一起,这一联系尽管现被广泛认为已经消亡,但在早期后实证论科学哲学中曾辉煌一时。拉卡托斯、劳丹和其他人勇敢地努力保护一个或多或少是传统的累积进步的知识概念。尽管库恩和费耶阿本德众所周知地拒绝了这一事业,但可笑的是,他们这样做是通过提出不同的基于现代主义立场的进步概念。费耶阿本德所坚持的我们应该选择进步而不是方法,这明显是援引了米勒对宽容在认识上的有用性的论证。库恩提供了一个科学进步的概念,这一概念试图消除其目的论成分,而同时却保留了如下观点:科学工作是显著进步性的。

盖里森正确地指出,后实证论哲学集中于高级理论,这是现代主义的重要遗留,但是,微妙地误解了它的重要性,因为他过分强调了逻辑经验论中的经验主义因素。盖里森把向理论的转向作为不过是实证论者的基础主义等级的翻转。这一解释在两个方面是错的:正如我已经指出的,这一点我追随了弗里德曼,实证论者比盖里森指出的要更同情整体论;更重要的是,盖里森的解读忽略了,在何种程度上后实证论者求助于现代性叙事

〔1〕 Lakatos 1978,Laudan 1977,把库恩和费耶阿本德作为非理性主义者的代表性说明,见 Scheffler 1982。

【53】 的高度抽象的、普遍性的理论观念，以取代实证论对形式方法的说明。在一个理论性的世界观和研究纲领中体现的切实的信念，被认为是决定了什么证据是与特殊主张的认识评价相关的以及这一证据有多少分量；它们提供了范例性的合法化说明的模式以及理论和观察术语从中获得意义的语境。简单说来，一个理论信念的网络，要做如下这么多工作，包括对确证的定性和定量的形式分析，对说明的演绎—律则解释，以及还原语句。[1]这一进路需要用切实的理论信念来代替语句间的纯形式关系，但其完成却是在一个很高的抽象层次上。如伊安·哈金有点苛刻地指出的："'理论'这个词，最好特别用于某些相当专门的思辨群体或有相当明确主题内容的命题，以标示所有种类的不成熟的、隐秘的或归罪于个人的信念。"[2]人们不会感到偶然的是，约瑟夫·斯尼德(Joseph Sneed)及其追随者被诱导去将库恩的范式概念形式化，或者其他人把此描述为理论和证据的"网络"模型。正如盖里森正确提出的，尽管早期后实证论者进行了大量的历史工作，他们更多地依赖于一个与实证论者相联系(通过弗雷格)的一般意义理论，而不是像他们在对具体案例中切实理论主张的相互依赖性的解释中所做的那样。最终，看来有理由提出，现代主义者对抽象和形式主义的偏好并没有随着实证论之死而被抛弃；只是它的焦点转移了，从一阶演绎逻辑及对归纳的形式说明，转向了对理论网络的不加区分的处理。

后实证论对研究纲领的说明所具有的优势是短命的。那么现代主义叙事又发生了些什么？如果考虑学科的界限，早期后实证论者被科学实在论者所取代；如果关注更广的对科学的整体解释以回应后实证论传统，那么社会建构论提供了一个替代版本。不过这两个进路都仍然在现代性叙事框架内进行自己的大部分工作。

【54】 乍一看，科学实在论好像隔绝了与现代性叙事一些根本方面的联系。通过复原追求形而上学真理的科学图像，实在论像是离开了现代主义对合理化和工具性成功的强调。实在论者们还恢复了表象和指称之间的联系，

〔1〕 人们还未充分注意到这样的事实，即库恩的著名概念"范式"被明确地作为理论与世界之间联系的符合论解释规则的替代物；见 Kuhn 1970：第5章。

〔2〕 Hacking 1983：175.

并因此朝向世界而不是认识主体作为理解科学知识的关键。范·弗拉森有效地讽刺了这一转变，把实在论的主要论证比做阿奎那证明上帝存在的五种方式。[1]更仔细地检查实在论的主要论证就会看到，回到对科学的前现代主义理解这一表现有误导性。当代实在论的论证依赖于把科学视为成功地致力于不断增长的工具化能力。[2]科学理论的近似真理性被论证为对这一假定的工具性成功的最好说明。此外，最复杂的实在论论证预设了早期后实证论通过整体理论对观察和方法之决定性的说明；从工具性成功引申出的实在论通过这一包罗万象的理论而得以促成。[3]最后，对主体的拒绝因为如下事实而被证明为是一种假象，即当代实在论依赖于处理指称时的一种一般性的证实主义行动，这种行动允许人们书写一个科学史的实在论叙事：实在论者应用了一个宽容原理来解释以往科学家的术语应该被考虑为指称什么，这依赖于解释者对世界包含了哪些种类客体的当下理解。由此，实在论提供了一个有力的作为进步史的科学史的现代主义叙事。继神学而来的反科学迷信是实在论讨厌的现代主义祸根，但它并非指形而上学，因为实在论者认为形而上学是值得尊敬的、科学的，它指的是先验认识论，他们坚持认为先验认识论应该被依次自然化。

具有不同外观的建构论社会学同样似乎有望提出一种免于现代主义辞藻的对科学的解释，但又一次带来一些假象。建构论修辞常常不自如地摇摆于对理性主义迷信的超现代主义批评和一种反现代主义之间，它的反现代主义太容易从相反的方向重演现代主义叙事。第一个外观，社会学家们责骂了哲学家们的先验主义，因为它逃避科学的(社会学的)研究，不加批判地从表面意义上接受科学家的自我辩白，并求助于“观点”或“理性”的神秘影响，而不是无情地、严格地限制于地方的物质的原因。他们的科学 【55】
史同样是一部启蒙运动史，其中，在社会学上幼稚的科学家和科学哲学家取代了专制君主和神父，成为需要推翻的迷信提供者。

---

〔1〕 Van Fraassen 1980：第7章。

〔2〕 Fine 1986d 把实在论论证的这一特点作为他挑战实在论的中心，例如可参见他的“元定理1”。

〔3〕 一个好例子，见 Boyd 1984。

在其反现代主义的伪装下，社会学家们拒绝科学进步的叙事，但只是把这一故事重新讲述为非理性的、意识形态主导的故事，其中科学逐渐获得了未经辩明的文化霸权。决定科学史叙事的因果力量转换到绝大多数哲学家所认为的科学“外部”因素，但是内在和外在因素之间的分裂却在根本上被保留了：“理性的”、“知识的”或“认知的”因素仍对立于“社会的”因素，即使前面的那些范畴现在被认为是空洞的。科学家们为自己的兴趣(利益)而工作(不论是作为科学家还是特殊社会阶层的成员)，或者去协商资源关系；不论如何概念化，这一图画典型呈现了一个没有合理性的合理化的反现代主义画面。最终，绝大多数建构论者都赞同这一哲学传统，其中，“现代世界中”的科学自主性和文化权威性要求由现代主义进步叙事提供的整体合法化；他们否定的仅仅是这一需要能够最终被合法地满足。

在对科学的解释上，社会学对哲学的霸权提出了挑战，但不自如地摇摆于社会学立场的现代主义合法化与对科学的进步和文化首要性的反现代诋毁之间，这种摇摆因为其文化相对主义而变得十分明显，而各种社会建构论立场的文化相对主义特征受到了广泛的讨论。相对主义是一个矛盾的现代困扰，它似乎拒斥科学的首要性，“现代”西方实践和信仰的普遍主义，以及进步合法化的信念。但它这样做是通过对人类实践和信念之总体性采取一个疏远的、表象的立场，确认了其他人类主体(不论是否被等同于个体还是特殊的文化)的“世界观”的终结，并坚持一种对此类态度的宽容或尊敬，与康德或米勒对理性主体的见解可以相提并论。并且，不可避免的是，相对主义者的元世界观(metaworldview)，如果不被认为是真的，也至少被看作为在道德上或方法论上是进步的。我的观点与通常的观点不同，我认为，相对主义是自相矛盾的，因而是错误的，但它是一个不连贯
【56】的文化立场，使它的支持者清楚地置身于一个叙事传统，尽管不那么稳定(它自己不能表明这样一个立场不能或不应该被占据)。

我们匆忙地关注了最近对科学的哲学反思如何在“现代性”的多变的叙事领域中迁移，现在到了从中提出一个紧急问题的时候了：为什么不在科学哲学中讨论这样的现代主义叙事？甚至有可能免于这样做吗？(此时反驳顶多是无意义的。)以这些问题为背景，我希望审查米勒、夏皮尔、劳丹

和盖里森的地位，并考虑到塑造此传统的这些叙事，而他们却试图与这一传统断裂。

盖里森确认出逻辑实证论及其后实证论批评者作为现代主义者所共享的那些基本假定，他虽然只是不直接地指出了他的论证理由，但是他试图传达的信息非常清楚：合法化的现代主义叙事已经失去了可信性。它们在多重语境中的不同外表掩盖下不断重复着的表现，以及它们不断遇到的明显失败，使它们看起来越来越像是用建构学科或实践的方式批量生产出来的。现代性叙事像是给不可还原的多种多样的实践和信仰强加了一个伪造的统一性。此外，那些明确的"现代性"版本被不断地批评为在知识上、政治上以及美学上不充分的或压制性的。尽管利奥塔论述后现代状态的文章有很多分析上的缺陷，但他把当前思想状态诊断为持续增长的"对元叙事的不信任"看来十分精确。

这一章并不试图概括在很多语境中提出的抱怨，认为更一般的构建现代性的方式似乎显得很不充分。我的目的是，在对米勒、夏皮尔、劳丹和盖里森工作进行批判性的评估之后表明，在科学哲学中这一不信任是如何产生的。我想从这个问题开始：为什么在很多哲学家看来，揭露逻辑实证论和很多后实证论科学哲学流派之间共同的假定如此重要？可以肯定地说，人们已经广泛地不信任实证论了，但这一成就是通过对实证论支持的具体命题的直接和详细的反驳而完成的，而不是通过把它类比于另外一些不可信的观点。[1]为什么不同样直接地反驳后实证论、实在论和建构论进路？ 【57】

为了回答这一问题，我们必须考虑盎格鲁—美国科学哲学中对逻辑实证论的广泛反驳的重要性。三四十年来，实证论传统为科学哲学中的绝大多数(英语)著作提供了语境。它使哲学家去研究一些相当深奥和复杂的技术性问题并决定了其他领域内对科学的讨论。在相当大的程度上，实证论传统看起来不仅仅是在科学哲学中有某种影响：它就是科学哲学。在这样的背景下，它崩塌的程度让人吃惊。在很短的时间里，它失去了显赫地

〔1〕 除了这样一种反驳，即实证论批评其反对者陷入"形而上学"之中是自指性的、不连贯的，因为他们自身的观点也是不可证实的，因此是形而上学的。

位，成为一种千疮百孔没有人会认真对待的观点。现在看来，对方法论形式主义的执着改变了哲学的注意力，不再关心科学本身，而是转向逻辑难题，不再有关于科学实践或成就的任何洞见。实际上，事后之见的一个广泛判断是，实证论提供了一个没有任何实际科学能接近的科学模型，并且如果被树立为理想将是灾难性的。在很多人看来，它在技术上的复杂性清楚地例示了一个有力的工具却被严重地误用了，而它对科学观察的基础主义说明看起来也很幼稚。它的根本的为人瞩目的问题(确认和理论还原)看起来是一些不可能解决的困难。这一严厉的拒斥无疑反映了一种不太公平的事后之明的重新解释和判断。在很大的程度上，支持这一反应的实证论图像并没有公平对待实证论文本(尽管一个更敏锐的解读也不太可能使维也纳学派实证论重新成为一个当下选择)。但是之后一代的哲学家在审视科学的时候，形成了一种压倒性的印象，他们认为，实证论者不过是未能看到他们料想的感兴趣的对象——科学知识——这是因为他们携带着并将其强加给科学哲学任务的那些概念和假定。从实证论对哲学想象力造成的抑制中，我们能学到的教训是，只有与实证论假定的根本性决裂才能使哲学家们看到某些事情而不只是对其自身保证的反思。

【58】 尽管科学哲学家中间明显达成了一个共识，即这一领域必须做出这一决裂，但错误的假定到底是什么，科学哲学家们还没有形成一致意见。所以，每一个相继的解释路线都说自己最终完全把握了实证论纲领犯的错误，而其先驱/竞争者无意中犯了同样的错误，这些错误导致了哲学家们到如今还迷途未返。实证论者向其后来者施加的报复，是让他们感觉到需要坚定地与实证论决裂，这就不可避免地导致了不断地沉浸于实证论的纲领(或至少它的重新解释作为后来观点的陪衬)。

这一修辞学上的策略肯定存在于后经验论对形式方法和基础主义的拒绝，而支持历史主义和理论整体论；它还出现于科学实在论从弗雷格到指称因果理论的转向及其对理论真理性的重新考虑。不会让人感到惊讶的是，这一策略对最新一代的哲学反抗者来说仍然是中心话题。理查德·米勒以如下宣言开始他 1987 年的著作："就其广泛的意义来说，实证论仍然是科学哲学的主流，并且科学哲学中最迫切的任务是发展一个实证论的替代物，并提供实证论所承诺的指导，无论是哲学上的还是实践上的。"〔1〕劳丹最初的哲学工作紧紧追随了库恩主义后实证论的脚步，现在他坚持认为，"人们没有充分注意到库恩与实证论的决裂是多么的不充分，这主要是就认知目标和价值来说"〔2〕。达德利·夏皮尔重复强调了实证论观点的洞见及困难和库恩及费耶阿本德观点之间的"互补性"〔3〕。同时，他坚持认为科学实在论的哲学支柱包括"根据指称理论来解释科学的克里普克—普特南进路，以及以意义理论为根据的对立的(实证论和后实证论)进路，它们共有着一些基本假定，尽管存在着一些深刻的区别，这些进路源自同一个传统"〔4〕。当然，我们已经看到，盖里森把以前科学哲学共有的基本假定等同于现代主义，他希望最终能用他解释科学变化的批判的后现代模型来超越它。

这些批评家声称，他们做出了与科学哲学中的统一化传统之间的根本决裂，他们是如何将这一断裂概念化的？如果允许在表述和重点上的不 【59】
同，那么碎片主义者们可以从他们自己对解释性进路中总结出四种方式，通过这四种方式，他们试图将科学哲学重新定向，离开从实证论到实在论这一传统的那些日益衰弱的假定。首先，所有人都声称拒绝方法论问题上米勒所谓的"对普遍性的崇拜"，而支持那些"论题—明确"或领域—决定的原则，它们随着科学理解的进展而变化。第二，他们拒绝等级化的决定关系，支持理论、方法、价值或目标、工具以及实验或观察之间的多方向性关系。第三，他们都拒绝"假定科学的本质能够被所谓的语言必然性的检查所揭示，这一语言的必然性并不依赖于科学探索的结果与方法"〔5〕。最后，他们都渴望把科学的历史写为进步的、合理探究并且/或逐渐走向真理的叙事。他们论证说，这样一种任务如果置于实证论、康德主义后实证论或趋同实在论的语境中，将是站不住脚的任务。

〔1〕 Miller 1987：3.

〔2〕 Laudan 1984：70.

〔3〕 Shapere 1984：xiii-xviii，156－166.

〔4〕 Shapere 1984：384－385.

〔5〕 Shapere 1984：383.

这些主题的各种详细变化，还可以谈很多，各式各样的论证和例子被提出来支持它们以及这四个哲学论题的其他显著特征。不过，在这一章，我不会关注如此多的细节。我关心的是提出两方面的问题：一是这四个说法与来自实证论的传统的决裂有多根本；二是在何种程度上这些决裂实际上被达到了。正是在这里，我相信，我对盖里森求助于更广的现代主义文化叙事进行的推广和重建将会发挥很大的作用，有助于确认这些批判家和他们期望超越的那一传统之间根本上的连续性。

我们先从一个很明显的地方开始，就是现代性叙事策略的这一方面，它从未成为碎片主义者自我概念化的一个部分：对进步、合理性及/或真理的叙事辩护。人们不再假定探究的理性追求能轻易地带来进步而这一进步又能把我们带向真理。因此，夏皮尔的哲学方案表明，科学史如何构造
【60】了一些领域—明确形式的合理性，正如科学家学习如何学习自然并逐渐将一些相关(内在)理由的空间从那些外在于其研究领域的因素中区分出来。随着一个领域内得到的一些方法和结果逐渐脱离了特别的、相关的疑问，就没有充分的理由不称它们为真的了，但叙事的英雄是论域—明确的合理性。

像夏皮尔一样，米勒把对特别的、实地相关的疑问的克服描述为科学史中的进步因素，但是他改变了重点。他提出，科学在很大程度上能够根据实在论的方式来描述，因为求助于实地的、论题—明确的老生常谈能够表明很多科学上的存在主张已经毋庸置疑地得以奠立，有关这些实体的理论也仅是是真的。合理性(以合理信仰的实地性的、无害的形式)随之而来。

劳丹高声喊着反对实在论，但在1984年他却更坚定地坚持“我们需要一个单一的、统一的合理性理论”，它可以说明自然科学中共识的进步性增长。[1]他的网状辩明模型被认为是提供了这一理论。三年后，他像是放弃了合理性的重要性，把进步视为重要的元方法论概念：“我们可以轻易地主张科学的进步，即使我们不知道任何与更早科学家的合理性或目标有关的

〔1〕 Laudan 1984：3.

内容……因为，与合理性不同，进步不需要成为一个行动者一明确[agent-specific]的观念。"[1]同时，盖里森对在大规模尺度上评价科学史保持了慎重的态度，这要得益于他对现代性叙事的反对。他的有关实验终结的说明平静地回避了合理性和真理这样的术语。[2]不过，在结尾，他提出了一个比他批评的还要更复杂的科学史分期，并且他指出了对我们科学史评价的影响："积木模型可能以一个有趣的方式揭示了，物理学实践能够在这么多的层次上包含着不连续性而不解体……直接把一块[积木堆积]在另一块之上……会使墙体太不牢固以至于不难经受打击。只有一种交错[intercalated]组织才能使这些积木给整个大厦以力量。"[3]

所有这些现代科学进步叙事的行文方式是一种科学的"内在历史"：在这个意义上，他们仍然是批评神学迷信的启蒙运动和批评形而上学的实证 【61】论者的后裔。像他们反对的后实证主义一样，他们大体上放弃了科学方法的形式统一性，目的是更好地促进学科的封闭和自主，而这是现代合理化的另外一面。正如史蒂夫·富勒指出的，"当夏皮尔将强化了的现代科学的知识力量置于其日益系统的、自我包含的提供理由的实践时，他明显忘记了如下事实，即它们不过是合理化说明程序中的一个例子(例如，还有经济的和法律的)，这些合理化说明程序出现于对现代社会之复杂性的回应"[4]。建构一个自主的知识和实践领域，它可以根据内在的目标合理地加以管理，这是他们熟悉的"现代性"故事的一个根本部分。

在构造其对科学学科之合理化的说明时，碎片主义批评家并没有放弃他们赋予科学的解构中的不变等级化组织：他们不过是采用了寡头统治作为他们喜欢的等级形式。盖里森要求给予理论、实验和工具性物质文化以同等的权利，而劳丹则计划着理论、方法和认知价值之间的平等相互作用。夏皮尔则表明在理论和观察之间关系的复杂性，而这一复杂性则是实证论者和后实证论者都没有认识到的。但是他们都坚持这些因素在理解科学

〔1〕 Laudan 1987：28.

〔2〕 Galison 1987.

〔3〕 Galison 1988：210.

〔4〕 Fuller 1989：20.

知识的知识和认知发展中是一些关键的因素。诸如交流网络和形式、体制、资源或物质文化(最后一条是盖里森确实承认的),这些因素无疑影响了科学家实际的言行,但是它们在概念上区别于统治(或理想地统治)科学实践的方法论因素,并且并没有对进步、合理性和/或科学成就的真理做出贡献(或只是不经意间做出了一些贡献)。夏皮尔主张,这些被因素的排除是在构建科学领域的过程中认识到的,而劳丹则说,只有这样它们才能被辩明为一贯自然主义的方法论理论。[1]米勒根本就没有讨论它们,也许是
【62】假定了对所有这些因素的排除是恰当的,在说明一些存在断言如何被毋庸置疑地确立的时候,并没有考虑它们。

对碎片主义来说不幸的是,我们无法既坚持认为存在一个连贯科学的内在历史,又坚持科学哲学不应该求助于一个普遍性的语言理论作为解释科学的基础。内在科学史观和普遍语言理论观之间的联系通过富勒发起的一些讨论而得以显现。[2]他指出,内在科学史的这一观念要求在科学理论、方法论原则、观察、推理和认知价值的内容和这些内容得以构想、交流和奠立的语境之间的区分。以这种宽广的方式构想的科学史如果想易于理解,必须有可能使同一内容在不同的语境用不同的方式被传递和保留。这一主张提示了一个根本的意义理论,它将辩明,从各种不同的表象模式,给具有不同目的(或无目的)的受众,尽管他们可能有着不同的目的和假定,但可以确认出那些共同的内容。[3]像夏皮尔所说的,如果你把科学内在史看做是一种不同领域思维方式的趋同,那么你需要说明的不仅仅是各种说法和表述指示的共同内容,还要说明的是表达或接受这一内容的共同(或至少是趋同的)理由。这就要求这一推理要足够透明以被辨认出来并

---

〔1〕 特别是 Laudan 1987。

〔2〕 Fuller 1989,特别是第 1-2 章。

〔3〕 对碎片主义者来说,这一反驳可能比富勒的表述所揭示的更加明确。内容与语境之间的区分在不同的场合(常常隐蔽地)被援引,为了不同的目的,并采用了不同的划界标准。我相信,对内容的这一普通指认并不预设一个对语言或语言使用的一般性说明。但是碎片主义者希望固定科学领域、学科或论题的内容与外在于这一逐渐界定内容的语境之间的界线,以之作为区分科学内部史和外部史的基础。正是对内容的这一固化,我相信,必须依赖一个一般性的意义理论。我感谢 Thomas Ryckman 指出的,以这种方式来区分我和 Fuller 观点的不同。

得以同意。有些人认为,意义或内容的必要说明是平淡无奇的或者没有什么争议的,对于这些人,富勒的唯名论异议应该有一些值得注意的地方。他提供了如下“平常的观察”:

> 知识只是通过体现于语言和其他社会实践之中而存在。而这些实践,只是通过从一个语境到另一个语境的再生产而存在,在这种再生产中,知识不断地适应于社会语境。然而,会有一些系统检查,看看各种实地性适应之间的相互连贯性。如果没有什么反对,那么万事大吉。有了这些关于知识传递的本质的基本真理,人们就会认识到,很可能不会有这样的东西,像心灵—集合,一个世界观,或者甚至一个命题能经历时间和空间中的一再传递而像人们所说的那样前后一致。[1]

【63】

人们也许会为科学内在史辩护而反对富勒的语言唯名论(或者反对一个更温和的纲领,此纲领把所有语境/内容的区分视为偶然的),但是这样就难以断言,因此产生的有关意义或内容的实在论不会再产生“科学问题的语言学本质的意义,支撑着实证论的统一化信条和背弃它的反实证论”[2]。

碎片主义者自称不再迷信实证论和后实证论对一般性的偏好,似乎同样承诺了比它实际传递的更多的东西。夏皮尔提出从合理性的一般理论转向说明特别探究领域(或亚学科领域)内的推理。但是他对探究领域之合理化的说明本身就是一个一般性的叙事模式,可以以之理解所有的科学史,而科学史被他认为是“一个逐渐发现的过程,一个更精细化的过程,相关—关系的组织过程,因此也是(一个领域)探索的对象及直接相关的因素与那些无关因素的分离的过程:一个逐步的科学与非科学的划界”[3]。与此类似,米勒坚持认为,支持或反对实在论的争论不能在一个一般水平上得以解决,而是必

〔1〕 Fuller 1989: 4.
〔2〕 Galison 1988: 206.
〔3〕 Shapere 1986: 6.

须求助于“论题—明确的自明之理”。但是此类论题—明确的自明之理在于不可观察之物有关的科学推理中所扮演的角色，这一问题自身却不是论题—明确的，因为这将削弱米勒的实在论。阿瑟·法因敏锐地概括了这一困难：

> 实在论追求的结论是，不相信(如，分子)将是无道理的(也就是说，非理性的)，因为只有这样才会挫败工具主义……因此米勒的案例分析乞援于如下这一十足的合理性的一般性原理：如果一
> 【64】个人有信仰的基础，并且没有什么明确的疑问，那么不信才是非理性的……[求助于这一原理]米勒让人吃惊。因为米勒是一个单一主义者，关于合理性这类话题讨论中对此类一般性的热爱，是被米勒确认为逻辑实证论遗产中的某些东西。[1]

盖里森和劳丹的普遍主义立场更加直接。盖里森提出了他的“后现代模型”以作为理解科学史的“中心隐喻”，与其实证论和后实证论的先驱相比，在一般性或隐喻程度上，它一点不逊色，而长处更多一些。劳丹采取了一种明确的规范性元方法论立场，从此出发，他愉快地将科学史评价为进步的历史，此时他考虑的是当下的认知目标和兴趣，而无需与那些对此故事做出贡献的各种行动者的目标和兴趣相符合。最后，我相信夏皮尔和米勒的历史还可意味着进步的辉格史，这要求在大时段的范围内进行讨论。不论如何，像那些哲学史的叙事者一样，他们都乞援于一个在充分明确的信仰和行动可能性中进行选择的理性主体。

对于这些碎片主义者试图将自己从实证论到科学实在论传统中分离开来，我们能总结出什么呢？虽然他们与那一传统有很多显著的不同，但如果在“现代性”的哲学叙事中来看，他们对科学的解释却明显属于这一传统。科学史被解释为进步、合理性或成功求得真理的合法化叙事，没有这

〔1〕 Fine 1991：89.

一叙事，科学实践和结论将是任意的、无根基的。[1]讲述这样一种关于科学(或至少绝大多数科学)的故事的需要，要求撤回对“对一般性的崇拜”或夏皮尔的“不可侵犯性论点”的拒绝，因为自主的各种特殊理性领域的构建和阐明，成为科学发展的一般和不可侵犯的特征。在这些现代主义合法化的各种版本之中，对知识的追求被合理化了，而各种“外在”考虑被排除了，【65】不管其外在性是因为当前目标被强加给进步叙事而确立的，还是被认为是这一领域内在的叙事建构的结果。[2]在各种领域中，“科学”仍然被等同于非具身性的、非语境的表象的建构和改造，由一些理性的主体来评价和选择。实证论对语句之间关系的重构，后实证论抽象和包罗万象的理论、研究纲领和世界观被抛弃了。但是它们的代替物(背景信息，推理链，论题一明确的常识，以及诸如此类的东西)同样是从科学工作中发生的内在相关的各种语句和描述的变化性和复杂性中抽象出来的。作为一个结果，就其广泛的意义说，语言哲学对碎片主义者来说仍然是重要的，尽管他们拒绝依赖于标准的意义和指称理论。他们假定了一个科学推理和信仰的内容的历史，它可以从其各时各地的多种多样的实地性例示中抽象出来。

我想我是正确的，我们应该坚定地把碎片主义科学哲学等同于从实证论到后实证论这一传统，尽管碎片主义者认为自己以重要方式拒绝了这一传统。这不等于说他们的观点是不堪一击的，尽管这确实损害了他们的修辞策略，即把自己视为实证论的第一或唯一真正的替代选择。最后，我相信，他们的合法化叙事比他们想替代的更加不可信，虽然还需要更多的讨论来确立这一点。但是我的解释的确引发了一个问题，即与现代主义科学哲学传统决裂将是怎样的，即便它是可能的。因为如果这是不可能的话，那批评碎片主义者同样没能将现代主义置于身后就是不公平的。

我提供了如下一些带有怀疑精神的意见，因为对于任何意见，都希望

〔1〕 这不仅仅是赞美科学的方案是典型的和现代的，而且更主要的是叙事合法化和武断或无根基之间的对立使人们感到科学需要这样的合法化。那些把科学哲学合法化的成功批评视为其武断证据的人，一点也不比这一哲学传统更少一点现代主义。

〔2〕 碎片主义者这样就追随了早期后实证论者对实证论的反对，即对科学来说，把一个自主的领域中的合理化探寻视为是比形式化更根本的东西。

人们对待它就像我对待碎片主义者，并作为被同化入传统之中的一个目
【66】标。这些建议反应的不是一个原则性强的纲领，而是合并了对如下问题的看法，其中包括碎片主义遭遇的各种困难，以及作为其替代的各种思考科学的进路。把它想成一种有趣但未尝试过的处方，想要一切顺利仍需很多调整，如果能这样的话。[1]

作为合理性、进步或寻求真理的科学史宏大合法化叙事必须要靠边站，但这一定要伴随着对科学的批判，而对科学的批判常常激发此类对现代主义叙事的拒斥。科学实践和信仰的合法化常常是不全面的、发生于特别的语境中、为了特殊的目的，大尺度的合法化与此几乎没有什么关系。一定程度上这需要一种针对科学概念自身的一种怀疑态度。高能一物理学、气象学、分子遗传学、自然史、石油化学以及宇宙学都有趣地相互不同而复杂地相联（在这些领域之内，差别和联系也照样存在）。在任何情况下，“科学”的边界并不能通过确认这些领域而轻易得以确定：技术和物质文化[2]，计量学与现象的创造和推广[3]，支持者和资源的征集[4]，科学课堂、博物馆、广告，以及大众文化[5]也许同样是科学密切的部分，就像理论、观察以及将它们联系起来的推理。认为存在一个“自然界”以供科学去探索，这种观念与把人类视为知识者和行动者并与之相互作用的观念截然不同，同样是必须抛弃的。[6]

不要认为认识者是无特征的、抽象的推理者，而要视之为情境化的带有无法逃避的局限立场的行动者。[7]不要用世界的“表象”这种方式来思考科学，而是要看它们包含了哪些行动以及为了更进一步的行动而改变情境的方式。[8]就科学结论的报告代表了某些东西这个意义来说，这些表象

〔1〕 把处方想象成一个知识模型，要感谢 Fraser 1988 和 Heldke 1988。

〔2〕 Achermann 1985，Latoyr 1987，Galison 1987.

〔3〕 Hacking 1983，Rouse 1987b，Latour 1987.

〔4〕 Latour 1987.

〔5〕 Haraway 1989，1990：第 10 章。

〔6〕 Rouse 1987b：第 6－7 章。

〔7〕 Haraway 1990：第 9 章。

〔8〕 Rouse 1987b.

被体现了[1],并且它们的呈现只是通过被用于某些目的。它们在哪里出现,它们是如何被建构的,谁要去阅读它们,以及它们如何传播,与它们说了什么无法分开。[2]即便是句子的重复和现象及机器的再生产,都是一些会影响它们所作所为的转化。[3]对科学工作内容的说明、内在历史的材料,这些本身就是一些转化,这些转化必须像它们的科学对应物一样得到处理,要问它们在做什么。不存在一个我们可以由之出发解释科学的元观点,科学不是一个竞争领域中的一个行动,那里科学家们自己在操作,而是这样一个领域,其中"科学"不但命名了竞争领域的结果,也命名了它的形状。[4] 【67】

这样一种思考科学的纲领能帮助我们超越现代性或甚至"现代性"吗?我们还需拭目以待,同样还要拭目以待的是这样一种追求是否值得。如果它使我们超越了现代主义叙事,它还是在讲述故事,其中"科学"是一个人物。我们的希望是,相对于"现代性"的狂飙运动,我们学着要讲的故事,仍然保持着被信的可能性和甚至是真实的可能性。

---

〔1〕 Fuller 1989.

〔2〕 Rouse 1987b:第 4 章。

〔3〕 Latour 1987.

〔4〕 Rouse 1987b:第 6 章,Fine 1986,Latour 1987.

2 后现代科学哲学的政治学

【68】 从维也纳学派在20世纪20年代和30年代的强盛时期以来，科学哲学就与现在被时髦地称为现代性政治学的东西彻底纠缠在一起。就维也纳学派自身来说，它与其他文化领域内的现代主义运动的并行是非常强大的。彼得・盖里森已经注意到，维也纳学派的统一科学宣言中强有力的国际主义和反传统主义，回响着意大利未来主义和包豪斯主义的当代声音。[1] 但是这些并行远不只是修辞上的。逻辑经验论是一个包罗万象的文化批判纲领，其基本动机是形式主义的。在几何形式成为现代绘画和建筑领域内流行的最小主义的基础的地方，实证论者则把形式逻辑视为有意义的语言和数学真理的基础，因此为可接受的话语设定了严格的限制。并且，当然，其结果是对形而上学、宗教及传统伦理和政治话语的拒斥，它还属于启蒙运动对迷信和专制攻击的现代遗产。实证论者的目的是将那些可以根据形式理性程序进行重建的话语合法化。所有其他形式的探究可以作为非认知的、无意义的而予以拒斥。

【69】 尽管实证论的早期批评家及其科学实在论和社会建构论的后继者们在很大程度上拒绝了它的形式主义及其对形而上学的反对，我相信他们仍然从属于现代性的哲学传统，正如我在前一章所讨论的。我认为这一传统的核心，至少在科学哲学领域是这样一种观点：应该有一种统一的理论来谈论使得某种探究（或其结果）成为科学的（或成功的科学）。这样一种统

〔1〕 Galison 1988：200 - 201.

一理论的重要性在于，像实证论提出的理性重建，它将统摄一个普遍的范围，并将各门科学的自主性和文化权威性合法化。理查德·伯德(Richard Boyd)的科学实在论是一个好的例子[1]。实在论通常拒绝实证论尝试的确认的形式理论，但是他们仍然把科学描绘为使用了一种独特的论证形式——诱导推理(abduction)。成功地使用诱导推理有助于使“成熟”科学的权威性和自主性合法化，因为它向我们表明，这些领域的理论使我们接触到了真实的、独立于心灵的世界结构。

具有讽刺意味的是，绝大多数坦率的对科学合法化的实证论和实在论方案的批评家同样属于现代性的哲学传统。社会建构论者，或像费耶阿本德这样激进的后实证论者，也许会否认实证论或实在论能实现其关于科学知识合法化的主张，但是他们完全同意，科学自主性和文化权威性的整体合法化需要此种统一的合法化故事。否则，他们坚持的现代主义合法化方案的失败，就不会有他们宣称的那种把科学拆卸开来的文化和政治重要性。因此，我把很多科学哲学和科学社会学的这一典型的现代主义特征看做是实足的替代品：一方面，是实在论或理性方法论；另一方面，是相对主义和对科学文化霸权的反对。

根据这些方式进行的讨论，自从20世纪60年代在后实证论科学哲学中重新出现以来，一直是不能让人满意的。但是有几位科学哲学家在后来提出了跳出这种二元辩证的方式。阿瑟·法因和伊安·哈金及其他几位 【70】
学者[2]高兴地接受了后实证论对任何以合理性或真理为名义的科学整体合法化，而没有向这样做带来的所谓相对主义或反科学后果进行任何妥协。他们似乎否认对科学进行任何哲学合法化的需要，或者此类合法化方案的失败有任何深刻的文化或政治学上的意义。

我希望更深入地讨论，采用这样一种对科学整体合法化(或非法化)的让人愉快的后现代驳斥，会有怎样的文化或政治学意义。因此，我不太感兴趣的是用一些传统的哲学论证来支持法因的“自然本体论态度”或哈金

[1] Boyd 1984.
[2] Fine 1986a, b, 1994; Hackin 1983; Cartwriaght; Galison 1987; Hesse 1980.

的“实验实在论”和“动态规范主义”，而是更有兴趣思考这样一种态度会对通常人们赋予科学的文化地位有什么影响，至少在西方。我将首先讨论法因的观点，因为他更集中更明确地展开了他对任何形式的整体合法化方案的反对，但是我相信，这同样也适用于哈金、南希·卡特莱特、彼得·盖里森和其他人，以及更为人所知的理查德·罗蒂和利奥塔这样的后现代主义者。

可是，在进行讨论之前，就这一方案蕴含的分类学意义稍做更详细的讨论，应该有某种益处。对“现代”和“后现代”文本与实践的划分既不稳定又有争议。“现代性”和现代化的讨论大多援引一些根本不同的内容——世俗化，合理化，形式主义，个人主义和/或“主体”的建构，资本主义和工业化，西方帝国主义，等等。如果以不同的政治学、艺术、社会理论或科学技术视角来审视现代性时，就会有十分不同的特征。人们并不清楚，“后现代性”是被用来代表一种文化的决定性转变，还是确认现代性故事不过是一些虚构，也不清楚现代性是一种我们已经达到的状况还是仍需达致(或否定)的可能性。

我的关于现代性和后现代性的讨论集中于科学哲学中的合法化叙事这一主题，这样做有几个理由。这一主题提供了也许是用一般标准来看与现代性讨论关系最密切的事物。强调这一主题还可以使我得以免于讨论各种现代性预言的准确性；甚至那些把现代性故事视为虚构的人也承认这
【71】些故事一直很有影响。不过，最重要的是，对合法化叙事的强调似乎与科学哲学中有关“现代性”的思考特别有关系。一方面，科学知识及其技术运用的发展对任何一个现代性叙事合法化(以及把现代进步故事重建为灾难史的反叙事)都有重要意义。另一方面，整个 20 世纪科学哲学中一个核心而充满争议的主题就是辩明如下事情：把科学史解释为一个进步或理性发展的现代主义故事。

当我们思考“现代性”和“后现代性”的时候，我们发现存在一些非同寻常的盟友，但我们不应该受到他们的阻止。把费耶阿本德或哈里·科林斯与鲁道夫·卡尔纳普、拉里·劳丹以及理查德·伯德联系起来，却把这些人与法因、哈金、卡特莱特和罗蒂区分开来，这样一种哲学分类，也许初看

起来很奇怪。但如果我们不把“现代性”看做一个立场，而是一个共有的冲突领域，其中为了使尖锐和重要的分歧得以可能必须有大量根本上的一致，这样看的话，就没那么奇怪了。[1]实在论者、理性论者（包括对理性方法的经验论说明）以及建构论者都倾向于同意，能够讲述某种关于科学史故事的重要性。粗略地说，他们同意，“西方”赋予自然科学的文化卓越地位需要整体性辩明。如果他们致力的这样一种辩明（包括各种例子，如卡尔纳普、劳丹或伯德）都被已知为彻底的失败，那么也许不难想象，他们都提供了对此假设重要性的相似描述（尽管评价不同）。相比之下，法因、哈金和卡特莱特，或者，还可以算上罗蒂和理查德·伯恩斯坦，像是以某种平淡心情看待这一全面失败。

法因的自然本体论态度

在其辩论性文章的开头，法因对科学的实在论解释及最著名的反实在论替代（建构经验论、认识论行为主义、新皮尔斯实用主义以及社会建构 【72】
论）展开了全面攻击。[2]他的反对不只是讨论了各种实在论和反实在论提供的特别立场和论点，还讨论了这些立场之间共有的假定，正是这些共同的假定使得这些立场间的议题显得既可以理解又非常重要。在其替代方案中，法因提出的并不是另外一种以实在论/反实在论为轴心的立场，而是一种针对科学的态度。“自然本体论态度”被认为排除了任何对科学进行统一合法化解释的需要。

法因走向 NOA 的道路开始于这样一种观察：尽管实在论和反实在论之间存在着多种区别，但他们都从根本上接受科学话语。在法因看来，实在论之争的参与者中没有一个拒绝科学研究的结论；每一个都只是希望增加对这一研究及其结果真正意味着什么添加一种解释。实在论者把科学家关于电子的主张解释为与一个确定世界结构相符合的描述。因为其经

〔1〕 Hacking 1983：导言。
〔2〕 Fine 1986a,b,d, 1991，即将出版的著作。

验上的充分性，经验论者则接受这些主张。实用主义者和建构论者认为它们在某种意义上是真的，但达不到符合的程度。法因的观点是，我们最好按照科学自身的方式来接受科学主张，不要感到需要提供任何更进一步的解释。这样他愉快地劝导我们说，NOA 中指的自然性是"加里福尼亚自然的(the California natural)——请不要添加任何东西"[1]。

法因的加里福尼亚自然主义的基础是这样一种主张，即科学自身为自己完成了各种哲学附加物为它做的那些事情，也就是说，将科学置于一种解释的语境："把实在论和反实在论结合在一起的就是这，即他们把科学视为一套需要一种解释的实践，并且他们自己就提供了正确的解释。但是科学不需要这些东西。它的历史和实践构造了一个丰富的有意义的环境。在这个环境中，有关目标、目的或有意图的问题自发地、实地性地产生。"[2]特别是，法因论证说，科学出于自己的考虑利用了被认为是哲学的概念，如真理、实在、辩明、解释，等等。但它们不是科学所需要的，但科学又不能为自己提供，所以只有借用。当科学上对被认为具有充分证据的事情产生异议的时候，以及一个惊人的事件得到满意说明的时候，这些都是科学中的日常概念。

这些概念的哲学说明及其科学实践过程中发挥的实际功能之间的重
【73】要区别是，对于前者来说，这些概念的应用是整体性的、本质主义的，而在后者，它是实地性的、实际的。所以，科学家们不关心不可观察的实体是否存在，而是关心引力透镜或释放激素是否存在。他们不关心提供一个一般性的证明去解释某些"成熟"科学是近似为真的；而是关心如何去发现诸如高能物理学中萨拉姆－温伯格模型的明确结果或进化生物学中某些版本的阿尔德里奇－古尔德间断性平衡(Eldredge-Gould equilibrium)观点是真实的(或经验上充分的)。所以，尽管像伯德这样的实在论者主张，在实在论者看来，诱导推理论证说明了科学的成功，但在法因看来，它们并非是科学假说；因为它们发生在一个不同的水平上，不是科学家所说的那种说明。

---

〔1〕 Fine 1986d：177.
〔2〕 Fine 1986b：147－148.

科学家所关心的说明，定域于一个特殊的探索范围，超出这一范围的扩展本身就是一个开放的问题，需要实地予以解决。

按照法因的说明，科学家们关心的这些实地性问题可以通过想象力的练习和判断给予充分的回答。他说明了，在他批评范·弗拉森对不可观察实体之信仰的顾虑时，他心中想的是什么：

> 我们受到劝阻不要相信原子以及相关的各种真理，是否是因为考虑到如下可能性，即电子显微镜揭示的不过是这个机器的人为结果？如果是这样的话，我们可以通过如下方式解决：在使用和构造这个机器的时候要遵守谨慎和彻底的程序和分析，通过其他检测装置进行交叉检验，来评估原子现象的人为性（或相反）。如果我们可以按照严格的标准让人满意地做到这一点，那么，我们还不能构造有关原子的信仰吗？为什么不现在就这样做？〔1〕

法因的建议是，我们只能质疑那些有明确理由质疑的科学信念，这些明确的质疑能够提示理论上的、实验上的或工具上的特殊调整以评价它们的说服力。当所有这些明确的疑问被消除了，或者至少根据我们最好的判断得到了解决，就没有更多的理由来中止信仰。【74】

这种强调所谓哲学概念的实地性的、科学的使用，不是说无需对科学处理这些概念的方式进行反思或批评。也不是说，它排除了对其使用的一般化，尽管法因的确提出这种一般化只有有限的用处。〔2〕采取 NOA 这一态度，要求哲学讨论要密切结合科学对这些概念的实际运用，并顾及限制此类运用的语境化考量。

对于自然本体论态度以及更大范围的"后现代"科学哲学来说，存在两个方面。我称之为"后现代主义者"的那些人通常采取了法因所说的对科学的"相信态度(trusting attitude)"："NOA 相信科学的总体上好的判断

〔1〕 Fine 1986b：146.
〔2〕 Fine 1986d：174－175.

力，同样也相信我们总体上好的判断力。特别是，NOA 鼓励我们认真对待如下观点，即科学事业需要提供的东西，实际上足够满足我们的哲学需求。"[1]与此信任相联系的，是一种彻底的怀疑，怀疑那些把科学事业解释为科学的整体或本质特征，据称这些特征支持了科学的可信性："NOA 鼓励我们走近科学而无需严格拘泥于哲学学派和观点，也不要试图把科学附会于某种事先备好的哲学发动机。"[2]

作为一种相信态度的 NOA

把对实地性语境的考虑和对科学的整体性解释——它将限制实地性探究——的拒绝结合起来，就突出了后现代科学哲学提出的政治学论题。这些论题与科学的自主性和文化权威性有关。我们能够区别出一个"内在"于科学事业的实践领域吗？这些实践的可信性因为相对自由于"外在"因素的影响而得到强化，并因此应该被保护以免受批评或"外在"因素的干预。

这些问题在很大程度上处于法因批评的各种实在论和反实在论的科
【75】学解释的背景中。这些观点结合了一种内在/外在区分的观点，并且，除了一些社会建构论者，试图维护成功科学实践的政治自主性和文化权威性。这种考虑是逻辑经验论的现代主义遗产，试图通过表明数学体现了理性思考的结构而感觉经验是关于世界知识的唯一基础，来证明数学物理学在知识上和文化上的首要性。当代实在论和哲学反实在论者采取了与实证论者多少有些差别的辩护路线：实在论者辩明科学的自主性和文化权威性，是通过表明科学使我们接触到了世界的真实结构，而反实在论者通常表明它考虑到了认知理性的界限。然而，对二者来说，一个默认的预先假定是，它们都认为，如下做法和观点在文化上和政治上都是不可取的：把科学的自主性及其结果的权威性外置于科学实践自身的语境之外，将之视为实地

〔1〕 Fine 1986d：177.
〔2〕 Fine 1986d：177.

性判断的结果，且通过一般方式证明科学合理性的论证(不论是直接的方式，还是通过它成功地描述实在)并不支持它。他们担心，仅有判断，将会带来判断上不可解决的差别，没有办法捍卫科学实践，以反对各种根本上有不同信仰或标准的实践。这一点也许解释了为什么这么多哲学家热情地攻击库恩和费耶阿本德以及更近的建构论科学社会学的观点。其对手(同样是现代主义的)常常可能表现出一种反叛的狂喜，带着这一狂喜，一些社会学家和哲学家声称揭露了那些捍卫科学权威性的理性论者或实在论者的伪装。

以此为背景，我们应该怎样解释法因结合了对科学的信任和对解释科学的哲学纲领的怀疑？我希望区分四种解读来解释这一结合。这四种解读展示了法因的相信态度及其反解释立场之间的冲突，集中于如何理解实地性科学实践中的“实地性”以及这种实地性是如何被确立的。这一冲突的含义使我们倾向于支持第四种，也是最不受限制的对后现代科学哲学这两个方面的解读。

第一种解读把法因对科学的相信态度视为根本性的，还有他的反本质主义及反对随信任而来的总体性解释。结果将是这样一种观点，即对科学 【76】
总体上的自主性和权威性的批评与辩护都是无根据的，因为科学的哲学捍卫者的政治纲领根本不要求捍卫，而是可能通过信任来接受。法因的修辞有时强烈建议这一解读。在他批评范·弗拉森的建构经验论的最后，得出了如下结论：“在科学的语境中，采取一种信仰的态度所具有的保证(warrant)，恰恰就如科学自身所给予的，不多当然也不少。”[1]他在对实在论的回应中更精彩地说明了这一点：“如果科学家们告诉我，确实存在分子，以及原子，以及 psi/J 粒子，并且谁知道，也许甚至还有夸克，如此等等，我相信他们，并且因此必须接受[这一点]。”[2]

但是把 NOA 解释为一种对科学之自主性和权威性的非批判认可，在我看来是错误的。它把法因推荐的信任误认为权威，并且这种混淆导致一

〔1〕 Fine 1986b：147.
〔2〕 Fine 1986a：126 - 127.

种严重的误解。NOA 并不要求我们接受科学家告诉我们的所有东西，甚至是在非常少见的场合，科学家共同体会以同一种清晰的声音说话时。对文本的仔细检读告诉我们，法因问的是，我们相信思考和实践的语境，其中特殊的科学判断得以情境化从而得到合适和充分的评价。这种信任并不要求我们将任何此类判断视为权威性的。这一态度对批评施加的唯一限制是，与构造此领域——科学判断被情境化于其中——的实践与思虑传统保持一种连续性。

因此，NOA 要求我们相信的最多是科学传统，它们不是被理解为有关权威性的共识，而是一种思考的领域，其中共识和异议获得一种实地性的可理解性。有关传统的相关观念，阿拉斯达尔·麦金泰尔(Alasdair MacIntyre)给出了让人印象深刻的描述："构成一个传统的是对这一传统的各种解释之间的冲突，这一冲突本身就容许竞争性的解释……因此，尽管任何传统的任何特征、任何理论、任何实践、任何信仰可能总是在一定条件下被疑问，但疑问的实践……本身常常要求一个传统的语境。"[1]哲学解释实际上与科学实践的实地性场所中可能发生的实际清楚的争端密切相
【77】 关，就此来说，NOA 把这一解释留于适当判断的运用。这的确意味着，无论何时，人们必须把科学实践视为毋庸置疑的，以为判断的运用提供资源和标准。但是哪一种实践和结果必须被如此认为是榜样，这完全是有待争夺的。

NOA 与夏皮尔的历史内在论

所以，对法因后现代主义的第一种解读是站不住脚的。但设想一下，我们认真对待其如下建议，即对科学的总体性解释的替代选择，依赖于科学实践的特别的历史传统，它确立了一个偶然连贯的领域，其中，地方的、"内在的"思考可以与外在的以及无关的事物区别开来。这提示了对法因后现代主义的第二种解读，在这一点上他类似于夏皮尔。通过描述特殊科

〔1〕 MacIntyre 1980：62－64.

学领域内科学合理性的地方形式的偶然性历史发展，夏皮尔试图维护科学的自主性和权威性，同时避免任何类似科学推理或实在论成功的整体合法化这样的东西。[1]他提出，不存在科学的内在因素和非内在因素之间的根本区分，但在我们已经在科学研究过程中得知是相关的思考和那些最终证明为无关的思考之间，存在着某种偶然区分。因此，在充分成熟的科学中，内在和外在论题之间的区分保持了下来。夏皮尔认为，因为它在知识上的效能，我们应该尊重这一区分，但它的阐述要求一个特别的历史性构建了的科学领域中的实地性论证。

在某些方面，夏皮尔的立场似乎与法因的后现代主义非常一致。夏皮尔提出他的观点，没有给科学的解释强加任何哲学纲领，把科学视为是历史性偶然事业，并坚持内在于此领域之特别历史中的实地性论证的首要性，认为它是知识争端的唯一仲裁者。不过我相信，夏皮尔对发达科学内 【78】
在自主性的捍卫，违反了法因对宏大叙事的拒绝。夏皮尔仍然给出了关于科学的整体性解释，将其作为知识领域形成的活动。他的解释提供了一个标准的叙事模式，来书写各种科学领域的历史。这一模式既提供了一个科学成功的标准，也提供了能满足这一标准的那些科学领域的自主性和权威性的整体合法化。夏皮尔称："正是采用碎片式进路来处理探究——将各种专门探索领域的边界展示出来——自动地产生了一个标准来对抗那些可以进行评价的理论。对一个特殊信息体(领域)的说明无论还要求其他什么东西，这一说明或理论只有在如下意义上是成功的：它考虑到了那一领域中各项内容的特点。"[2]

按照夏皮尔的观点，科学各学科的历史从根本上说是进步的历史。当学科开始的时候，"解释进路选择中的激发性考虑可能来自任何地方"[3]，但它们在如下过程中得到发展，这个过程是"一个逐渐发现的过程，一个更精细化的过程，相关—关系的组织过程，因此也是(一个领域)探索的对象及直接相关的因素与那些无关因素的分离的过程：一个逐步的科学与非科

〔1〕 Shapere 1986，1984.
〔2〕 Shapere 1986：3.
〔3〕 Shapere 1986：4.

学的划界"[1]。他的观点具有很大的复杂性,因为这些领域间的连贯性甚至它们的统一的方式在科学上是有价值的。然而,从根本上说,那些偶然未能按照他描述的方式将一个领域合并起来的学科就不太是科学,并无法主张夏皮尔认为适合于科学的自主性和权威性。

从 NOA 的立场对夏皮尔的纲领进行的反驳不是说此种科学学科的历史是错误的;这需要一个案例接一个案例地进行审视。毋宁说问题是夏皮尔纲领性地坚持领域合并的模式及其哲学重要性。夏皮尔的纲领仍然是法因所称的"将科学附加到一个事先备好的哲学发动机上"[2]。实际上,夏皮尔的纲领改进了现代性的一个典型特点,也就是,社会实践和专门技能的自主性领域的合理化。即使夏皮尔有关科学学科的实际历史大体上正确的,我们仍然需要一个案例接一个案例的评估,是否这证明了要将那些领域之外的思考排除在外。与这一评估相关的考虑同样有可能来自领
【79】域本身的外部。这个领域的界限是何以构成的? 领域内部的考虑排除了哪些因素? 这一排除有什么后果? 事先坚持认为要回答这些问题必须出自一个内在于——由那些排除造成的——领域的立场,这样做也于事无补。

法因对夏皮尔的关系在某些方面很像他对社会建构论的处理。法因拒绝诸如真理是意见的一致这样的建构论信条(以及还有相对主义,把科学实践还原为"真实的"话语或社会协商,或者认为科学决定的形成必须根据社会利益或其他社会因素才是可以说明的)。剩下的是一个建构论的研究纲领,它把真理和合理性的概念置于括号之中,并询问在何种程度上科学家的活动和决定可以通过社会因素得以解释。[3]与此类似,法因可以愉快地支持夏皮尔的碎片式说明,将之视为研究科学史的内在论纲领,是建构论进路的对立物,同时拒绝夏皮尔渴望的科学合理性的哲学说明。但是即便是夏皮尔纲领在很多特殊学科内获得了成功,也仍然无法回避如下问题,即因此在其领域内给科学结论增加了什么样的文化权威性,是否此领

[1] Shapere 1986：6.
[2] Fine 1986d：177.
[3] Fine 即将出版的著作。

域目前为止表现出来的内在自主性应该在未来也应得到维持。

NOA 作为反本质主义

对于科学及其文化语境来说，这些论辩有什么政治性后果？反对夏皮尔和形而上学建构论的论证提示出，法因将会拒绝任何对科学实践的政治批评或捍卫以及信仰，因为它们都以对科学实践的本质主义解释为基础，为科学史强加了一个统一化的叙事结构。这些解释的目的，是关闭科学是什么以及如何做科学的历史可变性的可能性，甚至当他们的本质主义像夏皮尔对科学领域形成的碎片式说明一样有限的时候也是这样。因此，法因 【80】
坚持这样一点，即"把科学描述为一个历史性实体，是想削弱至少如下一种[关于科学的科学]的观点，此观点认为科学有一个本质……如果科学是一个历史性实体，那么，就不该存在这样一种宏大事业来诱惑我们，因为它的本质或本性不过是它的偶然的、历史性的存在"[1]。由此按照对法因的第三种解读，他对科学的"信任态度"，将会被视为对如下事情的一种评估：在我们确实严肃对待科学实践的特别主义批评时会发生什么。我们因此似乎回到了对法因后现代主义的第一种解读。那里，法因的反解释立场来自对实地性科学实践的更根本性的信任立场。现在，我们发现，法因的信任是更根本的反本质主义的一个高度偶然的结果。我们得到了一个同样的信任和疑问的群体，但是它的重要性以及在同情性批评的基础上何处可以进行修订已经有了根本性改变。

对反本质主义的强调，使得法因能够宽容某些对科学实践和信仰的专门政治性批评，而没有抛弃他基本的信任态度。他清楚地相信，科学实践为人类繁荣贡献的任何发明确实要求我们保护科学信仰和实践的实质部分。认为只有哲学对科学的辩明能够保护我们避免对科学进行非理性的背弃，这样一种观点是无道理的。根据法因的观点，我相信，各门科学提供

〔1〕 Fine 1986d：174.

了麦金泰尔所称的“实践的内在价值(goods internal to practices)”[1],如果没有这些实践的理解和接受,就无法领会到这些内在价值,这些内在价值并非那些求助于一个独立于历史和社会语境的一般的合理性原则可以得到捍卫的价值。

但是这导致了一个有趣的困难,即法因如何对待那些对科学的解释,它们贬损或批评科学实践的内在价值。他在最初反驳对科学的实在论和反实在论说明的时候提出,科学已经提供了自己解释的语境,包括诸如真理、实在、说明及辩明等概念。法因不能以同样的方式主张科学实践已经
【81】提供了对自己进行政治和文化解释的资源。尽管科学工作确实要求对证据、实在和说明等问题给予相当注意力,但科学家们通常在职业上对其实践的政治或文化立场不怎么关心。关于意识形态、权力、社会利益、性别关系、幸福感或解放这样的问题通常不会在关注真理、说明或实在的科学实践领域内(至少在自然科学领域)产生。当科学家们偶尔讨论这些话题的时候(例如,当政治批评的一些效果影响了他们作为科学家的自主性时),他们处理这些问题不是通过做更多的研究发表期刊论文,而是即刻走出他们自己的日常活动领域之外,参与到看起来不同的争论之中。这一类政治论题可能要求比那些可以被合理地视为“内在”于科学的实地性实践和标准提供的更多的东西。

有些批评家并不像法因一样相信各种科学传统,有些人则把现代科学理论、实践及其技术上的推广视为意识形态的、男子中心主义的、反生态的或者压迫性的和破坏性的,对这些人,法因如何回应呢? 对于科学在一个更大的社会语境中的整体性政治解释也可以被认为是可反对的哲学添加剂吗? 这个问题不是法因直接处理的问题,但是我的第三种解读,强调了他的反本质主义,提出了一种明确的回应。如果不存在科学的本质,那么它在我们的社会中具有的权威性和重要性也不会产生本质性的政治或文化后果。

很多科学批评家确实看起来采取了一种科学或科学合理性的本质主

---

〔1〕 MacIntyre 1981:175 - 181.

义路线(例如,法兰克福学派,一些社会建构论者,一些心理分析方向的科学客观性的女性主义批评,以及各种其他新浪漫主义的科学批评),他们十分频繁地接受了实证论或实在论对科学的解释,将之作为批评的对象。因此,NOA 废止的本质主义政治批评,也许最终证明为寄生在更狭窄的哲学解释之上,而后者正是法因最初关注的。

但是,法因对科学的信任态度及其自始至终的反本质主义之间,仍然存在着一个冲突。因为正是我们的科学传统被我们认为是值得信赖的,我们也许似乎需要某种说明,以明白是什么使得一个传统成为本质上科学的,或者解释科学的内在因素和外在因素的区分。实际上,法因本人使用了内在/外在的区分,反讽地批评对科学之内在内容的哲学解释,认为它们本身就是从外部强加于科学实践的:“在科学中,像在其他地方一样,解释 【82】
学理解应该从内部获得。它不应该被事先编好以迎合外部的、哲学的说明。”[1]

因为法因否定我们可以系统地对科学的内部和外部进行划界,所以我们不应该在此种划界的基础上来接受他的信任态度。相反,我们必须把法因的态度视为在某种程度上是对实践的实地性语境的信任态度。仅仅因为是科学的,这不能给科学实践的历史传统增加任何权威性。如果我们的一些科学实践要与我们认真对待的其他实践和信仰产生冲突,那么 NOA 只能劝导我们采取那种科学内部处理争端采取的同样的方式。一旦我们尽了最大的努力去整理相关证据,运用适合于地方的标准,并运用判断来评价结果,就无需再说更多的东西;但是先于这种对实地性判断的仔细审查之前,例如,寻求哲学原理,我们根本无法说出任何东西。甚至考虑到科学实践在文化中的位置,那么,如法因所说:“NOA,像这样,没有明确的本体论承诺,它只有一种态度可以推荐:也就是,尽可能开放地去看和观察,什么是适合信任的,接下来,带着这一信仰及信念去行动。”[2]

---

〔1〕 Fine 1986b:148 注释 9。
〔2〕 Fine 1986d:176.

女性主义与法因反本质主义的界线

我对法因观点的第三种解读的合理性，依赖于对各种科学解释进行的双重分类的适当性：它们必须或者是本质主义的，带着解释者事先为科学准备好的统一的哲学故事，或者是实地性的、特别主义的，不认为它与任何明确范畴（无论这一范畴是观察还是社会利益，不明推论论证还是性别）的科学有任何相关性。最近有些对当代科学权威性和合法化进行批评的女
【83】性主义潮流似乎避开了这种二分，所以它们也许尖锐地挑战了法因，后者混合了对科学的信任和一种对整体性解释的反本质主义怀疑，而后面这种怀疑又削弱了前面的信任。

让我先把那些没有给法因造成困难的女性主义批评分离出来。他可以容易地支持女性主义对性别偏见的批评所具有的相关性和适当性（尽管不一定是精确的），这种批评求助于并试图扩大客观性的科学规范。这样，女性主义批评家不断指出了一些方式，各种性别偏见以这些方式损害了探究，特别是在社会和生物科学中，如不公正挑选实验的对象，构造和回答研究问题时的潜在假定，带有性别偏见的解释结果，等等。[1]这些女性主义批评的源泉在于集中于性别问题，但是，一旦得到确认，这些批评可以为那些未体现女性主义承诺的科学共同体采用（这不是说它们已经或将要被非女性主义者广泛接受）。这些批评被非女性主义者承认，视为对"坏科学"的揭露，而不是对"通常科学"的批评[2]，甚至当问题中的科学实践非常普通时也是如此。

一位像法因这样的后现代主义者，可以轻易地拒绝认为科学本质上是男子中心主义的观点[3]，就像他会轻易地拒绝胡塞尔所主张的科学本质上是客观化的，以及新浪漫主义宣称的科学是还原论的，以及其他诸如此

---

〔1〕 具有代表性的集中于专门领域中的、性别歪曲的女性主义批评例子，包括 Tuana 1988；Harding 1986：第 4 章；Longino 1990：第 6－7 章；Hubbard 1990；Hrdy 1981。

〔2〕 Harding 1986.

〔3〕 这一主张也许应该归功于 Griffin 1978 或 Irigaray 1987。

类的观点。但是这样一种强有力的本质主义观点,更多地是女性主义的批评者强加给女性主义的,而不是女性主义者自身提出的观点。女性主义科学哲学的最有趣的例子,以及那些质疑法因保持的内在/外在和实地性/整体性区分的女性主义者,就落于对偏见的自由批评和对男子中心主义科学的拒绝之间。这些女性主义哲学家提出,性别偏见是很多当代科学实践特有的,不是一种偶然现象,而是深深地根植于科学实践的发展及其权威性的承认之中,必须实质性改变科学的实践方式和/或我们承认为科学的探究范围。

考虑两个例子,它们表明了这些批评的范围,它们如何挑战了我们从反本质主义解读的法因后现代主义的批判资源。伊夫兰·弗克斯·凯勒 【84】
(Evelyn Fox Keller)提出,性别化的客观性和权力概念塑造了科学的各种领域。[1] 她集中于那些未明言的解释规范及其对理论构造的影响,它们存在于当代量子理论的解释和使用中,数学生物学及更广泛意义上的生物学发展中,以及遗传学之中。凯勒反对的不仅是渗入牢固科学理想之中的各种形式的非科学偏见,因为她确认的性别偏见存在于很多特别学科的根本性方法论考虑之中。她所说的被性别偏见歪曲了的方法论论题包括:举证责任在何处(例如,她对黏菌聚集体中定向质概念的讨论);一个充分的(因果性)解释由什么构成?科学工作中必须问什么样的问题(亲眼看看她对分子遗传学中"雄性分子说明[master molecule accounts]"的反思,这很容易推广到整个生物科学的大多数领域;例如,整个神经内分泌学领域看起来似乎充满了雄性分子解释);或者科学实践如何吸收重要的概念转换(如她说明的量子力学解释中的"认知压抑")。如果凯勒的关注被接受了,那么,她所讨论的那些领域需要进行大量的方法论反思和修改。

卢斯·金兹博格(Ruth Ginzberg)的论证有趣地贯彻了凯勒的工作。[2] 她提出,被社会系统地排除在"科学"之外、甚至不被认为是知识的各种活动,提供了一个现有的"雌性中心的科学"模型。凯勒看到被性别偏

〔1〕 Keller 1985:第3部分。
〔2〕 Ginzberg 1987.

见建构起来的探究被确认为科学的，而金兹博格看的则是性别角色建构了被认为是科学的探究和那些因为不系统和不可靠而被摒弃的探究之间的界线。她指出：

> 在我探索正式贴着"科学"标签的活动之外的那些女性们的活动时，我开始怀疑，以女性为中心的科学常被称为"艺术"，如在助产艺术中，或烹饪艺术，或家政艺术。如果这些"艺术"一直是
> 【85】男子中心的活动，我决不怀疑它们各自将被称为产科学、食物科学以及家庭社会科学。实际上，随着男人已经对这些领域产生了兴趣，它们已经被改名为科学并且被用男子中心的科学模式进行了重构。[1]

金兹博格和凯勒所坚持的性别建构的深远影响，似乎在政治上并行于那些坚持感觉经验、不明论证、社会利益等因素对科学之重要性的哲学纲领。即便是性别建构对探究及其科学身份确认的实际影响，也需要一个案例接一个案例地审查，认为有关性别的问题总是相关的，甚至在那些性别问题似乎并非是重要范畴的探究领域也必须提问这些问题，可能使得这类批评作为"事先备好的哲学发动机"而成为 NOA 厌恶的对象。

不过，凯勒和金兹博格的论证都不能被轻易地作为加于实地性科学实践的本质主义强加物而摒弃。金兹博格的论点明显取决于一种反本质主义的科学说明，因为她关注实际中科学与知识如何被划界这一问题在文化和政治上的重要性。凯勒求助于南希·考德罗夫(Nancy Chodorow)对客观性建构的心理动态性解释，也许最初提出了一种本质主义主张，即正是科学客观性这一观念本身，是问题重重的性别建构的。[2]但是如果检视一下凯勒如何运用这一分析来研究科学的那些具体案例时，这种印象并不明显。凯勒讨论的是，知识、说明和客观性等科学概念的得出，不应该脱离更

〔1〕 Ginzberg 1987：91－92.
〔2〕 Keller 1985：第 2 部分。

广泛的文化和认知模式。这一依赖性与科学或客观性探索的内在特征无关，而完全关联于更大的文化语境，各具体科学的学科实际的发展正是在这一更广范围的文化语境中发生的。因为在主流文化中的各种认知活动弥漫着性别化倾向，性别可以在这些科学概念和实践中发挥建设性的功能，而无需被确定得如此明确。不过，这并不能保证，有些或所有科学实践都因为性别化而受到了削弱；科学中性别问题的出现及其影响必须被逐渐地证明。此外，也许最重要的是，"性别"概念自身在凯勒的工作中不是没 【86】
有问题的，如她对芭芭拉·麦克林托克(Barbara McClintock)研究工作的处理所表明的。凯勒对科学与性别的反思既改变了科学也改变了性别。

此外，如果法因要提出这一点，就要重新明确地确认一个更强版本的对科学的信任态度，那么他就会弱化他的反本质主义，特许一个对各种科学传统内在因素的特别说明。对金兹博格或凯勒的反对是认为她们集中于性别，这是一个大尺度纲领，自外部强加于科学之上；但是她们的论点是，性别很大程度上是在科学"内部"发挥功能的，确切地说它有助于构成那些被解释为内部或外部的东西。夏皮尔为我们提供了对 NOA 后现代主义第二种解读的模型，他的哲学纲领的基础，是从表面上理解科学家自己对其探究领域如何界定进行的解释。然而，法因必须拒绝批判的解释学，这种解释学坚持这一表面价值必定掩盖了一个更深刻的真理；还要拒绝夏皮尔，他否定科学领域的构造对怀疑开放。否则，就只能周旋于像夏皮尔这样的内在论者和女性主义批评家之间，从而回避问题的实质。

这一认识提供了对法因后现代主义的第四种解读，我认为，法因的论点最终应该得到我们的赞同。按照这一解读，反思科学时要思考的关键问题，是一个特别的思考领域如何成为一个连贯的探究领域。因为认识到问题的关键，法因正确地要求说："NOA 并不预先判断科学世界的构造；这是说，科学事实和对象的本质是社会的还是客观的，或者无论什么。它的态度是随便怎样。"[1]从反思科学的哲学传统的立场来看，这也许看起来是把科学哲学更多地置于社会和政治探究的王国之中，而不是置于传统的认

〔1〕 Fine 即将出版的著作。

识论和形而上学。但是，这样认为会错失对法因这一解读的反还原论力量。把科学还原为政治或社会建构，就像把它限制在认识论领域一样错误。政治的、认识论的、社会学的，或者心理学的说明，它们处在一个水平之上，当我们问一个显著的探究领域如何（或是否）被成功地或适当地构造
【87】起来的时候，这些说明仅仅是问题的开始。没有哪种论证路线能使我们相信我们已经（并将继续）拥有了正确的语言和正确的思考范围来理解科学。

对法因后现代主义的这第四种解读，通过无约束地说明对实地性实践的信任与对总体性解释的怀疑，从而缓减了二者之间的冲突。与第三种解读的处理方式截然不同，NOA 的反本质主义仍会为对科学进行大尺度的社会批评（同样尺度的回应和反批评）留下相当大的空间，只要它们将自己置于特定的历史语境以及专门针对这一语境的批评资源之中。〔1〕NOA 的信任态度仍将保留，但只在如下的意义上：法因相信，历史的偶然性给予了我们必要的资源，告诉了我们认识科学需要的一切东西。然而，这丝毫没有指出这些偶然性是什么。

因此，就“科学”被等同于什么是科学、什么不是科学的决定性解释来说，按照对 NOA 的第四种解读，法因不断地提及对科学的信任，既是误导的也是错误的，要求“用它自己的方式”来认识科学，不应该援引对这些方式是什么的权威性说明。“它自己的方式”标示了一个充满解释争端的领域，而不是一个明确的词语。因此，如果金兹博格是正确的，那么用科学自己的方式理解科学要求我们去理解证明知识为正当的方式是性别化了的，把人们引向去探究流言、助产术，以及烹饪，以及男性至上主义史，就像物理学及地质学一样。但是不存在哲学上的捷径。确定她是否正确的唯一方式，是到她所指的地方去看一看，看看我们能否看到她所看到的东西。对于实在论者、建构论者、经验论者以及新浪漫主义空想家，同样如此。

对接受法因态度的人可以得到的那些批评资源所做的这一说明，似乎显得有点贫乏，因为它缺少一个一般性的标准，来为某个人的判断及其尚

〔1〕 Fraser 和 Nicholson(1988)捍卫了类似的立场，反对他们认为的利奥塔和罗蒂的非政治的后现代主义；我的论点深受 Fraser 和 Nicholson 的影响。

不熟悉的科学解释的开放提供基础。法因自己承认,没有为任何特殊情况中的判断提供一个实地性的、特别主义的基础所必须的扎实工作,他求助于好的判断将是空洞的做法。在他的如下建议中,这一点非常明显:

> 一个开放、社会的特别主义……对那些哲学(尤其是实在论)上对科学的歪曲是正确的校正,可以展开很多漂亮的工作。这些需要做的工作中,首先要能理解科学中的合理接受和证明,其中实际包含了哪些内容,要理解,用伯德的话说,什么能值得"一个聪明人的默认"。这一工作需要探索语境的多样范围,包括历史的与当代的,其中探究得以开展。[1] 【88】

如果脱离了语境,这样一种建议仍是空洞的。在注意到"语境的多样范围,包括历史的与当代的,其中探究得到开展"之后,当代科学哲学家会否认什么呢?但是法因提供了详细的论证和策略来将其推广,并表明,那些初看起来是历史的、特别主义的对待科学的方式,可以成为法因所说的那些案例,"给科学附加一个已经备好的哲学发动机"。"聪明地默认"的标准,永远不会一劳永逸地固定下来,因为它们不可避免地是开放的、受语境影响的。

在女性主义科学哲学那里,我们可能会更清楚地看到,法因的纲领何以不像初看起来那样贫乏。凯勒和金兹博格的论点从几十年来各种女性主义研究中获得声誉,这些研究不断地揭示和挑战了学术探究和已被证明的知识之中的性别偏见。这些研究如果没有不断和充分地满足此前确立的学术标准,就不会获得成功,但在研究过程中她们也部分地改变了这些标准。没有这些详细研究的广度和深度作为背景,凯勒和金兹博格的主张将无疑是不具说服力的。但是在那一语境中,举证责任在某种程度上已经转换了。[2]如今,人们已经比之前更相信,物理学和生物学中理论说明的

〔1〕 Fine 即将出版的著作。

〔2〕 Fuller 1988:第4章。

实际理想不是性别中立的;而且,现在,在期望自然科学因为不受性别问题的影响而与其他领域有所不同的时候,人们有理由要求一个更有力、更详细的论证。这些考虑本身还不足以证明凯勒和金兹博格是对的,因为我们还须在这一语境中评估她们的具体论证和证据。不过,这些考虑的确表明
【89】了,在明确的历史语境中求助于合理的判断,不是完全没有约束的,以及这些判断的标准何以可能是变动的,有可能会改变。正如人们有理由去接受、拒绝或悬搁关于各种知识的判断,尽管没有任何看似合理的一般性的确认理论,人们同样也有理由去接受、追求或拒绝对各种科学实践和学科进行政治性理解的各种进路,而没有一个对科学及其主张的一般性哲学解释。

这样一种历史敏感的、结果开放的特别主义,是我认为的自然本体论态度的根本,是我的第四种也是最后一个解读。当我们采取这样一种态度来面对科学及其知识和政治解释时,我们缓解了法因后现代科学哲学的其他读法中所揭示的那些明确而根本性的冲突。更重要的是,我们采纳了一种研究科学的进路,它既避免了抨击科学,也避免了先行关闭回答各种有关科学之文化和政治重要性的批评的知识资源。这样一种进路对于科学哲学有什么积极意义,它与其他领域有关“现代性”和“后现代性”的讨论有何关系,还有更多的内容需要谈论。但是对法因 NOA 的不同解读带来的困难告诉我们,这样一个彻底的后现代主义,提供了一个最好的希望,使我们走向法因曾说的“后实在论时代中一个正当的哲学”〔1〕。

〔1〕 Fine 1986a: 113.

3 为自然本体论态度争辩 【90】

在这一章,我讨论的是法因支持“自然本体论态度”的理由,而不是他反驳实在论和反实在论的论证。如果不是这些理由如此充分,法因的文章有可能引发一轮新的混乱,去讨论新的、更好的关于实在论的论证,而不是对科学哲学的重新定向,后者才是法因论辩的目的所在。此外,这一讨论的重要性超出了法因提议的细目;根本性的论题还关系着需要什么样的论证来证明对合法化方案的摒弃。因此,为了这一章的目的,我们可以假定,法因对其他立场的批评在大体上是有道理的。我们的问题是,是否他提出的替代态度也能够满足同样的辩论标准。

在我们检查法因为 NOA 提出的论证之前,我们需要指出,他是如何反对实在论和反实在论立场的。这一概述将使我们能够考虑,NOA 是什么以及这一态度会把我们带向何方。接着,我们可以继续思考,法因能够为 NOA 提出什么样的论证,以超越他所批评的那些不同立场。

尽管他还有其他批评,但法因对科学实在论的标准说明主义辩护的最主要的驳斥,是他们假借反对反实在论而回避问题的实质。法因分析了实在论和工具论之间的争论,这表明,其中的问题是,是否知识的任何优点(例如,说明、连贯性、简单性)都是真理—赋予(truth-conferring)的。实在 【91】
论者通常相信,我们最好的说明,或者也许是我们最连贯的理论都是真的,而工具主义者反对说,这些优点可以给我们理由去使用理论,而不是相信它们。因为这一分歧,实在论在求助于最好说明论证或连贯性论证来证明实在论的真理性时,不能不想到这一问题,也就是,这些论证的真理—赋予的能力。[1]法因用了一个元数学的类比来表明这一点。一个论证集合理论相容性的集合论证明没有提供任何合理的理由来接受集合理论。同样的,一个实在论者对实在论的诱导推理也不会说服一个心灵—开放的探究者。法因提出,各种反实在论观点也好不到哪里去。这些观点,或者提供了一个替代的语义学来代替真理的实在论解释(如与一个明确的、独立于心灵的世界结构的符合),或者它们以认识论为基础提出某种不那么正宗的信仰是一个适当的对科学或所有理论的认识态度。法因主张,这些"真理贩子"(truthmongers)——他这样称呼语义学反实在论者——的观点,是根本上不连贯的,因为他们一定利用了一种未经分析的真理观来使其对真理的分析(例如,作为理想化了的合理的可接受性)显得可以理解。反实在论的认识论版本(例如,经验论)最终被法因证明为既是科学实践的任意强加物,其自身也是不可理解的。它们是任意的,如果它们使用了可观察和不可观察之间的特别区分来决定适度相信科学结论的限度。但是如果我们逃避任意这一指责,允许科学自己去决定什么是可观察的,就像范·弗拉森所做的那样[2],那么,这一观点变成循环而不可理解。我们不能知道,要相信(而不只是将其视为在经验上充分的而接受)科学的哪一部分,直到我们知道哪种现象是可观察的。然而,我们不能知道这一点,除非我们有理由相信科学的这些部分,它们告诉我们什么是可观察的。

从这些不同的论证中,法因得出的结论是,不存在合理的理由来接受
【92】实在论膨胀的形而上学,也不存在合理的理由来接受提出一个反实在论替代物所必须的认识论或语义学的膨胀。他的紧缩式替代选择(NOA)似乎合并了四个中心论点:

(1) 科学是一个历史偶然性的事业,没有什么本质的特点。

〔1〕 注意实在论不能逃避这一困境,即便是得出结论说实在论至少是经验上充分的。说科学实在论(作为一个理论,试图说明科学的偶然地和经验地被发现的成功)是经验上充分的,不过是对实在论的否定。如果我们的科学理论在经验上是充分的,那么实在论将是经验上充分的。但是后一主张不过是反实在论的经验主义版本。

〔2〕 Van Fraassen 1980.

(2) 科学实践通常广泛地、结合实地(实地性)地使用人们所说的哲学概念,如真理、实在、辩明、说明等,它们的使用出于某种社会和历史语境中科学家的实际需要。

(3) 在实地性科学语境中,想象力特别是判断的运用,足以解决研究语境中产生的大多数问题(仍然为地方语境中的特殊科学论题产生合理的异议留下足够的空间)。

(4) 对于那些哲学概念,没有理由依据其对科学应用的总体性解释来考虑其对实地的科学应用,因此,哲学家应该停止寻求这一类实在论或反实在论的整体性解释科学的观点。

我们现在可以提问,法因提供了什么论证来捍卫这些主张,他的论证是否是充分的。很清楚,它们的很多证据被认为源于法因提出的专门反对各种实在论和反实在论的论证。但是,很明显,NOA 的纲领性特征决定了还需要一些额外论证。法因不只是拒绝文献上的明确的实在论和反实在论立场。一个人可以让人信服地拒绝所有容易达到的哲学立场,但仍坚持认为发现更充分的实在论或反实在论选择的重要性。采取 NOA,就是要我们停止提问这些立场是其答案的那些问题,并拒绝寻求或接受任何其他主张是这些问题答案的科学的哲学解释。

法因本人在关于 NOA 的两种截然不同的论证策略之间不自如地摇摆,这两个策略都遇到了他归之于实在论和反实在论的同一种困难。最后,我应该提出,其中一个策略比其他策略提供了更大的承诺使自己脱身于这些困难,但是履行这一承诺还需做更多大量的工作。

法因最常见的表现是介绍一种最小主义策略,这一策略最初显得既有吸引力,又高度可信。最小主义策略强调,NOA 是一种态度而非一种哲学 【93】
立场,提出了一个更谦逊论证的适当性。按照这一进路,那些反驳实在论及反实在论的论证,更多地是驱动着 NOA 而不是支持它。这一策略有两个阶段。第一个阶段重申了如下论证,即目前为止,将科学置于一个本体论的、认识论的或语义学语境的各种努力,最终证明是任意的,不可理解的,或者不得要领的。第二个阶段指出,如果不采取这些解释(毕竟,如果第一个论证是正确的，没有任何好的哲学解释，科学仍然进行得很好）也不会产生任何严重的后果，并且问我们，为何不试试 NOA 并看一看我们能否学得像它一样？在使用这一策略的时候，NOA 只是求助于一个人对如下问题的判断，即继续为科学寻求一个解释性框架是否有任何意义。与那些仍然坚持此类哲学解释重要性的哲学家不同，NOA 没有提供任何更进一步的论证；它是请求她考虑一下，是否这样一个方案真的有任何更多的意义。因此，NOA 对待哲学的方式，与它对待科学的方式完全一样，在实地性的、历史情境化的哲学判断的基础上，主张这些膨胀的形而上学、认识论或语义学似乎不再值得追求。

对 NOA 的这一解释的好处是一种连贯性，并且得到法因文本的明确支持[1]，但它同样可疑地倾向于一种循环，而这正是法因批评的实在论的说明主义辩护所犯的错误。法因求助于我们实地性的、语境化的判断，他提出，只有实地性的、语境化的判断才足以评价各种有关真理、辩明和说明的主张。但是，法因和实在论及反实在论二者之间一个共同的问题是，是否我们实地性的、语境化的判断能够给予我们对科学的充分理解。实在论和反实在论者要求这一判断具有一种形而上学的、认识论的或语义学的基础，在此基础上，我们应该“像接受我们感觉的证据一样接受已经确认的科学理论”[2]，因为他们相信，此判断本身是不值得信任的，因此走上了一条
【94】不可接受的相对主义或非理性主义的道路。求助于一个元理论水平上的同类判断来回应，这样做就犯了法因归于实在论的同样的错误，他们预先假定了科学中最好说明的论证所具有的真理—赋予的权力。

如果这些就是法因为 NOA 提出的论证策略，那么我没有看到任何可以走出这一困境的清楚途径。同样，说 NOA 只是一种态度（并因此可以设想它不要求一个哲学立场所需要的哪种论证），同样于事无补。如果它是一种合理的态度，那么就不应该回避其支持者与实在论者和反实在论之间的关键问题。如果它不是一个合理的态度，法因就认可了他的反对者对他

〔1〕 Fine 1986b：141 注释 4。
〔2〕 Fine 1986a：127.

最坏的怀疑。同样没有什么意义的是说,这样一种元理论层次上的循环不一定要被坚决放弃;这一接受也将恢复实在论,不只是挽救了 NOA,因为法因反对实在论的一个重要方面就是并行论证。不论它最初显得有多大的吸引力,驱动着 NOA 的最小主义策略还是失败了。

还有一个额外的困难。这一策略的成功依赖于 NOA 是否满足那些有足够知识做出合理判断的那些人的最好判断。法因声称,与他的实在论和反实在论敌人相比,NOA 提供了一个更好的研究科学的哲学进路。但是,看起来很清楚的是,他的哲学同行的慎重判断似乎大体上并不与他一致:实在论或反实在论仍然取得了绝大多数科学哲学家的忠诚。也许对法因文章进行更广泛地考虑可能会改善这一状况。但是,除非它发生了,否则 NOA 求助于哲学判断似乎并不能获得它的青睐。

幸运的是,NOA 论文的语言告诉我们可以提出一个更谦逊并且也许更有前景的论证策略。"非自然态度"(Unnatural Attitude)〔1〕提出的"元定理"所暗示的不是去求助于这样一种判断,即各种实在论和反实在论是没有前途的,它暗示的是一个原则上的论证,即这些解释不能产生作用。法因说:"科学所容许的所有观点上的差异,NOA 也容许,[但]不容许从外部强加给科学的经验论或其他教条的处方。"〔2〕如果对科学的哲学解释的拒绝是一个深思熟虑的判断的结果,我们也许可以指望 NOA 的支持者们对不同意见的判断更加宽容一些。【95】

法因还给了我们一个指示,告诉我们去何处寻找一些论证来证明这一不容许。在其有关真理、辩明、说明等此类概念的反本质主义论证中可以找到对它(不容许)的辩明。如法因所说:

> NOA 的反本质主义方面要涉及的范围很大,适用于科学中使用的所有概念,甚至真理概念。因此,NOA 倾向于反对所有有关真理的解释、理论、构想、图画,等等,正像它拒绝实在论的专门

〔1〕 Fine 1986d.
〔2〕 Fine 1986b: 150.

> 符合理论以及贩卖真理的反实在论的接受理论。因为真理的概念是基本的语义学概念。它的使用、历史、逻辑和语法都足够明确，可以部分地得到分类，至少短时间内是这样。但是它不能被“说明”或给定一个“说明”而没有循环。[1]

法因对这一主张进行的论证可以在他很多的尝试中得到体现，他试图表明，这种循环在很多试图说明真理的专门尝试中产生[2]。另外，他提出，这些论证的引入是十分普遍的。法因论证的基本策略是：要固定真理的本质(例如，作为理想化的合理接受)，必须预先假定一个未经分析的真理概念运用于对真理概念的分析之中。他论辩说，通常这一循环使我们从来都看不到对真理的分析能告诉我们什么。例如，在把真理视为理想化的合理接受这一说明中，“看起来像是，我们被要求做的，就是，从事情是什么，考虑到实际的接受行为，推断出，在正确的条件下，事情将会是什么。但是，我们如何能确立事情是什么，为了使这一推断能够进行，什么时候这一决定本身要求一轮先天的、成功的推断？看来，这一接受使我们受困于一个重复的模式，包含着一个无穷倒退”[3]。这样一种真理的分析是弄巧成拙，因为，如果真理需要一个分析，我们永远不能决定这个分析是什么。

在进行这些论证时，法因接受了如下一点，真理概念是处于语境中的，
【96】他宣称：“真理概念是开放的，随着科学的成长而成长……[对我们有关真理问题的]回答的重要性根植于真理判断的实践和逻辑之中。”[4]但是，他拒绝把真理解释为语境的任何理论。尽管法因并没有明确地展开这些论证，NOA似乎也要求相似地处理辩明(整体论的和实用主义的)、说明(语境的及实用主义的)以及实存(不是一个真实的断言)。与一个真理的接受理论相比，使法因更感到高兴的是辩明的语境主义理论，它试图表明，人们所讨论的某个句子必须联系于其他句子和实践，才能说是被“辩明”了。然

〔1〕 Fine 1986b：149.

〔2〕 Fine 1986b：139-142，1986d：169-170.

〔3〕 Fine 1986b：141.

〔4〕 Fine 1986b：149.

而，NOA 最支持的是一种实用主义的转向，使用实地性的语境来解决产生的有关诸如真理、存在、辩明或说明这类哲学概念的任何问题。

由法因的论证不断引起的问题是，为什么他自己对这些哲学概念的讨论不是 NOA 所禁止的整体性哲学解释。他专门反对实在论和反实在论的论证的目的是，通过使其对真理、辩明、说明的解释的自我反驳而暴露自拆台脚的循环。而这些循环可能在哪里将自己显露出来，这也是明显的。NOA 进一步区分了科学实践的整体性解释和实地性解释，(在元理论层次上)表明整体性批评，或者人们提出的这样一种限制，即不要实地性地涉入专门的科学问题，这些都是任意的，不可理解的，或者回避问题的。然而，自然而然产生的问题是，是否在整体性和实地性批评之间的这一区分本身是任意的、不可理解的或规避问题的。

问题是，法因对这一区分的应用，其基础是对一些基本哲学概念的整体性解释，而这恰恰是 NOA 想要禁止的。而且，讽刺性的是，他提出的真理的"无—理论"(以及同样的，对辩明、说明和存在的类似讨论)对哲学做的事情，是 NOA 所说的哲学不能为科学做的事情：它整体性地、事先地排除了某种种类的立场和论证，其基础是一个一般性的概念，即什么是一个哲学说明或解释。为什么所有这些支撑着 NOA 的主张不是更哲学的解释(这些主张没有在得到科学或哲学实践语境中的实地辩明，且其结果却是 【97】
要求 NOA 去反对自己)?

不难看出，为什么法因认为他对真理、实在、辩明及说明的讨论不同于实在论或反实在论说明，以及为什么他把自己的这些讨论称为"无—理论"。[1] 实在论要求，科学理论必须有趋同的本体，如果它们的术语被认为是有真实指称的话；经验论者把辩明限制在信仰，严格限制于可观察事物的范围之内；新皮尔斯主义的真理贩子则规定，我们应该只接受这些信念，围绕着这一信念，一个理想的合理共识可以形成；等等。NOA 的哲学伴随物没有给科学实践施加任何此类约束，并且按照法因的观点，这一克制是它最大的优点，也是它与其他哲学解释的区别。如果 NOA 要切实可行，那么他需要回答的问题

〔1〕 Fine 1986d：176－177.

是，为什么区分限制实地性实践的整体性观点和那些不这样做的观点如此重要，特别是，这一区分何以能挽救 NOA 免于任意、不可理解或规避要害等指责，他相信他拒绝的哲学观点都面临着这些指责。

我只看到三种对这一问题的可能初看起来有些道理的回应。首先，法因可以主张他自己对真理、辩明等概念的整体性讨论只有启发性和/或讨论价值；NOA 不依赖于对这些观点的接受（然而这一进路复活了 NOA 的第一种论证策略，我已经证明为失败了的）。第二，他可以声称，他自己明显对真理、辩明及说明的整体性讨论不是对其"本质"的真正的哲学说明，而是比哲学理论稍弱的（并且更少一些可反驳性）某种东西，也许在某种程度上类似于罗蒂所区分的系统的哲学方案和启发的哲学方案。[1]第三，法因可以接受如下一点，即他自己的讨论是哲学的、整体性的，就像实在论和反实在论，但他的讨论更可取，因为它们为这些概念提供了更好的哲学说明：按照这种读法，NOA 反对的不再是哲学解释，反对的只是坏哲学。

在我看来，这些回应的前景颇为不妙。我已经讨论了第一种回应面临着一些不可逾越的困难，接下来我可以直接讨论这一意见，即法因不是真
【98】 正要提供对真理、辩明等的哲学说明。这第二种回应如果要有前途，同样要面对两个困难。首先，法因的观点实际上确实像是哲学立场。他的一个观点，即"真理是一个基本的语义学概念"[2]，这一概念是所有可理解的话语预先假定的，或者他的一个未明确的观点，即把辩明和说明视为不可避免地语境化和实用主义的，这些看起来显然是哲学的。它们为我们使用这些概念强加了一个统一体，这种统一体来自它们的功能而不是它们的内容，但这似乎不会产生什么大的差别，会影响到它们作为哲学的和整体的地位。第二，通过这一花招，困难看起来是被取代了而不是被移除了。如果法因自己的观点想要逃避 NOA 对整体性的哲学解释的谴责，理由是他自己的观点不是真的"哲学"的观点，那么我们需要一个说明，来证明他求助于对"哲学"的界定是合理的。如果 NOA 是反本质主义的，与任何哲学

〔1〕 Rorty 1979：第 8 章。
〔2〕 Fine 1986b：149.

上的(philosophical)东西有关,除了"哲学"(它被认为是在本质上是本质主义的),慎重地接受 NOA 仍然要依赖于法因想要回避的那种整体性哲学观点。这一点证明了在法因自己反驳实在论和反实在论的论证中,非常清晰地暴露出更一般的问题所面对的难以解决性。法因对哲学概念的整体性使用和实地性使用进行了一种元理论区分,以回避他的彻底反本质主义的自反性运用。但是这一区分的各种可能形式似乎容易受到诸如不可理解、任意性或规避问题等类似的指责。正如法因质疑更高级版本的实在论和反实在论不再值得追求一样,我们也不清楚,一个更高级的、反哲学的 NOA 会不会更好一些。

这些思考引导我们走向第三个回应。这里,在法因对贩卖真理的反实在论的批评中起作用的论证策略似乎是作为彻底反本质主义的 NOA 的一个适当模型。法因从如下事实开始勾勒他的论证,"不存在不贩卖真理的生命形式",以及"真理的冗余性质使得真理成为任何配得上这一称号的话语的一部分"[1]。为了获得 NOA 的这一解释所要求的一般含义,这些论证还需要被进一步发展以表明如此未经分析地使用真理概念——没有给什么可以是真的强加任何束缚,对于"任何配得上这一荣誉的话语"来说是 【99】
一个必要条件。如果可以表明这一点并且如果类似的论证被发展出来以支持未经分析的、语境化的使用(而不是解释)科学实践中的像辩明、说明和存在这样的概念,那么,NOA 将不会轻易受到自反循环的指责。

这些论证在维特根斯坦、海德格尔和戴维森的思想中有它的并行物[2]。最近,马克·奥克伦特(Mark Okrent)提出,因为同样的原因,理查德·罗蒂的实用主义同样需要这些论证,来为自己的哲学基础进行辩

[1] Fine 1986d: 170.
[2] Wittgenstein 1953, Heidegger 1997, Davison 1984.

明。[1] 与奥克伦特一样，我相信，这些是超验的论证。在它们最为人熟悉的形式中，这些论证显示了一个给定性能(例如，对客体的经验，意向性，或者语言)之可能性的必要条件，并依次表明了通过这一性能能显露什么的本体论限制。例如，康德有关综合判断的最高原理宣称，任何可能经验的必要条件，是有关经验客体的先天综合知识的基础，它必须是空时的，因果联系的，等等。[2]奥克伦特正确地提出，实用主义者所需要的超验论证与康德的最高原理并不类似，因为它们表明了意义、辩明以及真理的必然性的语境和整体论特点，但对于什么可以被意指、被辩明或是真的，却没有任何限制。这些论证同样没有对什么可以构成表达意义、辩明和真理的语境加以先天的限制。

在这一章，我强烈认为，这种语境主义的先天论证，对于辩明摒弃合法化方案的合理性来说是需要的。在第二部分，我提出了这种在科学哲学的明确语境中来理解意义、辩明以及真理的有力的语境主义方式。我的说明
【100】没有认真地去表明这些是意向性或知识的必要条件，那需要另外一本十分不同的著作以及范围更广的论证。我的更有限的目的是阐明一个哲学语境，在这个语境中，法因的和我的反对合法化方案的论证能够显得让人信服，我也希望指出这一语境对于批判性地理解和评估科学实践和成就的含义。

〔1〕 Okrent(1989)把此类关于意义、真理和辩明的实用的反本质主义说明描绘成超验的论证，这些论证试图为拥有语义学内容的话语的可能性揭示出必要条件。他们与经典的康德主义的超验论证不同之处在于拒绝了综合判断的最高原理，根据这一最高原理，经验之可能性的超验条件同样限制了什么事物能成为经验的对象。对第二阶段的康德主义的超验论证的拒绝，很容易适合Fine对NOA的讨论，因为Fine同样希望主张对局部科学实践和话语来说是建设性的那些根本性的哲学概念，没有限制什么可以被视为一个真正的对象，以作为真正的证据或说明，或作为真理。

〔2〕 Kant 1965.

4 科学哲学应该是后实证主义的吗 【101】

"很久很久以前,我们都是逻辑经验论者……"在我们这些科学哲学家解释我们这一学科目前的主要工作和兴趣时,经常以此作为故事的开头。我们的故事讲述了实证论的崩溃,以及随之而来的这一学科让人怀念的统一体的破裂。在我们的习惯中,我们根据发现和合乎逻辑的推理来讲述实证论的衰落。在1960年左右,科学哲学家们重新发现,科学有一个历史,并认识到,逻辑经验论的理想化与历史记录的复杂性不相符合。同时,哲学家们开始赋予科学理论以知识首要性,克服了经验论者有关理论词项意义和物理法则范围的顾虑。观察和方法论最终证明是已经负载了相互联系的理论承诺,它构成了科学研究纲领、范式或探究领域。科学共同体也获得了哲学上的重要性,理论研究纲领日益被归于科学共同体而不是个人。形而上学重新在科学哲学家中间获得它的尊敬:原因再次出现于规律性的背后,而科学实在论不仅再次成为一种选择,甚至也许成为最广泛的哲学立场。自然主义变成最可取的形而上学,而对意义的逻辑分析已不再被认为是为科学哲学提供了一个不受经验污染的领域或方法。

与一个被认为是破碎的学科相适应,我们的故事有不同的结局:有的最终成了实在论,其他的成了历史化的理性主义、认知论的自然主义,有的 【102】
则转向对专门科学领域的非统一性的研究。我们有很多故事讲述后实证论对历史、理论、共同体和实在的再发现,这些故事还可以作为警世故事来阅读。它们提醒我们,在其中任何一个方向上不要走得太远,否则就会有危险:一个科学的哲学历史必须仍然是内在史的;后实证论哲学的理论—

优位必须不能忽视实验;认识到科学共同体的重要性必须不能滑向社会建构论和知识相对主义;也许只有一个“谦逊的”或限制了的实在论能够做到这样。同时,自然主义应该改进一种科学哲学,它与各经验学科保持着连续性但不会被它们取代。

但现在这些哲学的故事离开了实证论,越来越与科学论中某些最有趣的工作相抵触。在最直接的层次上,实证论传统的历史重建暗示着,我们熟悉的对这一历史的民间演义像是一幅讽刺画。[1]但是,正如我在这一章所讨论的,还有另外两个冲突可能会对科学哲学的未来方向有重大的影响。首先,某些当代最优秀的科学哲学研究工作与实证论有深刻的联系。南希·卡特莱特、伊安·哈金、阿瑟·法因,特别是布鲁诺·拉图尔,也许更应该被理解为推广了实证论传统,而不是试图去取代它。第二,更微妙的是,科学哲学在学科的自我认识上把自己视为后实证论,这最终证明是一个障碍,难于建设性地建立与如下研究领域的密切联系,包括女性主义关于性别与科学的研究,以及正在出现的受跨学科文化研究影响的历史工作和人类学工作。这一章就讨论我们的后实证论学科建筑上的这两大裂缝。

理解逻辑实证论和更近时期科学哲学研究之间的连续性,要求重新认识实证论的遗产。盎格鲁—美国对中欧实证论的吸收强调更新了的休谟主义与罗素和维特根斯坦对逻辑形式的典范性重构之间的联合。但是,实证论对逻辑形式的使用及其不太情愿地滑向经验论,其根本是它们把科学
【103】理解为提供了一个有力的解毒剂来抵抗迷信的和骗人的意识形态。各门科学质疑这种欺骗是通过坚持认为各种论说主张限制于那些可以被清楚表达的事物。实证论对“形而上学”的反对进一步被指向文化和政治权威的固定来源,它们不能用公共可用的手段加以检验。一些最近的科学哲学工作因此可以被理解为在精神上更加激进的实证论者,它们揭露心理学经验论和语义学实在论,将其视为不必要的固化,需要进行实证论的批评。

〔1〕 Friedmen 1984, 1987; Coffa 1991; Richardson 1990; Ryckman 1991a, b; 以及其他人发表的著作。

对哲学经验论更激进的实证论批评在卡特莱特、哈金和拉图尔的著作中非常明显。所有这三位哲学家对科学实践和主张的解释，可以得到公开清楚的表达，但是他们拒绝经验论的感觉或观察概念，认为它们是很不充分的，或是对表现形式的不相关解释。他们强调操作实践、测量以及记号的重要性，这些都是由工具记录的，而不是由感觉器官记录的。卡特莱特关于原因与性能(capacity)的工作可能初看起来是强烈反实证论的，因为她捍卫性能和单独原因的存在，而反对人们熟知的经验论顾虑。[1]她提出了一个改良的反经验论的实证论。[2]传统经验论认为，科学建基在感官观察的基础上，与此不同，卡特莱特坚持认为“科学是一种测量”。测量总是一个可公共达致的实践，在测量中，科学家与事物相互作用而不是记录他们的感官效果。依此类推，性能也是可以被测量的，并必须被作为科学实践的一个不可消除的部分。但是她并没有抛弃实证论对不必要的以及误导性的固化的担心，而是将其重新定向来反对休谟主义对规律和法则的接受：“纯粹的经验论应该更喜欢法则而不是性能，法则是一个不好的停止点。很难在自然中发现它们，我们得经常为它们寻找理由……(我的)观点是要提出，我们必须接受性能，并且我的希望是一旦我们有了它们，我们就可以摆脱法则。性能可以为我们做更多的事情而只以更少的形而上学作为代价。”[3]

哈金走向一个反经验论的实证论的倾向经过了更多的调整。他强调科学实践的多重性，并致力和鼓励一个更宽容的怀疑论，来对待几乎所有 【104】
有关科学的一般性主张。但与经验论强调观察(“观察被高估了”[4])不同，哈金坚定地强调实验和干预在科学实践中的中心地位。此外，操作事

〔1〕 Catwright 1989.

〔2〕 Catwright 她自己试图为自己的方案保留“经验主义”这个术语(正如我曾经在 Rouse 1987b 中把她作为一名典型的“新经验主义者”)，但是为了当前的目的，我们最好把这个术语限定为：坚持感觉经验的首要性，这样我们可以澄清 Catwright 与经验主义传统的连续性和差别性。

〔3〕 Catwright 1989：8.

〔4〕 Hacking1983：168；Fine 同样清楚地共有这一倾向，即否认观察具有任何特殊的知识意义。在对 Van Fraassen 经验主义的回应中，他提出：“我们要使作为信念保证的可观察性问题更加尖锐，不妨问一下，为什么把信仰的王国限制在可观察事物的范围，以对立于，比如说，那些可探测的事物？我认为，这个问题是很尖锐的，因为我不能想象有什么回答能让人满意。”(1986b：146)

物以产生可靠的结果也在哈金有关科学的整体图画中占有基本地位，虽然它们也是多种多样。由此，他提出："假设或推断实体的实在性的最好证据，是我们可以测量它或者理解它的因果力量。而接下来能证明我们有这种理解的最好证据，是我们能够从零开始建造运行相当可靠的机器，并能利用这种或那种因果联系。"[1]哈金过于小心过于宽容，以至于没有用工程来代替观察，那将是一种激进的实证论，使我们免于所有关于"不可操作之物"的玄思。不过他把自己的倾向表述得很清晰。他承认对"玄秘力量的某种厌恶"，提出了"一个微薄归纳（slender induction）：历时长久的理论性实体，最终没有成为被操作的，通常的结果是某种精彩的错误"[2]。

在当代实证论的追随者名单上，拉图尔的名字似乎显得有点格格不入。然而他对客体与事实如何通过实践网络而被构造和维持所进行的说明，与操作主义非常相似。拉图尔否认，例如，时间和空间是统一的框架，其中行动已经被安置了。相反，它们是实地性建构的框架，依赖于明确的测量、比较和绘图实践。因此，他声称："我们不是生活在空间之内，其中有数十亿计的星系；相反，这一空间产生于观象台之内，例如，让一台计算机点数胶卷上的小点。"[3]与此类似，拉图尔声称：

【105】 时间不是普遍性的；每一天它都被弄得更有普遍性，通过一个扩张的国际网络，用可见的可触的联系，将世界上所有的参考时钟彼此联系起来，接着组织第二级和第三级的参考链，直到我手腕上戴着的这块相当不准的手表。这里有一个连续的踪迹，读数，记录，报纸，电话线，最终把所有的时钟都结合在一起。[4]

不只有一个空间和一个时间存在着，而是很多，并且它们只是在如下意义上才是可测量的：它们的测量已经被积极地完成了并被不懈维持了。

---

〔1〕 Hacking 1983：274.

〔2〕 Hacking 1983：275.

〔3〕 Latour 1987：229.

〔4〕 Latour 1987：251.

在一个网络中，工具、铭写并使用、运输以及协调它们进行这一测量的这些实践被联系在一起，并因此使得所有事物都得以用一种连贯的、可靠的方式表达自己，因此成为(同样的)事实、客体、效能或环境。实际上，拉图尔否认“在给它们以生命的网络之外可能有一个事实、一个理论或一个机器存在”[1]。又一次，我们不愿意赞同那些不明显的事物的存在，并对那些强调操作、运输、铭写以及并列等公共实践而不是感知经验的表现给出了一个说明。实际上，拉图尔不仅反对经验论将感觉固化，也反对求助于更一般认知过程的任何说明。为了代替有关“心灵及其认知能力”的讨论，拉图尔认为：

> 任何一般意义上的数学、计算、理论和形式的研究应该做十分相反的事情：首先看观察者如何在空间和时间中移动，刻写的机动性、稳定性和可结合性如何得到了强化，网络如何被推广，信息如何在一个再表象的层叠中被相互联系起来，并且，如果有一个极大的意外发生，即仍有一些事情未被说明，这时，也只有这时，寻找一种特殊的认知能力。[2]

拉图尔流露出一种自信，认为像感知、认知和合理性这样的范畴，对于关于科学或世界的任何理解来说，都显得是无足轻重的。【106】

拉图尔敌视对科学认知的任何说明，但其他哲学家大概不会像他那样。我将把这些哲学家的工作吸收到一个推广了的实证主义传统，尽管哈金的确明确拒绝任何求助于科学合理性的说明。[3]但是，如果把拉图尔对“认知”的敌视理解为对有关意义的实在论进行的更广泛批评的一部分，就会发现一个更强的连续性。我认为，拉图尔之所以反对科学的“认知”说明，在很大程度上是因为他默认地把认知等同于针对一个已经确定了意义或意向内容的命题态度。拉图尔坚持认为，科学中重要的不是个体科学家

〔1〕 Latour 1987：248.
〔2〕 Latour 1987：246－247.
〔3〕 Hacking 1983：第1章。

的思想,而是他们的思想被"转译"成其他术语(包括直接的语言学转译及它们在机器、图画和操作中的实现)。[1]

也许卡特莱特的工作澄清了,为什么走向反经验论的实证论这样一场运动,同样导致更大范围的对语义学实在论的批评。[2]早期逻辑实证论尝试去固定理论概念的意义并将其合法化,把理论主张的范围还原到它们的经验结果,而后实证论则求助于字面意义,以一种卡特莱特所称的"基础主义"立场来反对还原论。[3]基础主义者们把科学理论和法则应用到所有地方,甚至应用到那些没有人懂得如何用理论语言表述的地方。这样一种基础主义立场忽视这样的工作,这些工作的完成需要对事物进行操作,并重新描述它们,以使它们服从于理论性的解释(正如卡特莱特指出的,这种重新描述先于理论的应用)。一个理论的抽象表述自身并不明确如何把它应用到一个具体情境的范围中。所以,我们必须产生一个情境的模型,它使自己适应于理论语言的解释,并且不会保证能构建足够的模型,这一模型
【107】能适应于这一理论领域内可能最初考虑到的每一个可能情境。卡特莱特反对基础主义者说:"大量的'坏的'事例——这里的模型,如果根本可行的话,提供了情境的很坏的图像——不是否定理论的那些事例。你不能表明一个理论对一个既定情境的预言是错误的,除非你已经设法用这个理论的语言描述了这个情境。当模型太坏而不适合时,理论……仅仅是不可应用的而已。"[4]不过卡特莱特同样拒绝还原论,因为她十分合理地希望保持一种开放的可能性,即构造新的模型能把同一理论应用到其他情境。还原论和基础主义的共同错误,是假定一个理论的范围和内容已经被固定了,或者束缚于已经可用的模型,或者通过这一理论的抽象概念的意义而进行

〔1〕 根据 Latour 有时的说法,好像人们的思想有独立于其公开序列的十分确定的内容,但思想的这一内容与它们的行动几乎毫无关系;在另外一些时候,他似乎又把一个思想的意向性内容视为是由随后的解释和使用所决定的。

〔2〕 当然,在这两个考虑之间的最为人熟悉的联系是它们都广泛承认,奎因所批评的经验的两个教条——分析性和还原论,从两种不同的方式看,实际上是同一个教条。

〔3〕 Cartwright 1994;注意:基础主义—还原论划分实际上将人们认识到的实证论的死亡提前了,这是因为,例如 Carnap 最终支持一种强烈的基础主义立场。

〔4〕 Cartwright 1994: 283.

了无限制的详细说明。

卡特莱特主张只有在理论具有合理的精确模型的地方，理论才可应用，而哈金更一般地提出："脱离了一个领域内解决何为真理，何为错误的推理风格，那些真理和错误的候选者也不会存在。"[1]通过构造并操作一些家族相似地关联起来的模型，把明显不同的情境联系起来，这只是很多此类推理风格中的一种。哈金的推理风格的概念不仅仅是指思维的模式，而是更广泛地指实践的整个范围，其中这些模式可以清楚地安置下来。由此，分类和计数的实践是一个统计学推理风格的一个部分，而一个实验的"风格"可以想象包含了工具的发展、实验室和程序以控制、监测和记录实验的进程。把命题的真或假和推理风格联系起来的是指明，关于世界，这些命题是否道出了一些东西，它们最终说的是什么(是真还是假)，依赖于它们如何能够通过推理风格，通过这些模式在其中获得意义的实践，把这些命题与世界中的事物联系起来。

拉图尔发展了一个类似的主题，特点鲜明地使它超越了理论和命题的范围。他断言(居然作为一个"方法的规则")："一个陈述，一个机器，一个过程，如仅就其自身来说，人们会不知所云。只看它们以及它们的内在属性，你不能决定它们是真的还是假的，有效率的还是浪费的，昂贵的还是廉价的，强壮的还是脆弱的。这些特点，只有合并了其他陈述，过程和机器，才可以获得。"[2]但是，所有这三个主张，卡特莱特的、哈金的以及拉图尔的，都可以根据一个著名的逻辑实证论教条加以理解，即一个陈述的意义在其证实的方法。模型、推理的风格以及合并入一个网络，这些都是将一个陈述和公共可达致的事物与事件联系起来的方式。其重要的区别(除了拒绝经典经验主义的表现[manifestation]概念)是，所有三个提议都不再认为"意义"是一个陈述的已经确定的属性，而是把它视为在与世界的不断变化的开放的互动中而出现的。因此，意义本身最终只是一个广泛实证论方案中的一个可有可无的固化，在这一方案中，实证论试图只通过把科学主张

【108】

〔1〕 Hacking 1982：49.
〔2〕 Latour 1987：29.

明确地联系于公共的表现，来表明它如何变得有意义。

认识到近期科学哲学中明晰的更新了的实证主义主题，强烈地提示我们，把这一学科最近的发展看成是确认和拒绝实证论的基本错误的奋斗史是一种错误的观点。对于那些钦佩像卡特莱特、哈金、法因以及拉图尔这样的哲学家的成就的人来说，比如我本人，这一点显得尤其让人信服。然而，我认为，把科学哲学看做是后实证论，这样一种想法不仅是一种错误，而且还是一种具有严重后果的错误。这一想法不仅夸大了后实证论运动本身，而且没能把握其与更近哲学工作之间的建设性联系。更重要的是，作为对实证论的自觉反动，这一领域的发展方式阻碍了理解和吸收其他领域内关于科学的某些有重要哲学意义的研究，最值得一提的，我应该指出，是科学的文化研究和科学中性别问题的女性主义研究。

对于文化研究和性别研究，哲学没能承认并回应，这种情况比较微妙，但并不根本。要认识到其中的困难，重要的是想到，20 世纪 60 年代以来，科学哲学中一个重要且有价值的主题，就是承认历史学家、心理学家、社会学家和其他人对科学的探究，并模糊关于科学的经验研究和哲学分析之间
【109】的区分。哲学家们情愿与来到他们面前的从亚历山大·柯瓦雷（Alexandre Koyre）到托马斯·库恩的思想史合作。有些哲学家随后拥护并采纳了认知心理学和神经科学的发现。部分是通过像理查德·勒文金（Richard Lewontin）这样有哲学倾向的科学家的调停，其他人把他们的工作开展到专门科学领域就一些概念问题展开对话。人们一直不情愿地承认（很多人是严厉地批评）一些社会学研究，最早是 20 世纪 70 年代中期以来出现于爱丁堡和巴斯，随后是加里福尼亚实验室生活的欧洲常人方法的研究。这一背景突出了一个问题，那就是对于十多年来女性主义有关自然科学的研究工作缺乏认真而广泛的哲学回应[1]，对部分程度上有所重叠的历史的和人类学工作——它们与跨学科的文化研究有一些共鸣——也保持了类似的沉默态度。

---

[1] 当然，女性主义哲学家既有功于有关科学与性别的工作，也对这类工作进行了回应。让人惊讶的是其他科学哲学家对其工作的回应如此有限，远远不如给予其他经验研究纲领的解释性和批评性回应。

对这一裂隙，也许有一种老式的社会学解释，它诉诸于发表的场所、引用的模式以及人们熟知的吸收陌生文献的迟疑。一种不同的说明可能强调男性统治的领域抵制严肃对待女性主义的学术研究。我愿意提出另外一种说明，它可能有更多有趣的含义。我猜想，科学哲学家们之所以难于回应文化研究和性别研究，一个重要的原因，是因为这些探究不太符合我们从哲学上理解自己的故事。几乎在每一个重要方面，科学的文化研究以及性别与科学的探索都挑战了科学哲学家们的措辞，正是靠这些措辞，科学哲学家们才能将当前的工作与逻辑实证论区分开来——我的意思大约就是如此。认真对待这些工作会危及我们学科自我认识的可理解性，其核心仍是集中反对实证论。〔1〕这一明显的威胁也许被有趣地曲解了。认真地对待文化和性别研究可能会指明，哲学对科学的反思何以能建设性地抛 【110】
弃“后实证论”，从此将我们的哲学实践区分于逻辑经验论至少不再是一个重要问题了。

为了理解这一可能性，我们需要详细考虑，文化和性别研究可能以哪些方式，来挑战哲学家们将自己理解为后实证主义者。我应该强调哪些针对如下内容的批评，包括后实证论的科学共同体概念，整体性理论的知识首要性，实在的因果结构，以及科学史和科学哲学的结盟。所有这些论题的基础，我认为，是一个挑战，它指向很多哲学家(不仅是我们)已经看到的后实证论科学哲学研究中的关键问题。很清楚，我最根本的目标，是阐发科学哲学与文化和性别研究之间的相互作用，并打开一个哲学视域，它将改变我们对科学以及我们与科学之间关系的认识。第二部分中的文章提供了一个例子，他表明对文化和性别研究的哲学认识和回应，也许有助于理解科学。但是我还是希望，对由科学的文化和性别研究提出的哲学挑战进行更深入的反思，对于文化和性别研究可能会有一些更广泛的有趣含义。

在考虑关于理论、共同体、实在和历史的后实证论概念的那些挑战时，

〔1〕 正如我在第1章中指出的，1970年以来的很多哲学工作(包括我自己的)中经常复活的主题是主张早期哲学立场未能认识到逻辑经验主义最根本的缺陷，因此并没有与实证论遗产彻底断裂开来。

我应该从科学共同体开始，部分是因为这一考虑可以说明对文化和性别研究的一些特别过分的误解。逻辑经验论根据它的形式上可明确的方法理解科学，这些方法可以被个体认知者掌握和应用，任何个体认知者，因为在他们之间不存在哲学上的区别(也许，要除去他们联系心灵开放的、批判性探究的意愿)。后实证论转向提出，没有有关被探索世界的深远而实质性的预设，就不存在不琐碎的、非闭合的探究方法。[1]这一预设形成了探究共同体的基础：他们共同计划的可理解性依赖于他们接受其方法背后的基本预设。由后实证论认识到的科学或认识共同体因此就是共识共同体，由共同的信仰、价值、标准和计划所规定。

【111】 文化和性别研究通常拒绝相对自主的科学共同体这一哲学图画，这一共同体由共有的信念、价值和方法网络而得到确认，但是他们拒绝的目的不是为了回到个体认识者的最高统治权。群体、网络、社会或政治联盟以及子文化，对于文化研究来说仍然很重要，但是，认为共识限定了同一性这一想法被削弱了。在绝大多数后实证论哲学视角中，不会容纳文化和性别研究所强调的如下内容，包括碎片化的或竞争的认同，或混杂的联盟，或各种团结——它既不还原为共有的信仰和价值，也不还原为对个体差异的包容。这一点也许有助于说明"主流"科学哲学家在回应女性主义对科学中性别问题的研究时所具有的困惑：如果科学性别化的分析让人困惑的话，那是因为把妇女们确认为一个无分别的认识共同体，它为共同的兴趣、价值和信仰所统一，而这些兴趣、价值和信仰被认为是受到(男性统治的)科学共同体信仰和实践的明确拒绝和贬低。根据这些措辞，只有最无耻的性别偏见和统治能被辨认出来，这一事实使得很多科学哲学家误读或拒绝了更多的敏锐而具深远意义的分析。

对科学共同体的所谓的自主性的批评，也许对一个后实证论的自我概念来说，更有严重影响。随着实证论对形式方法——它是科学统一的基础——的说明归于灭亡，科学共同体在认识上和政治上的自主性成为哲学

〔1〕 正如这一段所表明的，如果不相互援引，很难谈论后实证论的任何基本论点。这一相互联系性增加了从后实证主义哲学立场来面对科学文化和性别研究的难度。

反思的基础，把"科学"确认为一个显著的以及相对限定了的话题。问题不是哲学未能认识到科学共同体的自主性向可以接受挑战；而是，我们常常没有认识到这一问题的深刻性。从对科学共同体的"外部"影响来理解这一问题，要预先假定科学共同体和影响它们的社会、文化或政治"语境"之间存在明确的界线。这批评的这一解释错误地固化了科学共同体及预设的可能影响它们的社会"因子"。但是这一解释使人们无法看到来自文化和性别研究的与众不同的贡献，他们尽量检视了科学共同体、认同以及界线的动态性。他们研究那些有意义的差别和界线被确立、维系以及改变的方式，它们破裂的方式，以及显示了表面上稳定的认同和差别之间的紧张和共鸣，它们只有通过持续的工作才能得到维系。

女性主义的性别研究经常处于这一论题的最前沿，正如性别日益不被认为是某种给定的东西而是一个可能性的领域，被正在持续的操作所维 【112】
系、区分和挑战。[1]有关性别与科学的研究深化了这一认识，置问最初的社会性别(gender)与生理性别(sex)的分离——把社会性别视为一个文化建构，它建立在某种生物学上给定的东西的基础上。然而，一个广大范围的其他有关科学的文化研究同样也反对把内在的和外在的进行概念化：除了性别研究，我认为还有唐纳·哈拉维(Donna Haraway)论赛博系统对生物学的重组[2]；罗伯特·马克·弗莱德曼(Robert Marc Friedman)论现代气象学的建构[3]；沙龙·特拉维克(Sharon Traweek)论物理学中作为知识资源和责任的边界性的多样性[4]；马里奥·比亚乔力(Mario Biagioli)论美第奇宫廷中作为自然哲学的数学的伽利略式合法化[5]；瓦西里奇·贝蒂·斯莫考维蒂斯(Vassiliki Betty Smocovitis)论作为"统一性生物学"的进化综合[6]；或者包拉·特瑞希尔(Paula Treichler)和其他人论 AIDS

〔1〕 特别是参见 Butler 1990，1993.
〔2〕 Haraway 1981 - 1982.
〔3〕 Friedman 1989.
〔4〕 Traweek 1992.
〔5〕 Biagioli 1993.
〔6〕 Smocovitis 1992.

行动主义和医学话语和研究礼仪的形成[1]。其他熟悉科学的文化研究的人无疑可以将这一清单进行扩大。

因此，文化和性别研究，使我们摆脱了后实证论，不再集中于科学共同体及其研究的建设性预设的共有内容。要确定那些群体是知识上重要的，不是根据它们共同拥有某些预设的内容，而是通过根据它们一定程度上共享的情境，并属于一个文化领域来定义的。“科学”和科学知识不是通过科学共同体的确认而被建构的，而是通过各种文化联盟和群体的互动和形成才获得意义。

然而，对后实证论转向整体性理论的内容，以代替科学方法的实证论概念，文化和性别研究也提出了深刻的批评。正如我此前指出的，逻辑经验论怀疑理论话语是有意义的；他们最早提出，理论陈述的意义限定于它们在经验上或操作上的明确结果。后实证论科学哲学倾向于一个更强的
【113】理论理解的观念：科学理论远不只是附属于科学家的经验性能，它可以包容整体性的“世界观”，还提供了一个语境，其中明确的解释、测量或观察可以获得意义。此外，仅仅凭借它们关于这个世界所说的东西，理论就可以提供如此深远的解释。范·弗拉森是对实在论潮流持有异议的人中较为著名的一位，但是，即使他也在区分自己的经验论与逻辑实证论时，列举了一个更广泛的当代科学哲学趋势，他“坚持对科学语言按照字面意义进行的解释，[它]排除了把理论解释为一个隐喻或明喻，或解释为只有在‘去神话化’后才是可以理解的，或者服从于其他种类的‘翻译’”[2]。

当文化研究的从业者反对直接按字面解释科学理论这样的想法时，他们不是要提出一个他更喜欢的非字面解释。他们也没有像(后)实证论那样全神贯注于理论作为一个统一独特的语义学结构所具有的地位。关于科学实践置身其中的话语所有的表意可能性，他们提供了一个更丰富更流动的理解。他们的焦点转移到场合化的表达和其他行为，它们之所以重要不是作为习惯上固定了的意义—类型的象征，而只是作为各种表意活动在

〔1〕 Treichler 1988，1992；Patton 1990.
〔2〕 Van Fraassen 1980：11.

其他活动上的映射。换句话说,没有什么命题内容介于场合化的表达与接受及随后使用它们的无数方式(以及它们自身利用以前表意的方式)之间。有趣的不是在给定了对这些表达所说内容的"字面"理解之后,哪一个表达正确地描述了世界,而是根据其他前后场合所说的话,这些表达如何成为有意义的言论(这是说,可理解的,值得一提的,并且也许甚至是"严重的"或重要的)。这一转换的发生不是因为文化研究把语言与世界分离开来,而是因为人们所说的话获得它的意义部分是通过他们遭遇及回应世界的方式。没有前语言的通向世界的道路,也没有任何非现世的通向语言内容、通向句子字面上所说内容的道路。这些有关语义学内容固化的考虑, 【114】因此就与上面讨论的卡特莱特、哈金和拉图尔的工作有了重要而明显的相同之处。文化研究将和卡特莱特一起反对基础主义和还原论的二分法,并坚持科学表意的开放性。理论表象不能魔术般地把它们的应用推广到实验和工具实践之外,通过这些实践它们相互一起适应于一个现象的范围,也不能被还原成一个固定的表意范围。科学表意的可能性范围总是开放性终结的(而且是可能竞争的),并且部分地是进行着的科学研究的争议内容。

对后实证论哲学向一个整体性理论框架——这一框架限制着所有的科学理解和实践——的转向,文化和性别研究还引起了其他考虑。可以这么说〔1〕,问题部分是科学理论不会公开表示它的意义,并且因此只有通过它与其他具体表达之间的相互关联,它才有意义。但是文化和性别研究还会挑战很多后实证论科学哲学指派给理论语句网络的特权地位。哈金已经指出,后实证论乞灵于理论网络既过头又单一。相反,"理论"指示了一个事物的混杂体,包括玄思、物理类比,特有的数学,以及各种各样的模型,它们从理论上阐明了这个世界并使它变得可以计算;很多科学工作还相对独立于这一理论化混杂体。〔2〕文化和性别研究强烈地增强了并推广了哈金的观点。尽管理论化的整体方式是贯穿于科学工作之中的制造意义的

〔1〕 实际上,严格说来,它没有意义要去表达,除非通过它与其他表意行为之间的关联;作为一个孤立的符号,它是任意的和无意义的。

〔2〕 Hacking 1983:第 12 章和 1992。

工作的重要的、不可缺少的部分，但如果我们要理解如何联系表意，就仍然不可忽视它们以多种方式联系于叙事传统、想象。文化实践和制度、工具(和更广意义上的物质文化)、社会关系或感情上的反应和决定。

这些针对近期哲学有关理论理解的范围和自主性概念的挑战，同样削弱了我们对实证论分离事实与价值的拒绝所具有的意义。后实证论哲学不断强调，总是有一些评价性预设影响着科学研究及其结果，这些评价性预设是其指导某一特殊科学共同体或探究领域的实践的理论背景的内在
【115】组成部分。然而这一观点仍然把价值固化为一个认识者所拥有的某些东西(就像某个人被认为拥有的期望或兴趣)[1]，也没有充分描述我们自己联系或属于评价性考虑，正是这些评价性考虑使科学工作变得有意义。文化和性别研究提出，这样一种设想忽略了科学实践和信仰被置于更大范围的社会互动模式中的方式，而这一社会互动分配并维持着权力差别。这些模式包括由知识本身的生产和证明所维系和再生的那些模式。科学研究及其发展实质性地影响了实践和意义的组合，其中，人们的活动对自己和他人获得了意义。[2]在这些组合中，人们被描述和被作用的方式有很大不同，以及他们做出反应行动(包括言说行动)的可能性方式和可辨认方式也都很不相同；这些不同又对他走向一个繁荣生活的可能性和前景也是极其重要的。

到此为止，我已经讨论了文化和性别研究批评近期科学哲学中自觉的反实证论主题的两种方式：强调科学共同体，强调科学共同体研究纲领中的理论预设。这两个批评都加入到对实证论的哲学更新，以反对这样一种观点，即认为，如果按照字面意义解释，科学话语和实践表达了一个共同的固定的意义或内容，但是把这一考虑等同于实证论主题显得严重不当。毕竟，当代科学哲学家中有些最彻底的科学实在论者提供了乍一看类似的对共有内容及其背后的科学合理性概念的激进批评。这些实在论者高高兴

〔1〕 事实上，我认为在哲学上人们广泛同情某些观点，如 Laudan 1984 所提出的理论的、“公理的”以及方法论预设的独立变化可以被清楚地分辨和呈现出来。

〔2〕 这些效果为何应该根据权力关系来理解，Rouse 1987b(特别是第 6－7 章)发展了一个推广了的论证。

兴地接受了“理性的破裂”和一个费耶阿本德式的方法无政府状态[1],坚持科学成功的极端偶然性:科学共同体设法精确地描述真实世界,并不因为他们发展了合理的方法;他们的方法是合理的只是在如下的意义上:它们恰好得到了一个描述真实事物的词汇表。[2]不过,对于科学实在论者来说,意义一内容仍然为因果作用的链条所固定,其中这一词汇表被引入;这样一种说明是可理解的,当且仅当“原因”的意义和指称被更传统的手段固定下来。 【116】

文化研究将拒绝这样一种实在论,但这不是因为他们背叛了唯心主义或文本主义对实在的蔑视,或背叛了一种怀疑论的猜疑,即真实的事物必须总是逃离出我们的理解。实际上,文化研究通常坚持意义一制造的物质性以及科学与世界的互动与干预的不可缺少性。文化研究和性别研究一样,要求怀疑生产论和建构论的隐喻,这类隐喻暗示了,“自然”或“世界”没有指示什么东西,指示的只是一些集体性有力的、性别化了的以及性别化的“我们”制作出来或认为的那样。文化研究质疑这一语义学实在论的残留,根据这一残留,甚至科学实在论者都把事物和词语联结起来。这一质疑的基础是一个准唯名论[3]考虑,思考事物如何变得重要了,它们之间的联系如何变得明确了,以及它们的特征如何以重要的方式突现出来。

后实证论转向实在论和语义学实在论,承诺对科学语言进行字面意义的解释,这被描述为维也纳学派反实在论的翻版。然而我们已经看到,我们更熟悉的哲学的和社会学的反实在论如何仍然保留着一个实在论的内核:解释必须在某个地方结束,如果不是在一个独立真实客体及其属性的世界,就是在社会语境(也许是一个文化)。文化研究承诺了一个更彻底的

[1] Stich 1990 and Churchland 1992.

[2] 例如,可参见 Boyd 1988。

[3] 我使用“准-唯名论(quasi-nominalist)”这个词,是因为,谈论和命名不是从“外部”完整地强加给事物的,而是部分通过人们与被命名和被谈论的事物之间的相互影响来形成的。

反实在论，它放弃了结构与内容或语境与内容的二元论。[1]他们仍然把真实等同于能够变得明显的事物，这是说，等同于那些可以在当下进行的文
【117】 化实践中可能被认为是真实的事物，但是什么能被认为是当下进行的实践也是以同样的方式被处理的。这样一种理解甚至并不需要先天承诺哪些"主体"能够联系这类实践或者他们能以何方式联系实践。它可以容易地容纳例如哈拉维对芭芭拉·诺斯克（Barbara Noske）的《人类与其它动物》（Humans and Other Animals）的反思，后者提出了这样一个任务，即在非还原的、"非现世的"对话实践中密切地联系动物，不要给它们指派发言人。哈拉维提出："我们需要其他与动物交流的方式……关键不是新的表象，而是新的实践，其他把人类和非人类重新联结起来的生活形式。"[2]她设想的实践不会是"我们"的建构，即使人们必须积极地联系其中。这些实践将重构人类和其他存在物显示的"空间"以及我们使彼此相互可以理解的方式，也许甚至包括可理解性本身的构成和对象。

这样一种关于存在如何通过有意义的实践而变得明显的说明使得真实事物历史化而没有将其相对化（因为没什么东西可以使它与之相对）。因此，对历史的诉求就是文化研究和当代科学哲学的自觉的后实证论立场之间的联结点。然而这样一种趋同被证明是虚假的，这是由科学史在后实证论哲学传统中的重要意义所导致。对科学哲学家来说，历史已有了两个十分不同的角色，作为资料库或作为宏大合法化叙事。在前一外观下，历史提供了一个事实储藏室，对科学的哲学解释必须向这一储藏室负责。库恩典范性地为历史开创了这一角色，它提出："历史可以决定性地改变我们现在拥有的[实证论]图像，如果把它视为一个不只是具有掌故趣闻和年表

〔1〕 正如Davison和Latour两人都曾指出的，这样一种彻底的"反实在论"削弱了那种让人反感的划分，即环绕着我们周围的事物和所谓的各种表现（经验，语言，或文化）的真实基础，因此，它没有通常会伴随反实在论的矛盾气氛。Davison(1984)宣称："在放弃结构和内容二元论的时候，我们并没放弃世界，但是重建了我们与熟悉的对象之间的直接接触，这些对象的姿态使得我们的句子和意见成为真的或假的。"(198)Latour(1988)说："一点点相对主义可以使你离开实在论，但太多的相对主义又把你送回来。"(173)

〔2〕 Haraway 1992a：87.

的储藏室。"[1]这揭露了实证论科学知识说明与历史的无关性,一开始就具有解放性的意义,并日益得到了固化。由此,一些杰出的哲学家提出,科学史现在提供了一个资料的收集,它足够纯洁,根据这一历史记录,可以有效检验各种科学变革的哲学说明所具有的"经验含义"。[2]自我描述的后实证论科学哲学与一个更近的实证论历史哲学之间的这一古怪联合,清楚 【118】
地并让人惊讶地与编史学定向的文化研究和更广泛意义上的文化史相抵触。

然而,对于文化研究和性别研究的哲学认可和回应来说,最大的障碍是很多科学哲学中对合法化方案的宏大历史叙事的偏好,尽管在哲学文献中像"叙事"、"元叙事"或"合法化"这样的字眼并不经常出现。近期科学哲学中的现代主义叙事的重要性已经在前面的章节中得到了讨论。它导致的哲学认可文化研究和性别研究的障碍,并不是很多科学哲学家仍然希望一个包罗万象的科学合理性或真理不断出现的历史叙事,而是文化和性别研究将放弃它们。大卫·布鲁尔、哈里·科林斯以及巴里·巴恩斯肯定拒绝使当前科学的合理性或近似真理性合法化的宏大历史叙事,而哲学家们也严肃地批判性地关注了他们的工作。问题是,哲学家们承认并回应的,只是使得此类合法化叙事成为重要问题的工作。布鲁尔的、巴恩斯的以及科林斯的批评藏匿了一个深刻的与科学哲学一致的观点:现代科学的文化角色需要这样一种整体性合法化。这些社会学家都将之视为一个发现,即科学工作的结果不能根据它自身的合理性或真理性来进行说明。因此,我们再次看到,科学哲学的视域根本上是由合法化方案构成的。

文化研究和性别研究因此就摆脱了很多科学哲学家的概念图式,之所以这样,不是因为他们拒绝实在论或科学的自发合理性,而是因为他们没有涉入讨论这些观点是其答案的问题。我相信,通过超越这些问题,文化和性别研究提供了一个重要的机遇,以重新定向和更新哲学对科学的反思。因此我愿意提出抛弃或捍卫科学知识宏大历史合法化方案所具有的

---

[1] Kuhn 1970: 1(我的强调和重新安排)。
[2] Laudan et al. 1986.

重大后果，以及因此认真对待文化研究和性别研究的更新对科学和知识的哲学反思所具有的重大意义，以此作为结论。很多这些主题将在下面的章节中得到展开。

文化研究和性别研究通常把他们的注意力集中于实践中有争议的问
【119】 题：历史的、地理的以及文化的。这些实践属于一个被意义配置的世界，允许明确可能的方式去存在、行动以及表明对其包括的存在物具有重要意义的突现。它的构造不是完全霸权主义的，因为它们总是部分地由它们的实现模式被抵抗和利用的方式来塑造的：它们确立的不是静态的意义结构而是动态的情境。检验有意义的可能性的塑造，也许对理解知识制造来说更加重要，也有助于理解有关真理、辩明和说明的问题，这些问题对科学哲学来说一直如此重要：这些检验将处理当确立一个真理主张时有争议的问题，这一问题何以被认为是可理解的以及重要的，它的确立有什么问题，为谁确立的。

文化研究和性别研究还会提出至少在两个论题上转向后实证论科学哲学。第一个转向考虑的是科学哲学的学科定位。尽管科学哲学家们不断宣布放弃将科学探究与其他种类的活动、信仰结构区分开来的划界方案，他们总是连续不断地把他们的精力集中于精英的、学院的科学，他们学科上的历史建构一直紧密地联系着纯粹科学的理想，没有受到实用的、物质的或政治追求的玷污。[1]你可以阅读科学哲学的专业杂志以及最有影响的著作，即便是读了相当长的时间，你也很难碰到这样一些观念，如科学与医药、农业、性、工业或战争有什么关系。相反，科学哲学家们专门致力于物理学、天文学、生物学、物理和无机化学以及认知心理学。即使在这些领域里，哲学注意力也被集中于那些有声望的、理论上雄心勃勃的子领域，这些领域最有望保证科学工作的统一性和自主性（例如，量子力学，相对论，以及高能物理学或进化论生物学和分子遗传学）。当哲学家们确实探

〔1〕 把诸如量子物理学、进化论生物学或者分子遗传学这样的科学领域设想为纯粹的、学院的科学，远离应用或政治纷争，这一认识是相当不坦率的，你可以想想曼哈顿工程以及关于进化论和优生学同生物技术的复杂政治斗争。不过，对这些领域的哲学讨论已经有效地把它们视为高度自治的领域，集中于其内部的理论结构和说明与统一的能力。

索这些高姿态的学院科学周围的界线时，他们通常考虑诸如占星学或超心理学这样的领域，它们相对于精英科学的边缘性在哲学上可以理解为妄称自己享有学院科学的地位，因此可以保住学科的界限。文化研究和性别研究远不关心维护科学的边界，而是更多注意于其中穿梭不断的交通。它们注意的是科学实践和科学权威性有多么彻底地与当代政治和文化纠结在一起，同样提出了一个深刻的论题和实践的转换，这些论题和实践也许会引起科学哲学的兴趣。【120】

文化研究和性别研究可能提出的另外一个论题转换削弱了历史对于后实证论科学哲学的构建所期望具有的重要性。对哲学家来说，科学史为实证论梦想的方法论上统一的科学引入了一些差别。尽管承认科学学科间存在一些不可消除的差别，但哲学家们大体上把科学中存在的显著差别打发给它们的过去。[1]这种打发对于建构科学合理性或真理的进步史，具有策略上的重要性。然而，在文化研究和性别研究中，历史时间对于差别来说不是一个有利的场所。它们因此要求哲学注意其他重叠的维度，沿着这些维度，当代科学实践建构或展示出显著的同一性和差别性：地理学，权力，性/性别，种族，民族性/文化，种类，制度。

这两个论题转换接下来承诺了要更新科学哲学的反思。对于实证论者(以及对与他们同时代的卡尔・波普)来说，科学哲学是一个广泛得多的政治和文化改革纲领的焦点。后实证论科学哲学强烈地反对这类政治联系。很多社会学家仍然批判所谓的科学哲学的"唯名论"立场，但是正如史蒂夫・富勒让人信服地提出的，它的评价性考虑大体上是回溯性的和美学的。[2]近期科学哲学可能提出当前科学实践的合法化，但只为它的批评和改变提供了极小的资源。实际上，在对托马斯・库恩的重要性进行的评估中，史蒂夫・富勒已经指出，后实证论科学哲学如何深刻地植根于"意识形态的终结"概念，这种概念曾在20世纪50年代和60年代的美国红极一时。[3] 与实证论的现代主义宣言相比，文化研究和性别研究提出了一种【121】

〔1〕 一个让人吃惊的例外是Dupre 1993。

〔2〕 特别参见Fuller 1989：9－10。

〔3〕 Fuller 1992a.

相当不同的政治批评概念，但是它们与实证论一样，也承诺从政治上联系实践，这一承诺也许是我们科学哲学家同样应该重新为我们自己找回的。

除了哲学家们目光狭窄地关注于维持并更新一个继承的学科，对造就了一个后实证论科学哲学的故事进行重构，以允许它与文化研究和性别研究进行这样的互动，这样做为何重要？试图将科学置于历史的文化的情境之中，打开它们的边界而不是维护它的封闭领域，以及从哲学上涉入科学而不装出政治上的天真，这样重新讲述这一故事能为它增加什么意义呢？这些问题就是本书的核心，因为我所有的考虑是打开科学哲学的封闭的边界，很多读者会认为我的风格和我考虑的焦点明明白白是哲学的。我同样不愿否认，我试图重建的后实证论故事仍然控制着我自己的哲学想象力。学科的界线依然重要，但是它们可能会变得更加易变、更加缺少排他性。毕竟，学科有历史和文化范围，它们可以被质疑被重构，而不是简单地越过。一个成功的重构因而必须做得更多，而不仅仅是用文化研究或殖民地文化研究以及性别研究来取代科学哲学，来达到以前规定了的哲学目的。它必须开放一个空间以进行真正的和不断继续的谈话——一个更加脆弱但最终可能是更加让人满意的结果。下面的章节就是我为这个可能的对话所做的抛砖引玉的贡献。

第二部分

重建科学哲学：实践与认知动力学

【122—124】

5 科学实践的意义 【125】

在本书的第一部分，我批评了科学哲学和科学社会学，它们都致力于讨论科学知识和科学文化权威性的整体合法化或对之进行批评。我还反驳了科学哲学依然急切地全神贯注于实证论，这反映在科学哲学在学科上自我认识为“后实证论”。这些批评空洞地回响着，除非我们能看到科学论如何可以从合法化事务中脱身，并使我们超越对实证论残留的担心。本书的这一部分提出文化研究作为科学论的一个有前景的可供选择的模型。把科学论理解为文化研究的第一步，需要进一步反思作为实践的科学概念。这一概念是我更早一部著作《知识与权力》[1]的主题，实践的观念，或社会实践，在其他的科学论领域中的地位日益突出。不幸的是，频繁地援引作为“实践”的科学掩盖了不同路线哲学日程的含糊性。因此有必要进行一些澄清和批评，以理解科学的文化研究何以能从我对科学实践的说明中引申出来。

我的说明必须仔细地区别于至少三种其他把科学理解为实践的方式。这一区分是复杂的，因为我的说明也与其他方式存在着重要的相似之处。不过，我们之间的关键区别在于把科学理解为实践所具有的哲学意义上。【126】开始我们先讨论纯粹哲学所阐述的实践概念，它与某种人文主义有一些共同的地方。用不同的方式，休伯特·德里弗斯(Hubert Dreyfus)、罗伯特·布兰德(Robert Brandom)以及彼得·温奇(Peter Winch)曾尝试根据实践

〔1〕 Rouse 1987b.

而不是信仰或期望来重新解释人类主体性。[1]这些解释的目的是为从哲学上区分自由和自然或人文科学与自然科学提供更多的充分辩明。我对科学实践的说明还要仔细区分于社会建构论对行动者和实践的说明。社会建构论者强调社会实践在处境(situate)和确证知识上所具有的突出重要性,其目的是辩明对科学工作结果进行社会解释的重要性。最突出的社会建构论者与我所讨论的一些"人文主义者"有重要的相似之处,即使后者全部都反对在他们对实践的解释中考虑自然和自然科学。最后重要的一点是,不要把我的说明与科学论领域中出现的一些马克思主义或布拉德利主义(Braudelian)的唯物主义主题相混淆,后者强调科学的物质基础的首要性,而不是它的更加表面的话语阐发。科学实践的唯物主义概念源自对科学中的实验和工具的更新了的历史和哲学关注。但是这些观念走得很远,通过哲学或编史学的工作,把话语实践还原成了"文学技术"或修辞力的生产。

为了理解我对科学实践的说明区别于这些人文主义者、社会建构论者以及唯物主义进路,扼要地重述一下我在《知识与权力》中有关科学实践讨论的几个主题,也许会很有帮助。我将突出科学工作的几个具体特征,对
【127】于任何强调科学实践的说明来说,这几个特征都具有核心的地位。在本章随后的部分,我将回到实践概念,首先澄清我的解释何以区别于其他的那些进路,接下来讨论以这一方式来构想科学实践的重要性。

科学实践

在《知识与权力》中,我集中讨论了作为实践的科学概念,首先是作为一种选择来代替科学的认识论或表象论概念,它们有力地激励着合法化方

〔1〕 Dreyfus 1980,1984,1991;Brandom 1979,1994,1976;Winch 1958,1964. Pickring(1995)最近发展了一个实践概念,与我的实践概念有重要的相同之处,也与我一样对人文主义信念有所保留,但是由于他表述得太晚以至于我不能在此对我们二者之间的相同和差别进行充分的评估。Brandom 1994 同样出现得太晚,我不能评估在何种程度上他的(1977)观点的变化方式能对我的论证有什么影响。

案。通常实践与理论相对。这一对立似乎由于普通哲学对科学理论的强调而得到强化,科学理论被认为是科学知识的最主要以及最深远的实例。但是我的科学实践的概念并不把实践与理论区分开来;像科学工作的其他方面一样,理论化也是一种实践。与之不同,我强调的是科学研究是一种实践活动,这种实践不仅重新描绘了世界,也重构了世界。

理论模型和实验微观世界是科学工作的两大核心,突出地屹立在我更早的对科学实践的描述之中。科学家构建并操作各种抽象和理想化的模型。[1]这些模型有各种不同的形式:数学的、图表的、词语的,甚至物理的。它们并不合并起来形成一个系统统一的世界表象。相反,它们例示了“一个理论图画,它是各种模型的松散的集合,应用范围未经明确限定,而在此范围内,其有效性和精确性也有相当大变化……它们的覆盖范围有所重叠,也许关于同一个现象它们提供了不同的版本。有些现象可能为一个领域内各种各样的模型所遗漏因此没有得到任何一个模型的处理”[2]。模型对需要的人来说很重要:可以用它们或对它们执行的操作,它们对各种操作和扰动的回应,以及通过适当现象学校准后它们能适用的现象范围。[3]理论建模的这一概念不是严格工具论的,即便是绝大多数科学模型被适应于它们并不真正描绘的情境;它需要接受理论实体的存在并允许这样的可能性:有些理论模型实际上描述了某些确实的情境(而不仅仅是那些 【128】

[1] Catwright(1989: 185-198)强调了一个重要的区分,即科学中理论模型形成的理想化和抽象化之间的区分。理想化是具体的(但是常常是虚构的)情景,其因果相关的特点是经过精心选择的,以便于计算或表现的清楚性(没有摩擦力的平面、完全的弹性碰撞以及双粒子宇宙就是这样的理想化)。抽象是普遍性的模型,忽略了一些因果相关的因素,以利于展示模式或趋势,这些模式或趋势通过一系列的具体情景变得越来越明显(伽利略的自由落体定律、波义耳定律以及量子力学哈密顿氢原子,这些都是抽象)。这两者紧密地联系在一起:理想化模型常常表现出一些模式,能够清楚展示出抽象规律的特点,但是它们在明确性和应用范围上有所区别。

[2] Rouse 1987b: 85.

[3] 我的关于理论的家族模型的观点,主要来自 Nancy Cartwright, Ronald Giere, Thomas Kuhn 以及 Ian Hacking。不过,我进一步把理论化视为联系并改变世界的实践,这一观点则来自 Bruno Latour 对“计算中心”的同期讨论。

“可观察的”)。[1]

微观世界是世界的局部重构,使更有效的操作和控制以及对结果进行更仔细的监测成为可能。实验室是微观世界建构的典型场所,尽管科学家们在实地工作和其他环境中执行着类似的重构。[2]实验微观世界作为环境允许各种挑选出的客体之间进行相互作用,并在因果分离或随机化条件下密切加以监测(其他客体或事件有可能会对试图获得的相互作用产生影响,因此或者它们被从微观世界的环境中排除,或者它们被有意地随机化以避免产生系统性影响)。微观世界相互作用的重要性常常来自其组成要素之间以及与实验者之间的作用规模的决定性变化。[3]这些微观世界要素常常包括只在这一环境中才被创造或分离的客体。更一般地说,它们的要素是被纯化的、测量的、隔离的,以及封闭的,使它们能够表达自己,而这
【129】些表达在其他任何地方都是做不到的。这些表现自身通常依赖于实地性结合而成的网络,包括工具、技术性技艺以及客体表示符。最后一项指示了实验实践的一个尤其重要但常被忽视的方面:把客体包括进来以产生符号。在《知识与权力》中,我提到了这样一些例子,放射性标识,云室和气泡室,X-射线晶体衍射学,以及色谱分析,光谱学,显微镜方法,以及望远镜方法,但是科学工作的创造性大大丰富了这些强制表示,超出了上述这些经典的实例。

我谈论的是实验微观世界,而不只是实验,这是因为实验实践通常是围绕着一个家族组织起来的,包括客体、环境,以及控制,它们构成了微观

〔1〕 Cartwright (1994)有益地澄清了把理论化视为建模的概念和有关实在论与工具主义的争论之间的联系。把理论设想为模型的集合,其攻击的目标不是实在论,而是“基础主义”,这一观点认为,科学定律和理论有一个没有限制的范围;对与反基础主义者来说,可精确构想的模型开放性地构造了理论关于世界所必须说的内容。Rouse(1987b: 148-152)期望 Cartwright 的重新表述,认为她的顾忌(关于基本理论的精确应用的范围)是与这些理论为真相一致的,如果“真理”是在一个紧缩的意义上被理解的话。

〔2〕 田野研究同样经常确立田野地点和实验室之间的复杂交通,因为从田野中抽取出来的对象和符号被介绍到实验室的微观环境之中,其结果因此可能以不同的方式与田野地点重新联系起来。

〔3〕 Latour (1987: 第 6 章,1983)特别雄辩地强调了改变规模对确立一个更有效科学实践的重要性。

世界。正如弗朗西斯·雅各布曾经提到的:"在分析一个问题的时候,生物学家被限制在集中于实在的一个片段,宇宙的一个部件,为了确定它们的参数,他任意地将它们分离出来。在生物学中,任何研究都开始于选择一个'系统'。这一选择决定了实验者行动的自由,他自由提问问题的本质,甚至他能够获得的答案的类型。"[1]这样一种实验系统或微观世界的确立,许可了一种被长久维持的研究纲领,其焦点不仅是个别实验的具体结果,而且是更好地理解作为持续研究环境的整个实验系统。经常是,各个领域不同实践的研究者建立了内容特别丰富的微观世界,作为研究的对象(或者是共享同一套设施,或者在别处重建一套)。因此,杂交黑腹果蝇(drosophila melanogaster)染色体和表型性变异,斯坦弗直线加速器中的82英寸气泡室,以及贡比野外站(Gombe field sation)中黑猩猩行为上的相互作用成为持续研究的重要"实地",不只是因为它们的本质特点,而是在很大程度上因为历史性地不断累积的"背景知识"以及通道和协定上的制度性简化。

实验工作鼓励在先前已经稳定并得到充分认识的环境中引入和监测受控制的扰动。此类实践的明晰性和重要性依赖于,既要为微观世界环境确立一个稳定的基础状态,还要对它的要素及其性能、趋向和可能性有一个更彻底和丰富的理解。因此,实验者需要一般性地认识一个实验系统的要素及其预期的各类作用,还要详细地实际了解系统要素。这些实际的理 【130】
解使人们能够敏感到系统什么时候是在"正当"工作的,哪些意外变化是重要的,哪些是需要消除的噪音。它还使微观世界不断能适应地方机遇、规程和需要。同时,它促进了工具、技术、规程甚至还有整个微观世界的打包化和标准化,这不但使它们能够转移和适应于新的环境,还能避免以前所碰到的错误和麻烦,而无需重置它们的实地环境。

科学工作包含着理论建模和实验微观之间的多重相互作用和重叠。模型中体现的理想化和抽象化可能引导微观世界的建构和描绘,而微观世界可能暗示着模型的发展、阐发和解释的方向。在一定程度上,建立一个

[1] Jacob 1981: 234; 我要感谢 Hans-Jorg Rheinberger,他让我注意到这一段。

好的实验系统本身就是理论建模的一个动机，一个有意义的理论模型可能提供一个实验建构的目标。然而，我们不应该过度解释它们之间的相互关系。理论模型常常包含着一些不现实（有时在原理上，有时是物质或资金等实际问题）的条件，而实验系统的实际建构常常包含着各种水平上的特殊性和地方偶然性，它们不能很好地符合于模型。也许更重要的是，理论和实验之所以被发展是为了回应很多考虑，而不是仅仅为了它们之间的相互表达。有一些实践对之做出回应的独特的实验、工具或理论机遇、问题、疑难和限制。此外，科学实践受到如下因素的不同影响，如各种经济的、文化的、政治性的联系。因此我们应该把模型和微观世界视为对世界的更加分散的以及离心的介入，而不是一个物质和符号抽象统一起来的实践的直接目的。

《知识与权力》的一个重要主题是思考，抽象和理想化的模型以及实验实
【131】践的独立微观世界如何被联系于研究环境之外的更混乱更缠结的事物与事件。部分程度上，完成这一联系可以通过修改理论模型，并将实验室实践标准化和常规化，这样就可以在一个不那么仔细限制的环境中有所用处。模型被不太精确、不很专门地应用，或者它们无所变化的条款被在现象学意义上充实。工具、程序，还有技术被改动，以允许不那么技术性的使用，以及更少受到应用环境变化的影响。为了坚挺性（robustness）而牺牲了精确性和辨别力。

把科学实践推广到研究环境之外，更关键的是对周围世界的重构，以在一些重要方面来模仿实验室。在实验室中，或为实验室创造的客体或物质被引入其他场所。分离和圈定是为了防止不希望的或不可说明的混合。行动和事件被更仔细地排序和定时。记录和解释首次从实验室客体引出的信号的工具在别的地方成为标准设备。测量变成日常实践的更稳定的特征，而测量单位及其应用在广泛多变的语境中日益得到标准化。测量的延伸和通约本身就是一种巨大的行进的努力，以维持科学实践和理解的更广延伸。同时，更广泛更仔细的监视，对其结果进行的追踪，以及精心记录和说明，都支持了这些改变。

这种对世界的不断改变以使它更容易和更广泛地被认识也给人们强

加了一些改变。部分上这种强加是训练的结果。如果客体和对象被更仔细地管制、隔离和定时，人们的活动必须同样更加仔细地监测和控制。容不得多少疏忽和自主性，而且对于人们可以做什么有更明确的限制。正如朗顿·温纳(Langdon Winner)曾指出的："在一个工具变得有用之前，必须定期进行检修。为了在生活过程中容纳工具，就必须认识到对个人或社会要求的行为模式。"[1]获得、供应、操作以及维持，这些都是必要的，不仅对具体工具来说是这样，更一般地说，对更大的设备语境也是这样，通过它们 【132】
把科学建构的微观世界与其他地方发生的事件联系起来。

确立和延伸实验室实践和成就所需要的训练还包括习惯性的实践和技能，这些使人们更有能力和可靠地联系到一个或多或少共同生活的世界之中。我们是谁，这在很大程度上取决于我们通过心灵和身体习惯的培养把自己变成了什么。一个熟悉和流行的例子是识字能力。阅读与写作能力改变了我们，不仅通过为获得这种能力所需要的自我控制以及可利用的知识储存，还通过思维模式以及判定何为优秀思维的模式的相关改变而改变了自己。[2]科学实践包括识字能力的明确延伸，这是当然，但是它们也包括很多其他的自我改变。数学能力(有十分明确的形式：计算，统计推理，逻辑，抽象代数，以及非线性数学形式，它们把我们塑造为多少有点不同的思考者)，感知集中和辨别(例如，自然史和果蝇遗传学以十分不同的方式发展了人们的感知认识)，以及熟练掌握某种特殊工具，这些都明确地有时是深远地改变了自己。此外，这些实践通常被置于一个明确的社会和文化语境之中；获得一个物理学家的理解世界的方式，与作为一个物理学家的社会化的其他方面不是那么容易或充分区分开来。[3]

但是，也许科学实践对人们如何生活产生的最重要的影响并不直接。人们从中发现自身的情境以及回应这个情境的生活、角色、解释，只有在有意义的可能性的历史文化建构中才有意义。这些语境使我们能够确实地理解我们是谁，我们为了什么生活，我们如何有意义地与他人互动，我们能

〔1〕 Winner 1977：194－195.
〔2〕 Goody 1977.
〔3〕 Traweek 1988.

够使用什么设备和程序,以及我们如何遭遇我们的环境。那些开始被称为"科学的"实践成为这些可能性领域之重新制造的内在组成部分,全世界都是如此,而不仅仅是在"西方"。[1]科学实践及其模型、实践和要素在实验
【133】室之外的延伸,重组了人们清楚地理解以及制定自己生活的可能性。

实践:就是这个观念

以此方式把科学工作理解为实践,这会要求对认识科学知识的方式,及当代哲学讨论"实践"的方式进行重要修改。在这一章,我集中讨论实践,直到后面再讨论科学知识。然而,激发我对实践进行解释的,在很大程度上是它对理解科学知识的意义。特别是,我反对"人文主义"对实践的说明,这打开了我关于科学知识的思考。因此,我对实践观念的最初反思必须考虑到随后出现的对知识的说明。

我们习惯于把知识视为一个认识者所拥有的某种东西。认识者也许是一些个人,也许是一些共同体,他们对知识的"拥有"可能被以各种方式分析过了,但是人们通常不会疑问,人类认识者是知识的合适主体。甚至那些强调过实践对知识的重要性的哲学家们通常把知识定位于认识者的能力:实践因此就被理解为认识者所做之事(或有能力去做),而不仅仅是他们所想所说。相比之下,我对科学认识活动的说明要求的"实践"观念要更加广泛。[2]按照我的说明,实践不仅仅是行动者的活动,而且是世界的重组,其中这些活动有其意义。知识的归因因此更像是对认识者发现自己置身其中的情境的描述,而不是对他们获得的、拥有的、执行的或交换的某种东西的描述。关键是不要拒绝我们谈论认知者的日常方式。把知识归于一个认识者可以是完全合适的,只要我们理解,知识的正确归属依赖于这个认识者如何被情境化于行进的实践之中,而不是仅仅依赖于这个认识者是否"拥有"正确的信仰或技能或者与事实之间保持了合适的因果关系。

〔1〕 实际上,科学和技术实践在把自己确定为"西方"的文化自我一认识中发挥了重要的作用;Adas 1989 对这一论题进行了有用的历史性讨论。

〔2〕 在下面的第7章讨论了理解科学知识的"紧缩"进路。

从实践角度对科学知识的这一理解不是以主体为中心的。它因此在 【134】
很大程度上区别于某些关于实践的极其充分的哲学讨论，这些讨论最终都不过是对人类主体性的重构。我发现这些对实践的“人文主义”说明很容易相容于更加传统的知识概念，即把知识认为是一个人拥有的或运用的某种东西。至少存在着三种独特的有影响的人文主义对“实践”观念的说明。对于彼得·温奇及很多其他同样受到维特根斯坦影响的人来说，一个实践由规则一统治的活动构成。[1]维弗尔德·塞拉斯(Wilfred Sellars)开创、罗伯特·布兰德进一步发展了一个替代进路，对他们来说，社会实践是辩明和给出理由的领域，它们既不能被还原成规则，也不能为因果说明所取代。[2]休伯特·德里弗斯提供了第三个版本，同样拒绝规则的首要性，但其基础是实践中缘身技艺的不可还原的角色。[3]尽管他们贯彻的方式十分不同，但这三个对实践的说明都坚持对实践领域和易受因果说明影响的“自然”领域进行形而上学和认识论意义上的区分。我自己对实践的解释深受塞拉斯传统和德里弗斯的影响，但要求重新考虑他们根本性的自然与实践的二元论。

与其尝试充分讲解温奇、塞拉斯和布兰德或者德里弗斯，我不如直接提供一个对实践概念的说明，它来自我在《知识与权力》中对科学实践的讨论。与他们的说明(以及与最近科学论领域中的社会建构论和唯物主义对实践的说明)之间的连续性和差别性将在讨论中得以明了。我对实践的说明可以被概括为十个论点，其中每一个我将进行更广泛的讨论：

(1) 实践由时间上延伸的事件或过程构成；

(2) 实践可以被确认为与世界不断联系的模式，但这些模式仅仅存在于其重复或连续中；

(3) 这些模式只通过“规范”的确立和强化而得到维系；

(4) 实践因此只在反对抵抗和差别中得到维系并因此总是联系着权力 【135】

〔1〕 Winch 1958：25-39，57-65，83-86.

〔2〕 Sellars 自己有关规范和社会实践的讨论，参见 Sellars 1963：第 4 章，1968：第 7 章。但是对 Sellars 的实践观点的最广泛和清楚的讨论，可能是 Brandom 1979 和 1994。

〔3〕 Drefus 1980，1984，1991，1992.

关系；

(5) 抵抗和差别的构成性角色更进一步地说明了为什么一个实践的同一性从来没有为它的历史所完全固定下来，说明了为什么它的构成性模式不能被一个规则令人信服地固定下来(实践向不断重新解释和语义学漂流开放)；

(6) 实践重要(在实践及其不断再生产和重新解释的冲突中，总有某些东西处于争议之中或事关重大)；

(7) 行动因以及联系实践的行动者(不一定局限于个体的人)都是在部分程度上由这种联系实际上怎样发展所构成的，在这个意义上，“实践”是一个比“主体”或“行动者”更基本的范畴；

(8) 实践不仅是行动的模式，而且是对世界的构造，其中活动可以明了的方式发生，因此实践包括了主体和环境。

(9) 实践总是同时是物质的和话语的；

(10) 实践是自发开放的，这是说，它们不进行划界，不能被限定于空间上或实践上界定了的世界中的区域。

这样我们对即将进行的有关实践的讨论就有了一个整体上的认识，现在可以依次对每一点进行考虑。

首先，主张实践在时间上是延伸的，这没什么争议。很清楚，“实践”这个术语强烈地暗示了重复发生或者连续发生的活动形式。实践还清楚地包含着做为(doings)，尽管我最初更概括性地把实践描述为事件或过程而不是行动。我选择更宽泛的范畴以允许这样的可能性，即实践包括了活动的环境，就像包括活动本身一样。如果对于这一开头论点有任何争议的话，争议可能来自我随后的主张，即科学知识必须被定域于实践之中。知识通常并不被认为像实践那样在时间上延伸：按照对知识的绝大多数说明，一旦知识存在了，这个知识就是完全在场(present)的。无论知识是否被等同于可靠或辩明了的信仰，或等同于通过神经计算描述的信息，知识本身是一种状态而不是一个过程。[1]保证它是知识的理由或依靠可能在时间上是延伸的，但是知识本身是某种完全在场的东西。把知识的时间性 【136】
吸收到实践的时间性中的理由将在下一章中变得清楚，那里我讨论了作为对科学的不断叙事重建的科学实践的时间性。

实践被构造为过程或事件的模式，关于实践的各种人文主义说明之间最明显的差别在于控制这些模式之连续性的确认上：规则（温奇），共同体的规范（塞拉斯/布兰德），或熟练活动的目的性（德里弗斯）。一个重要的分界线是，这些模式的连续性的控制因素是否在脱离它的实际例示的情况下仍然是可确认的，或者这些模式是否只存在于它们的持续的重新定制中。温奇在这里区别于塞拉斯、布兰德和德里弗斯以及我，因为一个规则可以在缺少与此规则相对应的实际活动的情况下被定制。相比之下，对布兰德来说，实际涉入一个实践的共同体是最终的仲裁者，它决定一个事件是否例示了这个实践："对正确手势的相似性的重视并将它们与不正确手势区别开来，不过是共同体做的或要做的一个回应（response）。"[2]如果没有正确种类的共同体，就不会有什么与一个实践一致或不一致的问题。但是，最后，按照布兰德的说明，构成这类共同体的是一个共享的实践领域，除了这个共同体进行中的活动或响应中显示出来的整体上的规则性，不需要关于正确性的客观标准。这样，如果缺少了一个实践保持的传统，那么就没有模式能固定它的同一性。

德里弗斯提供了不同的理由，否认脱离了各种环境的实际例示，能够确认构成实践的模式。技艺不会存在，除非作为熟练行动者的践行过的全部节目。此外，实践中明显的成功处理是对情境的可变的回应；它的目的性不能被限定于一个预先决定了的程式或已经明确的目的。布兰德和德里弗斯论点的基础是一个常见的主题：实践是开放的或变动的响应模式，能以新的方式被延伸，因此不能被事先可明确的规则所限定。将要清楚的

〔1〕 如果知识被等同于得到适当担保的或可靠的信念，那么这些不需要是发生的精神状态，但是不论以什么方式，非发生的信念存在着（例如，作为一种倾向），它们的存在在时间上有完整的表现。

〔2〕 Brandom 1979：188.

是,我对实践的说明利用了布兰德和德里弗斯两个人的观点:实践要求熟练的举止和社会规范。

当然,当它们构造活动的模式不再被重新定制,或使这些活动变得可
【137】以理解的环境不再出现时,实践可能消失。技艺可以被丢失,共同体可以消解,社会规范可能被抛弃。然而,即使这样,实践的同一性并不受限于实际的历史事例。这一结论为如下事实所阻止:至少在原则上,甚至长期被抛弃的实践可能会被重新激活。这一断言并不与更早的主张相冲突,即构成实践的模式并不会脱离其实际的例示而存在。需要的是构成实践的各种共同体与技能的重新确立,利用过去的实践作为其构成性模式的组成部分。这样,实践总是包括一个视域的未来、一个历史以及一个延伸着的现在。

一个实践"包括"它的未来,这里的"包括"是在一种很强烈的意义上:实践现在是什么样子在一定程度上依赖于它未来的发展。把现在的实践等同于一个未来实践的过去,就科学实践来说目前还没有得到重视,它的目的指向对现在未知的揭示。正如汉斯·尤格·瑞恩博格在讨论现代细胞生物学和病毒学时提出的:"在一个科学家不断自发重复的过程中,新的东西变成某种已经出现的东西,尽管被隐藏起来,作为研究的目标来自开始:一个正在消失的点,一个目的论焦点。没有1950年的鸟类肉瘤病毒,[佩顿]罗斯(Rous)的肉瘤病毒将保持为某种不同的东西。* 但是:1950年的病毒必须被视为如下可能性的条件,即把罗斯病毒视为它一直不是的东西:未来的病毒。新的在突现时并不是那个新的。"[1]

接下来,构成实践的活动和事件模式在一个关键的意义上是规范性的。一个模式构造了一个实践而不是某种其他种类的规则性,它是一个正确的模式或适当的执行。对温奇来说,一个活动是一个正确实践的实例,如果它符合于构成这一实践的规则。相比之下,对布兰德来说,实践的实例仅仅是由涉入这个实践的共同体的回应决定的。如果这个共同体的回

* 译者注:佩顿·罗斯于1914年发现某种病毒能导致癌症。

〔1〕 Rheinberger 1994: 77.

应表明它是正确的。一个活动就是正确的，因此实践总是包括了一些这样的事件，它们被作为对正确或不正确实践构造模式的不同回应，实践的维系取决于这些不同的回应能否有效地创造和维系最正确持续的模式。[1] 【138】德里弗斯还提出了第三种说明，是成功还是失败地接近实践的临终点是构成正确执行的要素：例如，任何完成钉钉子的活动就是一个锤打的正确事例。德里弗斯承认，对于实践来说规范最终还是必要的(没有社会规范，就无法建立复杂的指称总体，包括钉子、板子、屋子等等，其中钉钉子有其位置，而没有锤击的位置)[2]，但是他坚持，熟练的实践更基本的是由近似成功的操作所构成。有助于理解熟练活动结果的规范，与其说是像锤击一样构成了实践，不如说是“使钉子和重击成为可能的自然种类以及因果律”[3]。当然，按照所有三种观点，维护并因此保持实践的“规范”不需是明确表述的原理，也不必要发挥为其维系的实践进行辩明的功能。相关的规范因此最终就是“做了什么”，就如维特根斯坦提出的，对一个规则的辩明最终被耗尽，以及海德格尔提出的这个世界上每天存在的那个“谁”是这人(das man)，“这任何人(the anyone)”。[4]

我自己的观点吸收了布兰德和德里弗斯的观点。我拒绝温奇的观点，因为它排除了实践在时间上变化和发展的可能性。违背先前包含了所有但只是正确的实践事例的规则，可能标示了正确操作的有意义模式的继续。但是布兰德和德里弗斯也犯了类似的错误。他们都提出了一个最终的仲裁者，来断定一个实践被正确操作的规范：布兰德的结论是，相关共同体如何回应构成了实践规范，而德里弗斯乞援于熟练实践的没有言明的目的。此外，这些标准的终极性来自它们对布兰德和德里弗斯理解何为一个

〔1〕 不过，正如Brandom指出的，对正确和不正确实践的不同反应，只是在这些反应引起了不同反应之后才能算做规范性的反应。结果不是一个无穷倒退，而是一个相互联系的实践网络，这个网络只有通过解释性联系或翻译才可以确定。尽管同样的行为也可以进行因果性说明，但其主张是，这样一种因果说明将忽略同一事件复合体中的重要模式。Dennett(1991b)讨论了这类模式的实在性，这些模式要求正确的解释立场以能够被辨认出来。

〔2〕 Dreyfus 1992：ms. 4.

〔3〕 Dreyfus 1992：ms. 4.

〔4〕 Wittgenstein 1953：part. 217；Heidegger 1962：sec. 25-27.

【139】 自由人类主体的意义:一个公认的共同体成员或者一个熟练的身体。布兰德和德里弗斯允许人成为主体,但只是通过介入实践,他们不允许作为一个主体同样是被情境化于历史与文化之中。不论哪种情况,都没有提出一个能够具有所声称的构成终极性的标准,因为,无论是谁属于共同体,还是什么可以算是一个重要的结局以评估熟练实践是否成功,这些都无法事先就固定下来。

就布兰德来说,谁属于适当的共同体,不是也不能在操作和回应的行进模式之前得到解决。恰恰在结局之前一直保持的共同体可能破碎,而正是为了这一结局而加强了那些正确实践的规范。此外,破碎本身也是可以被争夺的:有些实践者仍会把自己视为属于一个共同体,而其他人则坚持至少有两个,或一个也没有。不过,德里弗斯同样不能(尽管他本人希望)认为共同体及其规范对于实践来说是必要的,但不是构成性的,因为熟练实践最终是由实践的结局决定的(因此是由决定技艺之恰当性的社会规范决定的)。一个被设想为熟练的实践,像锤击,被当做是熟练的,仅仅是因为这些技艺造成的世界的模式的改变被认为是重要的成就。然而此成就的重要性依赖于其他对它回应的方式。正如我们将要看到的,构成实践的模式要求不断地调整实践者与共事之人、所做之事、所事之对象、做事目标之间的关系;这些关系中的任何一个都不会在维持一种行进着的实践模式中获得特殊地位。

这第四点表明,实践不断被定制只是在如下意义上:它们的连续性通过规范性约束而得以维系和强化,这是说,由环境对那些维系和强化这个实践的活动与那些反对或脱离它的那些活动进行的不同回应而得到维系和强化。〔1〕我们可以接受布兰德的如下主张,即一个事件被认为是正确的或不
【140】 正常的事件,其依据是,那些被承认为实践者的人如何对其进行回应(尽管

〔1〕 用心的读者会发现,至少以这一基本的方式,我把实践视为有机体的各种行为模式,因此很清楚,我不是把实践限制在人文科学的观念上。组成实践的活动模式只有通过某种“规范性立场”才是可以辨识的,这一立场很像是“意向性立场”,Dennett(1987)把“意向性立场”视为构成意向性的模式之表现的可能性条件。Okrent(1991,以及即将出版的著作)提供了一种对意向性的说明,它强调了目的论和行动因,并明确地考虑到了非人类有机体的更基本的意向性。

他们的回应可能是由此活动对其他实践者或事物产生效果促成的)。此外,这些不同的回应必须以某种方式相关于这个实践是否或怎样被继续的:对正确和不正确实践的回应必须显而易见地各自鼓励或阻碍了正确或不正确实践的继续。但是这些回应只需要在表面上是有效的(而不是说因果决定性的),其理由,布兰德在一个稍微不同的语境中进行了详细阐发。对他来说,自由和因果,规范控制的实践和因果律控制的运动,它们之间的区别必须被理解为社会的和实践的区别,而不是一个客观意义的差别。[1]实践不是依赖于实践者的客观的自由,而是依赖于能够根据规范行动的实践者是否相互理解了并回应了。与此相似,划分正确和不正确实践的不同环境回应所引起的问题,不是这些回应在维系正确回应模式上是否有效验,而只是这些回应是否持续是重要的(这是说,是否持续存在一个可以识别的实践模式,其中,区分正确和不正确实际的回应被认为是对实践的继续做出了贡献)。

因此实践观念的核心是实践被其实践者理解为执行了的。这个主张随之暗示了实践只能在一个反抗的背景中存在。[2]新的实践者必须被社会化到实践之中,而其前辈的背叛必须被纠正、镇压或控制,环境必须被(重新)组织以有助于其不断进行的再定制。这样,实践通常包括了(在某种程度上构造了)权力关系。实际上,正如我们即将看到的,在权力关系和体现科学知识的实践之间存在着密切而重要的联系。[3]但是,这些联系经常被误解或忽略了,其原因不仅仅是因为科学知识的具体化,还因为,在社会和政治理论文献中对权力的标准解释不足以理解,在科学知识处于其中的实践中,权力关系所具有的地位。[4] 【141】

这些差异、权力和抵抗的关系部分上构成了实践,不能被仅仅描述为

〔1〕 Brandom 1979:190-192.

〔2〕 在后面的几章中会越来越清楚的是,"反抗"既包括事物的反抗,也包括行动者的不服从。这一用法不是不同种类现象的混淆,而是认识到它们之间难以割断的联系及相互可改变性。

〔3〕 权力和知识之间的关系将在随后的几章中得到更广泛的讨论,特别是第7-9章。

〔4〕 关于权力的最有影响的批判性讨论(以及对权力的更充分、更有建设性的说明,并补充了我在1987b中的讨论,以及预示了我在下面部分中将要讨论的内容)的文献,可参见Wartenburg 1990。

特殊实践的捍卫者和反对者之间的斗争。我的第五个论点表明了:为什么这样一个描述是不适当的,因为它错误地提出,一个实践的同一性(同样还有那些支持或反对它的群体及有厉害关系的人)已经被其历史和持续的再定制固定了。认为实践以这种方式被固定了,这种观点低估了它们的规范性及其不会在时间上结束所具有的重要性。相反,一个实践的同一性和重要性通常在其持续的再定制中是处于争议之中的。作为结果,实践是完全开放的:一个随后的行动是否被当做一个实践的继续、变化、背叛或反对永远不会被它过去的事例所固定。〔1〕当然,这些事例相关于一个实践的同一性及其继续,但是它们不能决定是否新的事例例示了实践。新的事例本身也许构成了一个对其前辈的再解释。社会建构论对实践的解释未能充分考虑到实践之社会维度的这一开放性。当他们坚持认为社会关系或利益是说明性的,他们就事先关闭了如下可能性:这些关系或利益,甚至它们社会角色的创造,可能在实践的继续中是处于争议之中的。

实践完全开放可以借用阿拉斯代尔·麦金泰尔对历史传统的描述来适当地描述:“构成实践的,是这个实践的不同解释之间的冲突,这个冲突本身有一个历史,可以进行相互竞争的解释。”〔2〕这些冲突着的对实践的
【142】解释不需要被明确地表达。有人仅仅是通过联系一个实践来解释它;一个人的联系重新解释了这个实践甚至是因为它继续了这个实践。实践因此是向语义学漂移开放的,同样是向原则上的重新解释开放的(这二者的区分不是很尖锐,因为相关原理自身也未能免于随后的漂移)。正如史蒂夫·富勒就语言实践明确提出的:“这些实践仅仅存在于从一个语境到另一个语境的再生产之中,这种再生产只是在不断把知识改造以适应社会环境时发生的。然而,要对各种局部适应的相互连贯性进行系统检查。如果没有什么反对,那么一切顺利。”〔3〕当然,在这些条件下,一个实践可能会发生相当

〔1〕 Kripke(1982)有一段著名的论证,指出了规则的开放性(或实践一独立)特点。尽管Kripke的讨论引起的兴趣类似于我的有关实践的讨论所引起的,一个关键的区别是,他(在我看来,错误地)以为,规则的结果一开放性引起了一些显然是怀疑论的问题,即是否一个行动能被视为遵循了一个规则。

〔2〕 MacIntyre 1980:62.

〔3〕 Fuller 1989:4.

大的变化和多样化，对这些变化人们或多或少没有注意到。富勒因此重新强调了规范对形成实践的重要性：一个实践的持续再生产的连续性程度，依赖于规范性回应在何种程度上强化了这个连续性。实践受到维护以防止背叛，如果这一维护越不彻底越不严厉，那么就越容易漂移。但是这种维护本身不是实践之连续性的保证人；维护实践的那些规范性回应本身就是实践，同样会遭受语义学漂移。

根据构成性模式来明确描述一个实践，其中部分困难是实践不仅仅是由组构它们的明确活动构成的，还有这些活动是为了什么(实践中问题何在)以及它们的成功和继续会对谁造成什么利害。正如我的第六个论点指出的，实践很要紧，它们如何要紧，为什么要紧，以及作为实践所有的不论什么完整性对谁是重要的。如果一个人没有掌握实践的问题或要害，那么在一个很重要的意义上他没有理解实践。实践中的问题和利害本身也不能免于重新解释和漂移，正如为此利害而处理此问题的活动的行进模式不能免于重新解释和漂移一样。总而言之，相反的情况是对的：恰恰是因为，一个实践中什么是问题所在，以及关于这个问题的各种冲突中什么是利害所在，被设想为是“任何人都知道的”，所以这些问题和利害常常只得到了【143】不完全的表达，因此不容易受到规范性约束的影响。实际上，在很多情况下，正是试图表达一个实践如何要紧的努力，意味着承认了一个相当大的漂移已经发生，并因此表达了对失去的目的统一体假定的怀念。

我的第七个论点考虑的是行动者在实践中的作用，这要求更广泛的讨论。对“实践”的各种人文主义解释集中于实践和世界中其他不断重复模式之间的明显而重要的差别，也就是说实践总是被某个人或其他什么人完成。此外，在这一点上有一个关键的问题：行动者之间，这是指，那些涉入实践的人，可能相互之间存在道义上和认识上的责任，明显与他们和非行动者之间的关系不同。例如，布兰德思考了关于自由人的康德主义概念，他们的理性和尊严都需尊重，而布兰德、德里弗斯和温奇都坚持，行动者的实践应该被解释或转译，而不是因果说明。我同意这一点及其后果具有重要性，但是我的说明不一样。按照我的说明，实践总是包含着做的事和做事者，以及这些事情相关之物。实践因此不仅仅是行动者所做的，还有复杂的相互关系,在这些复杂关系中他们的所作所为才是可以理解的。[1]联系实践的行动者因此属于实践,而不是相反的情况(实践属于行动者)。[2]正如实践中利用的客体通常不完全地被实践所构成(同样一个客体可能会以各种不同的面目出现在其他实践之中),因此涉入某个实践的行动者通常会涉入很多其他实践。在这个意义上,行动者明显地存在于他们涉入的实践之外而不仅仅是这些实践的一个部分。但是,如果完全脱离了他们涉入的实践,行动者不会有一种同一性,因此,行动者是谁或什么部分上是由他们涉入的实践构造和/或改变的。因此,无论是在强的意义上还是在弱
【144】的意义上,行动者都"属于"实践。一方面,一个对实践的充分描述必然要包括对(也许)联系其中的行动者的描述。在强的意义上,一个行动者属于一个实践,这是指:对这个行动者(以及这个行动者的行动因)的充分理解包括对其涉入实践的说明。

这一点的重要性是区分行动者和非行动者的基础。对德里弗斯和温奇来说(有不同的背景),在那些属于自然科学领域的事件和那些除非作为熟练的行为或规则—控制的行动否则就不可被充分理解的事件之间,似乎存在客观的差别。相比之下,布兰德否认在可转译事件和可说明行动之间存在客观上的不同,因为他认为同一个事件可以用两种方式得到理解(尽管有些情况比其他情况存在更大的困难)。行动者和非行动者之间的差别是社会的和实践的差别,但有着相当的道德上和认识上的后果。对布兰德来说,这是指,谁是一个理性的行动者,配得上尊敬并值得转译,是由承认他如此的共同体决定的。我对实践的说明追随了布兰德,否认在行动者和非行动者之间存在任何客观上的差别;这些差别是在实践领域内被造就的,只有根据从实践中获得其同一性和重要性的歧视才可理解。不过,共同体判断并不完全像布兰德提出的那样有权威性。

困难仍然是共同体的同一性和界线不需要被清晰地和分明地确定。

〔1〕 这一表述及其需要来自我与 Mark Okrent 的交谈,在此致以诚挚的感谢。

〔2〕 当然,联系实践的行动者不需要是个体。实际上,谁或什么可以作为一个行动者,在各种实践中,这本来就是一个问题,而不是由无时间性的各种行动因本质或不同种类的潜在行动因非历史地确立了的。

谁可以被视为一个行动者或人的共同体的成员，被设想为是由这个共同体成员之间的相互回应决定的(例如，哪一个实践被视为是合理的实践而被理解或解释，以及哪一个实践被认为是自然的实践而被说明或操作)。这些类型上的不同本身以相同的方式被区分；什么是针对于其他行动者的合适的回应，是由共同体的回应裁决的，无穷倒退被行为整体上的规则性所停止。布兰德断定："对于要联系一个社会实践网络的我们来说，没有这样的要求[一个正确性的客观标准]在应用；要求的无非是共同体内部就每一个实践的合适行为是什么这个问题上的充分一致。"〔1〕

这样一种一致足以使实践进行而没有无穷倒退，但仍然包含一些抵抗 【145】
和异议。正如萨缪尔·惠勒指出的，像"共同体"或"文化"这样的词语"掩盖了互不相容的群体的多样性……一个共存着、重叠着以及相互作用着的群体和个人的松散混合"〔2〕。即便不是每个人都平等地参与决定什么可被视为共同体的回应，统治性解释也不是在每个地方都是完全权威性的。这样，自由的以及有责任的行动者的共同体的界线经常是被争议的和模糊的：性别的不同，种族或民族性，社会地位或阶层，等等，经常划出一些争议的领域，其中"'我们'没有被权威聆听，没机会什么时候决定说什么的那些人仍然设法被聆听，有那么点……'文化'是一个过度简单化的词，这么说并一定意味着没有利益在负责，只是说这个责任不能是全部"〔3〕。模糊性来自实践的相互关联性。试图维持一个或更多社会群体的社会统治可能会要求调整他们在其他地方的言行，或者认为可以接受或可以理解的言行，并且这些调整也许没有被十分连贯地制定出来。我们不能事先说这些调整将在哪里破产，因此在布兰德说"共同体对谁是他的成员有最终发言权"〔4〕是不完全正确的。如惠勒犀利地指出的：

通常，一个霸权话语不能使人们保持一致，[因为]我们有某

〔1〕 Brandom 1979：191.
〔2〕 Wheeler 1991：208.
〔3〕 Wheeler 1991：209－210.
〔4〕 Brancom 1979：191.

> 种像实在这样的东西阻挠着统治者强加的结构。统治意识形态[或]文化"理论"是对快乐和痛苦以及有价值的和可鄙的事物的编制。但是这个事例中的"材料"尽管不独立于霸权的概念方案，但是抗拒它，不过是没有为下层阶级做好事情。在实践里，快乐与痛苦是某种类似科学中"观察"的东西。不存在"纯材料"，而是世界困扰着"理论"。〔1〕

如果行动者和非行动者之间的区别在实践范围内得到了确立，那么，这个区别既不是被客观地决定了的，也不是社会决定了的。重要的是与世
【146】界之间不断进行的实际互动。

关于动因(agency)在实践中的地位的这一点对理解科学实践来说非常重要。社会建构论对科学实践或行动因的说明通常追随了布兰德，他坚持认为，在社会实践问题上，共同体对正确或错误行为的规范上所具有的权威是不受限制的(当然，社会建构论者与布兰德之间的关键区别在于把自然科学知识包括在社会实践之中；他们接受他对社会的和客观的事物一种类的二分，但坚持后面那一类是空洞的)。〔2〕在我对科学实践的说明中，我否认它们的结果可以被解释为客观决定了的(不论是被真实的自然事物或探究的合理必然性)，或者是社会地被决定了的。在实践中显现的世界的规范性结构必须被理解为先于任何对行动者与其环境、社会与自然或人类与非人类之间的二分。

在行动者和非行动者之间的争议界线既不能客观地解决也不能社会地解决，这一认识对于理解科学和技术的政治和文化意义来说尤其重要。那些具有值得重视的道德地位的事物，与那些可能被视为对所有道德上重要存在(beings)有作用的事物之间的界线，在关于科学技术实践的争议中，

〔1〕 Wheeler 1991：209.

〔2〕 很多经典的社会建构论文本(例如 Bloor 1991，Barnes 1982，Pickering 1984，Collins 1992，Woolgar 1988c)用一种温奇式的、维特根斯坦式的或奎因式的语言进行了表述，如规则、约定、生活形式、网络或信念之网，而不是追随 Brandom 求助于社会实践。只要进行一些实质性修改，观点是一样的。

不断成为问题所在。生态系统的行动因与道德尊严，濒危物质，或生物学环境（"大自然"）一直是环境主义政治学和科学的基本问题。很多女性主义理论家发现，性别政治学不仅是关于男人和女人之间的关系，而是恰恰集中于如何理解行动因、身体、合理性以及自然与文化之间的界线，并且，这些理论家因此认为"科学的问题"是女性主义的核心问题。关于人类研究主体的道德地位、实验室动物、胎儿组织或基因组直接在他们自己的研究中得到处理。人文主义者和社会建构论者的实践概念没有得到适当的 【147】
处置以理解当代科学和政治学理解的这些维度，因为他们提供的试图事先解决争议的行动因和知识概念是通过哲学命令。[1]

现在我可以考虑我的第八个论点。正如前面的讨论应该清楚表明的，各种对实践的人文主义说明可以被理解为解释意向性的努力。[2]规则—控制的行为，回应性的社会承认，或者熟练的举止，是精神表象的替代，描述了朝向世界的有意义的定向性。然而对实践的人文主义解释仍然显露了与他们想替代的笛卡尔传统之间的重要连续性。经典的笛卡尔主义的精神表象概念认为，心灵"中"的思想在本体论上与"外部"的客体截然不同。不论精神表象真实地区分于事物，还是属于对事物的独特描述层次，它们的"主体性"特点在种类上极大地区分于物理客体的客观性特点。此外，强调精神表象的哲学家们试图尽可能"狭窄"地明确精神表象，这是说，他们尽一切努力只使用精神表象之间的关系，而不参照他们声称要表象的客体的本质或与客体之间的互动。[3]按照我的说明，实践与世界的关系显得比精神表象更不晦涩。然而，人文主义对实践的说明仍然把它们分析为"外部"的和"内部"的，不论一个实践的"内部"是其根本性规则，社会承认

〔1〕 我在其他场合更加详细地讨论了对自然进行科学解释的政治重要性，特别是 Rouse 1987b：第 6 - 7 章，1991b。Haraway(1989，1990，1992a，b)；Latour(1987，1993)；以及 Pickering (1995) 也以不同的方式坚持认为，科学论不能把自然和社会世界之间或自然客体和人类行动者之间的界线看做是当然的。

〔2〕 因此，例如 Brandom 的主张，即遵循规范的行动和可因果解释的行动之间不存在客观差别，这一主张紧密地联系于 Daniel Dennett 的主张，即意向性不是事物的一个属性，而是一种解释的策略，其在任何特殊系统中的应用依赖于解释的目的，参见 Dennett 1987。

〔3〕 参见 Fodor 1980，他给出了关于这样一种笛卡尔式的精神表象概念的当代纲领性说明。

的模式，或者熟练的参与。实践是主体超越自己的定向性样式。

为了理解我与这些人文主义实践解释的分歧，快速盘点一下有关意向性的论证地带，也许很有用处。很多哲学求助于实践以试图替代意义的自【148】然主义说明，后者把意义视为信息流的可解释的因果过程或自然选择了对一个环境的回应。[1]非自然主义说明通常将意义视为被赋予的，而不是世界的自然要素。非自然主义者们一般会把被赋予的意义置于精神的“内在”意向性之中[2]，而人文主义对实践的说明则把意向性置于主体间以及与其环境之间不可还原的相互作用。在很多最有名的说明中，意义通过相互作用而被赋予，这一过程的完成，或者是通过解释（戴维森或丹尼特），或者通过承认（布兰德），或者通过熟练的举止（德里弗斯对海德格尔的解释）。我认为，每一个解释都有自己正确的地方，但是所有这三种解释也都犯有错误，那就是仍然把冗余的主体性的意义“赋予”和它的自然主义出现对立起来。

布兰德对传统区分主体和客体的方式进行了思考，并提出了自己的替代方式，因此有效地集中讨论了这一问题：“社会实践构造了一个物种，通过共同体回应而个体化，它们的事例都是共同体认可的任何不管什么事例。客观的种类则是那些与共同体是否认可无关的事例。”[3]依然是种类之间的区分，“主体”被重构为承认回应的社会模式，而不是个体心灵或想法。实际上，布兰德区别了“社会世界”，其中共同体回应具有权威性，以及客体的“自然世界”，它的决定“无视任何特殊共同体对决定的看法”[4]。他因此试图标示出一个中间地带，一方是自然主义，对它来说“社会世界”的有意义性是可自然地解释的，另一方是社会建构论者，他们会坚持社会世界的本体论优越性，其中共同体回应确实决定着什么是（这是说，什么可算作）一个自然决定。我试图拒绝所有这三个提议，主要通过拒绝自主的社

[1] 当代有影响的关于意向性的生物学和信息—理论的说明，分别参见 Millikan 1984 和 Dretske 1981。

[2] 关于精神内在意向性的、复杂的当代讨论，可参见 Searle 1983。

[3] Brandom 1979：188.

[4] Brandom 1979：188.

会和/或自然"世界"中间的区分。社会建构论者们在这一点上是对的，即它们认识到"自然"客体没"有"同一性或决定一个实践领域之外的属性和 【149】关系〔1〕，但他们（与布兰德一起）错误地认为共同体回应在这个领域内是权威性的。正如我们已经看到的，谁属于相关共同体，这可能是实践的更进一步表达中的问题所在，而并不决定它们的结果。错误部分程度上在于低估了社会实践的物质性或"体现"的重要性和高估了"共同体"及其对行为进行回应的明晰性和统一性。进行适当的补救要把实践理解为这样一个领域，其中客体的决定以及行动者的作为及回应是可以理解的。这样的一个概念仍然是非自然主义的（实践的规范性不能被还原成因果关系），但它消除了意义的冗余含义，即它是某种由主体活动赋予的东西。后一点可以两种截然不同的方式标示出来。首先，正如我在上面提到的，谁或什么可以被视为主体或行动者，以及作为一个行动者意味着什么，这是历史地处境的；它出现于一个实践的领域，而不是构造了它。第二，组成实践的进行模式是世界的模式，在这个世界中，行动者的活动被处境。也许有人会说，活动的主体在构造实践中的角色不是意义的赋予或强加，而是对其社会化的回应。

这一主张无疑最初显得让人困惑，但是德里弗斯试图将意向性奠基在熟练举止之上的努力也许可以详细说明这一点。德里弗斯说明的贡献是双重的，既强调了实践的身体性方面，也承认实践的同一性依赖于正确的处境或环境以及正确的活动。在第一点上，布兰德对实践的说明奇怪地使人想起心灵哲学中的功能主义，因为它似乎不关心社会实践是如何在物质上实现的。或者也许更重要的是，它容易使人把语言学理论当做一种理想的结构，它的语音的、表意的或字母的物质化没有任何主要的含义。对德里弗斯来说，意向性之指向性的范式事例既不是语言学表象，也不是感知表象，而是熟练的身体活动。这种活动逐渐显现每一种身体可能性并清楚 【150】

〔1〕 Rouse 1987b：第5章，详细讨论了为何拒绝对"自然"世界的心灵—语言—独立的实在论说明，以及这种说明如何与常识关于事物的看法相一致，即事物不总（或经常）是我们想要的样子。

地表现出行动者身体的物质外形。[1]

不过,德里弗斯的第二个贡献也许更关键。熟练的举止不是将意义强加于事物之上,而是对事物的有意义的回应。可以肯定的是,技艺从如下方面涉及事物:熟练地用一支钢笔写划来回应它(钢笔),不同于精确地投掷它来回应它,它的相关“属性”取决于这些不同的目的。然而对事物的熟练使用总是取决于它们特殊的性能:那些会写字的人很容易适应圆珠笔、自来水笔。此外,如果没有正确的工具处于正确的环境,一个人就不能参与熟练活动。有意地在缺少一个适当客体的条件下尝试同一个运动,要求一个物理上不同的运动(一个人的身体举止在这个实践里回应于由客体实际提供的特别抵抗)[2]并构造一个显著不同的活动。在一个作为意向指向性样式的熟练活动中,处于某一特殊环境中的行动者的关系综合体,在一个重要的意义上既先于行动者的行动和目的,也先于任何周围事物的可独立确定的属性。事物根据其对可能活动的重要性而变得明显,而行动者的活动和可能性由她的环境提供的事物所构成。

我正在把实践更一般地描述为情境化的活动模式。于是,我希望推广情境(为可能行动而有意义组织的环境中的行动者的关系综合体)的这种优先性,将其置于它们包括的主体/行动者和客体之上。德里弗斯以不同的方式解释更复杂的意向表现:他接受对这些表现的更传统的表象论说明,但把它们视为以某种方式“建立”在熟练举止的一些相对简单的事例中的“原始的”意向性的基础之上。我认为,如果没有这样一种实用的基础主义,我们会更好,因为简单事例只是在一个更大的实践结构中获得它们作
【151】为熟练实践的重要性(参见上文关于第三论点的讨论),而且还因为德里弗斯希望以不同的方式来处理社会和语言学实践,显得既无动力也无充分理由。可以承认的是,所谓“非原始的”实践对适当物质环境的依赖性要更加

〔1〕 Butler(1987)从所有把身体视为“自然”的观念中,区分出身体的物质性,把身体描述为一个文化的情境,以削弱性别(gender)的文化解释和性(sex)的自然实在二者之间的区分。Butler关于性与性别的讨论推广到Dreyfus的熟练活动概念,因此熟练操作的意向性可以是彻底物质性的,而不用假设一个已经给定的身体可能性的自然根基。

〔2〕 我们日常实践处理事物的这些特点已经为Merleau-Ponty 1962:第1部分第1章注意到了,Todes 1966进行了强调。

复杂，因为绝大多数有趣的实践都与世界中的客体有着多重关系，这些客体可以发挥设备、最近的客体、障碍、周围环境以及更多的功能。实践还更明显地包含了复杂的社会关系与规范。但这一点只是提醒我们注意到我们对在实践中熟练协商的情境的分析所具有的复杂性。

科学实践是一个特别有价值的案例，因为它们清楚地包含各种熟练操作和辨认，德里弗斯会将这些描述为"原始的"熟练执行。[1]然而任何试图将这种熟练执行从社会规范和语言学辨认——这些被假定为建立在个人处事技术的基础上——中离析出来的努力看起来没有什么希望。实际上，它使我们想起更传统的基础主义所面临的困难，即需要把基础性感觉经验与解释它们的语言学和/或理论建构离析开来。此外，科学实践似乎还特别清楚地体现了这样一些活动的类型，即离开局部物质环境，就不能被感觉地理解；这是我在《知识与权力》中某些讨论的核心观点，在那本书里，我广泛地讨论了在实验室、诊所或实地场所的制度性背景中，受控微观世界的建构和操作。[2]

这样，尽管德里弗斯适当并重要地承认了实践被体现和处境的方式，但他试图把意向性构想建立在熟练举止的基础上，此举有三个方面的相互联系的缺陷。其中第一个缺陷我已经在别处进行了讨论，也就是德里弗斯的明显的本质主义的自然科学观，以及相关地试图保留一种弱化了的自然类和因果关系的实在论，他认为，"现代科学"实践的目的就是要揭示这些 【152】
自然类和因果关系。[3]第二，我相信德里弗斯在下面这一点上也是错误的，即他试图把熟练举止构想为意向性的非社会(asocial)基础。正如我在上面指出的，不参照对假定技艺和成就的社会回应，他就不能说明熟练性

〔1〕 实验和工具技能在这里显然具有重要性，但是 Drefus 关于人工智能的关键研究也正确地使他把人的智力能力，如玩象棋，包括在他的原初的技巧性身体举止之中。可以设想，熟练的科学家能够"居住在"理论模型之中，并能对它们在特殊问题情境中的请求做出回应，就像 Dreyfus 所说的象棋大师在棋盘上对情境的掌握一样。

〔2〕 Rouse 1987b：第 4 章论证了受控微观世界的局部知识所具有的重要性。

〔3〕 参见 Rouse 1987b：第 6 章和 Rouse 1991b。Dreyfus 致力的东西，正是我拒绝的东西，即作为"非语境化"实践的自然科学的统一性，和作为非语境地展开了的世界的因果结构的相关统一性。对科学的此类具体信念的批判性讨论，可参见 Dupre 1993。

的规范性决定。此外，我怀疑，这两点之间至少有一点重要的联系：尽管他坚持身体熟练性不能被自然主义地理解，但假定身体在因果上的个人化，可能暗示了身体意向性在根本上必须是个人的。[1]最终，德里弗斯说明的非社会性明确地联系于他试图（在我看来是错误地）把熟练举止等同于某种前话语（prediscursive）的东西。德里弗斯坚持认为，社会规范性"只是在语言学层次上成为构成性的，而语言自身却是建立在由熟练活动揭示的意义—结构的基础上"[2]。我在下面讨论了这一点，我将更一般地讨论实践的话语性（discursiveness）问题。

但是在讨论话语实践之前，也许有益的一件事是重新概述一下我对第八论点的相关讨论。我在前面提出，实践不应该被理解为一个人类主体性的替代品，而是应该被理解为一个更大的关系综合体，其中主体（行动者）和主体性（行动因）被构造了。这里，我接着考虑如下问题，即如何理解实践以包含行动在其中可被理解的情境。其中心主张是，行动者处境的有意义性，既不是由个人举止也不是由从物质实现中抽象出来的社会规范所决定的；相反，它来自行动者与其物质环境和相互之间的不断互动。行动者与其中发现自身的处境已经是有意义的了，这不是因为意义建立在自然因果性的基础上，而是因为行动者总会回应行动之有意义可能性的明确结构，而此结构来自过去的实践。这样，实践的时间性就成为替代意向性的
【153】自然主义和主体主义说明的基础。科学实践的时间性所具有的重要性将是下一章的特别主题。

至于我的第九个论点，与之相关的问题是，在一个更大的实践概念中，话语或意义表示所占据的位置；与此相关的问题是如何理解话语实践，这要求比我在此能提供的讨论要广泛得多的讨论。我的有限目的是表明，这些问题以及我对这些问题的回应合乎我在这里概括的更大的实践概念。在第 8 章，为了讨论科学论的目标，我就这一论题进行了更广泛的讨论。我反对两个截然不同的进路或趋势。首先，我希望反对对语言和科学实践

〔1〕 越来越多的女性主义文献讨论身体的个体化和建构中的自然和文化的考虑，这是对所谓个体的人类身体的自然统一性和认同的有帮助的对位。参见 Butler 1990，1993。

〔2〕 Dreyfus 1992：ms. 8.

及科学知识中语言的重要性进行表象主义的说明。这是说,我希望根据话语实践来理解语言和语言使用,而不是从状态或事态的有意义表象来理解。〔1〕其次,我反对试图以贬低或缩小其话语维度的方式来理解实践。正如我在上面指出的,德里弗斯对实践意向性的说明就是这样一种做法。德里弗斯受到早期海德格尔以及梅洛·庞蒂的影响,他把熟练实践理解为身体上与世界的联系,在某种意义上比语言更基本(我怀疑,部分是因为说到底语言是被表象地构想的)。不过,一个更主要的相关例子是我在上文描述的对科学实践的唯物主义解释。我希望反对这样的科学哲学、科学社会学或科学史编史学,它把科学实践的语言维度还原为某种类似"修辞力量"或"文学技术"的东西。〔2〕科学实践中的意义表示(包括隐喻和模型,以及所谓的"文学"话语)太丰富,太有创造性,并且太重要,以至于不能以这些方式得到充分理解。

我反对的这两个趋势之间有一种敌对的关系。科学论领域内最近强调社会实践物质性的一个重要动机,显然是不满于科学哲学和科学的内史 【154】 传统,它们大体上假定了科学语言的表象主义说明。而对内在论和表象论传统来说,其动机则是突出科学实践的话语维度。我的回应的核心是,你可以强调与"实践工业"〔3〕相一致的科学实践的物质性而同时仍同等对待科学实践的话语丰富性。关键的一步是不再把表意视为理想的(ideal),这是说,一个意义或内容的物质表达同样可以以其他方式表达出来。〔4〕弗雷格和胡塞尔的经典说明是反对语义学中的自然主义;我的回应不是再回归到自然表意的教条,而是主张表意总是对世界本身的一种不可还原的重构。我们通过反思科学实在论那些表面上反弗雷格主义的主张来认识这一点。正如我在本书前面部分中讨论的,实在论者们需要区分世界以某种方式存在与我们的表象描述的它存在的方式,以询问一个人是否以及如何

〔1〕 对语言的表象主义和非表象主义说明的讨论,参见 Brandom 1976 和 Rorty 1991。

〔2〕 我所说的对科学实践的唯物主义解释更多地是一种趋势或主题,而不是一种关于科学语言明确的理论。这个方向上的杰出工作,有 Shapin and Schaffer 1985; Smith and Wise 1989; Fuller 1988, 1989; Latour 1987; 以及 Galison 1987。

〔3〕 我的关于科学论中的唯物主义趋势的说法,要感谢 BettySmocovitis。

〔4〕 对表意理想性的经典说明,见 Frege 1970 和 Husserl 1970。

回应他人。我的进路拒绝实在论对这一假定的两方面理解。世界不是以某种“方式”存在而不是另外一种,除了一些表意的实践,通过这些实践,不同的可能性选择能够被区别和清楚地表达,而是:这些实践只是在世界中表示意义(这样它们被作为意义表示及以某种有意义的特殊的方式表示意义,只是通过它们与世界之间的有规则的、不断的联系)。

表明这一点的另外一种方式是,没有语言之外或“之后”(behind)的方式,在这一点上,奎因和戴维森把握这一点的方式是用翻译或解释实践来代替“观念的观念”(idea idea),同时坚持这一解释的发生总有一个未经分析的母语的背景。在客体真实种类的自然分割中,或语言、概念方案、社会语境或文化中。没有固定的指称点可以停泊意义表示和解释,解释总是在实践中结束(活动通常不是因为非决定性而失效的),但这是出于实际的理由,而不是因为它达到了一个最终休息的地点。

当然,不是所有的物质事物都表示意义。在这个意义上,似乎意义表
【155】示处于世界中可以明确的部分,也就是说,那些事物可以作为符号发挥功能。然而符号表意只是通过属于更广范围的实践,它作为一个整体向世界开放。只有通过参照由不断实践(包括表意实践)构成的周围环境,这些符号才不会被认为是一些涂画和噪音。[1]不过,正是这些实践本身使得世界展示为拥有一个意义的构造。这一点很难把握。我感到我最初能应付它是在反思维特根斯坦关于“期望”的讨论时:“正是在语言中期望和它的实现相遇了。”[2]维特根斯坦指出,各种可作为“期望”的行为和环境,并不先于使用“期望”这个词来讨论它们的实践而具有某些统一性的属性(或者甚至家族相似)。在这个意义上,语言学实践在这个世界中引入了这个可能的区别。然而“期望”不是已经有了一个意义,除非在此情境中使用它的持续的实践;表意和世界的有意义重组一起发生(并且二者的持续只在于实

〔1〕 这一点不应该被认为是暗示了涂画(marks)和噪音(noises)可以从它们的语义学意义中分离出来,任何多于自然身体的东西都可以从其文化解释的可能性中分离开来(参见前面的注释49)。

〔2〕 Wittgenstein 1953: par 445. 有关“期望”的讨论包括第 444 - 453 段以及第 569 - 586 段;我感谢 Meredith Williams 让我注意到这些段落的重要性。

践的不断再生产)。当我们充分理解了符号的这一特点,我们可以看到,它们是彻底物质性的;它们通过它们在不同环境下实际重复为同一个东西而表示意义,不是通过任何理想的可复制性。它们的表意因此位于世界之中而没有清楚的界线。意义表示实践的开放性因此是空间性的,同样也是时间性的。它们作为一个整体打开了世界,即便它们是局部地处境于其中。

最后一个论点主张,实践物质性地位于世界之中,而不等同于任何时间上或空间上界定了的区域,这对于把科学知识理解为处境于实践之中是非常重要的。也许有帮助的是把这一主张理解为一个自然化认识论的取消主义解释的替代选择,这种取消主义解释用关于某些空间—时间上清楚界定的区域的因果结构来代替关于知识和辩明或可靠性的言论(例如,神经生理学取消主义考虑有机体内的因果过程或它的中枢神经系统,或者社 【156】会学取消主义检查社会因果性的明确网络)。[1]取消主义能消除所有关于知识的讨论(以及相关的知识术语,如真理、辩明、推理,等等)是因为知识在世界中的位置是界定了的:知识被等同于一个(在原则上)完全可以明确的因果过程领域,不论这些过程是位于"头脑中"或是位于社会行动者的相互作用中。但是主张知识是时空上界定了的,就冲突于实践的时空开放性,因此如果知识是位于实践之中的,它就不能是时空上界定了的。

了解这一冲突出现的原因,可以回到我更早一些关于规范和实践开放性终结特点的讨论。实践是可重复的,它们的重复总是遇到蓄意的重新解释和语义学漂流。即使科学探究作为知识生产实践历史地发展起来,也可以为取消主义解释进行充分的描述(例如,可解释为个体有机体中枢神经系统与其环境中物理信息之间的因果作用,或者解释为社会交流的复杂网络的因果产品),这样一个事实不会提供任何保证,使得同一个知识实践随后的历史发展仍然是可以如此描述的。[2]要认识这一点,关键在于实践的

〔1〕 我在下面的第7章中进一步讨论了我的认知紧缩概念和认识论消除主义之间的区别。

〔2〕 这一主张自身并不提供一个论证来反对任何特殊的消除主义版本,只是有助于更清楚地区分,认为知识处于持续不断的实践之中的这一主张,与任何其他的消除主义的知识解释。毕竟,消除主义把知识(以及/或学习)等同于特别的因果过程领域,就好像它自身具有自然的(或社会的)必然性。因此,消除主义者希望事先把探究实践发生改变的可能性排除在外,改变的方式如此根本以至于不再能够根据因果决定的相关领域来进行确定。

规范性特点:任何这样的把知识实践限制在一定空时范围内将会要求这种限制得到强化,并且强化它的实践本身不一定要能限制在同样的时空界线之内。

然而,这一主张暗示了一个更一般的教训(lesson)。实践总是相互联系的,从来不相互孤立地存在,并从根本上影响着任何个别实践的不断发展。[1]一个典型的实践需要其他的实践来强化它的规范,为它提供必要的
【157】设备和资源,教育并训练他的实践者,给它赋予意义或削弱它以前的重要性,与它以前的发展方式产生冲突,并且一般来说以允许实践变得可以理解的方式来帮助构造世界。为了理解科学知识如何处境于实践之中,我们需要考虑实践是如何相互联系的,因为知识只有通过这些相互联系才能确立。科学认知不是位于某些有特权的实践类型,不论它是实验操作、理论建模或是证据基础上的推理,而是这些实践和其他一起变得可以理解。

〔1〕 尽管他的说明不是根据实践来表述的,但在他对“存在—于—这个—世界”(being-in-the-world)以及“世界的世界性”的讨论中,Heidegger(1962:特别是第12-27节)作出了对人类行为的相似解释,强调了它作为有意义整体的内在联系。

6 叙事重建、知识意义及科学实践的时间性 【158】

大多数关于叙事在知识上的意义的讨论都集中于特殊探究领域的知识对象的时间性。叙事知识的标准案例因此都集中在历史和人文科学领域，它们的研究对象是人类行动、实践和制度。如果叙事在自然科学中有一个位置，那么一般被认为在诸如地质学、进化论生物学和宇宙学领域，它们的研究对象是时空上限制了的个体（行星，物种，等等），也可以被类似地说是"历史性"的。在这一章，我提出不同的观点，认为叙事应该在我们对自然科学的理解中占有更基本的地位，它主要处理对科学实践的时间性以及时间性理解，因此并不局限于特别领域的对象。

叙事定制（narrative enactment）

最近的哲学讨论把叙事当做一个认识论范畴，这可以追溯到最初所谓的分析的历史哲学对逻辑实证论哲学的反动。对路易斯·敏克（Louis Mink）这样的哲学家来说，一个重要的考虑是恢复历史理解的自主性，远离实证主义者们把一切说明都吸收到假设—演绎模型之中。叙事是否有真 【159】
正的知识功能这一问题就是由对实证论的这一遭遇而形成的，包括如下几个方面：

(1) 这一问题只是在几个领域得到考虑，如历史、传记、文学以及也许更广泛的人文科学，对它们来说，实证论对自然科学的说明被认为是特别不充分的；

(2) 叙事被认为是一种特殊的理解模型或写作形式，也应该被这些领域采用，它的使用类似于自然科学中的理论理解或假设—演绎说明所扮演的角色；

(3)哲学讨论集中于：完成了的叙事文本(明确的开始，中间及结尾，叙事观点，等等)的结构对历史或文学理解是否重要，以及是否这些结构已经在行动或事件中发现或对它们叙事复述的人为产物。

很明显，在一些关键的论题上，向叙事的转向对立于统治着的实证论，包括科学的统一，覆盖律说明模型的普遍性，以及形式逻辑在认识论上的意义。但是它们之间也存在一些重要的相似性。叙事被认为是一个历史和文学的说明形式，类似于实证论对科学中理论和法则的解释。这样一种并行在敏克和海登·怀特(Hayden White)的工作中是非常深刻的。他们坚持叙事形式是被强加给事件的，事件按次序发生但自身并不显示任何叙事结构。敏克认为："故事不是活的，是被讲出来的。"[1]我们生活过来的无形式的序列或历史先于讲述它们的故事，敏克和怀特对历史理解的这一说明，类似于实证论科学哲学中对独立于理论的观察的说明。对于二者来说，他们都假定了在理解形式以及形式被加于其上的无形式的内容之间存在一个牢固的分离，而且二者都导致了如下一些相关的问题，即叙事或理论怎么能够被认为是正确的。

我相信，在更大的科学哲学方案与对历史和文学中叙事理解自主性的捍卫之间，存在更深刻的相似性。这两种纲领都致力于把某种知识形式合
【160】法化为人类某种一般性能的适当发展。实证论者只承认一种关于世界的知识，这种知识来自根据仔细观察的结果来构造和检验复杂逻辑结构(理论)的能力。敏克为叙事理解提供了一个复杂的捍卫，他认为，科学和历史

〔1〕 Mink 1987：60.

反映了不同的理解模式。但是敏克的说明与实证论有一个共同点：通过满足人类某种性能运用的必要条件，因此某探究领域就整体性地获得了合法性和自主性。

历史和文学不再显得急需一个叙事理解的理论来抵挡实证主义方法论帝国主义的侵犯。然而这些对叙事的早期后实证主义讨论依然是对哲学想象力的有力抑制。弄清这些联系的关键是澄清我的考虑和我对叙事的说明在何处区别于这一传统，因此可以避免严重的误解。在我对科学实践之叙事维度的说明与关于历史和文学的后实证主义哲学中出现的叙事概念之间，至少存在四点不同。

第一，也是最明显的一点是，我并不把叙事的知识意义限制在一个特殊的学科群或知识对象。叙事理解是任何科学实践的特点，而不是某一个别探究领域或对象的特点。第二，我并不关心探索结果以何种形式被写作出来。例如，我不打算提出，科学论文是披着伪装的叙事。毋宁说，我感兴趣的是，如果被处境于叙事之中，科学探索实践及从中产生的知识以哪些方式获得其可理解性和意义。第三，叙事不应该被认为为一个强加于事件的未叙事化序列之上的方案。相反，我希望提出，活动以及我们在活动中遇到或使用事物的可理解性在于，它们已经属于一个可能叙事的领域。按照我的观点，我们生活于各种持续着的故事之中，这是我们能够讲述它们或做出任何可以被当做活动或联系一个实践的事情的条件。

第四点差别标示了一个转换，不再根据完整叙事（有确定的开头，中间部分，以及结尾，并带着一种统一性的观点）来构想叙事在知识上的意义。【161】科学理解应该被处境于建构着（也许更应该说是不断重建着）的叙事之中。我将提出，在科学实践的叙事领域，没有一种统一性的著者观点能够概括整个事件的过程，因为有很多作者参与到一个持续的奋斗之中，以决定他们都处境于其中的叙事的构造。当前的科学研究不仅仅是做出某一既定知识领域中的即将发生的结果；它不断地重构着自己的过去。这四点可以用一句话概括：科学知识的可理解性、意义和辩明来自它们已经归属于不断重建着的叙事语境，这一语境是由科学研究的实践提供的。

认为科学探索只是在一个叙事语境中才是可理解的，这一主张推广了

《知识与权力》中的一个核心论点。在那本书中，我提出，科学应该在哲学上被重新定义为某种科学家做的东西，而不是产生于探索活动的一些表象。当然，人们一直都承认科学是一种活动，因为科学家们做实验，进行计算，构造理论，并写作论文。但是，说这些活动及其产品的可理解性、意义和辩明依赖于科学家们对作为可能活动领域的研究情境的实践把握，这是一个更强有力的主张。我认为，这一理解表现为一种叙事形式，通过他们的探索活动，科学家们试图用一种特别的方式来制作这一叙事。在日复一日的科学中，发生的很多事情都与如下事情有关，即出现关于行动的连贯叙事领域，这一叙事领域来自不同科学家的多样性行为，他们的目的是把故事线索推向不同的方向。只有大家共同在大体上掌握了当前的研究情境以及它打开的可能性，特别研究群体的工作才能可理解地进行，然而各种不同群体把握这些可能性的分歧不断威胁着他们共同的理解。科学知识就来自叙事连贯性及其受到威胁的阐明之间的这种持续的张力。

前一章对实践进行了充分得多的广泛讨论。在这一章，我集中讨论实践的时间性，特别是实践者对其所参加实践理解的时间维度。一个事件的
【162】模式只有在它能被解释为在某种程度上是由行动者导致的时候才可被视为实践。[1]把某人归为行动因就是把行动者理解为为了某一目的，但为了某一目的而行动是一个复杂的能力。它要求理解如何做很多其他的事情，包括如何利用适当的手段，如何结合对“为了什么的目的”进行的进一步考虑来处境想要进行的行动。一个完全无目的的或不可理解的行动在术语上就是一个矛盾。

行动在其中被执行并被解释为执行的语境因为被社会化而变得更复杂。行动的成功完成及行动者对此行动的实践理解——没有这一理解就不会被认为是行动——要求行动得到其他人的适当支持并被改造以适当地支持他人的行动和目的。除非行动被大体上正确地执行了，否则这（指行动得到他人支持并支持了他人——译者）就不会发生，这样这些行动对

〔1〕 我在下面几段中概括了行动因和意向性的概念，相关的更广泛的讨论可参见 Okrent 1988，以及他即将出版的著作；Rouse 1987b：第 3 - 4 章。

那些必须适应其行动的人来说就成为可理解的了。正如马克·奥克伦特所说的:"我的结果,我的行为所为的目的,不可能作为一个结果,除非我属于一个共同体,并对共同体其他成员来说起着一种工具性的作用。"[1]由此,"必要的是,对于结果及我们达到那些结果的方式,我们共享着某种程度上的标准化,至少那些制造者(artificer)应该在工作中考虑到这一标准化"[2]。

这些简洁的意见可以被概括为一句话,即行动必须是有目的的、整体的、借助工具的,并且是被社会调控的。但是行动的这些特点不可避免是时间性的。作为一个行动者联系到实践之中就是走在自己前面(还有其他方面的考虑),这就是说,对完成考虑的行动要做什么事情有一定的理解。还要有所认识的是,如何从现在就开始或继续行动。这接下来又需要把握已经置身其中的情境,活动回应的就是这一情境。这三个方面在行动者的理解中是一体的,不是表象形式,而是一种实践的能力。我们通过接收我 【163】
们发现自己已经置身其中的情境,以及当下的活动,我们事先规划了自己,这是一种既被活动自身定制也被其展示的理解。

这一统一的时间性把握有一个叙事结构。行动者为自己事先规划了一个立场,它能够从头到尾显示行动的时间性领域。这种未来完成时的理解将行动置于一个情境之中,行动者从此出发并朝向一个未明确打算的解决前进。这带来的不是一个回顾的故事,而是一个叙事者处于其中的故事。大卫·卡尔(David Carr)曾很好地概括了我支持的一种观点:"我们不断地奋斗,获得了或多或少的成功,去占据一个讲述我们自己行动的讲故事者的地位……作为一个行动者或经验主体,就是不断地尝试完全像讲故事者那样去战胜时间……去统治时间之流,把它们聚集到一起,瞻前顾后地把握叙事活动。"[3]虽然很明显我们的确经常讲故事,讲给他人也讲给自己,但这些讲述属于我们对故事的不断定制,我们所做的任何事情都是对故事的定制(enactment)。

---

[1] Okrent 1988: 51.

[2] Okrent 1988: 46.

[3] Carr 1986: 61-62.

把叙事理解为被定制(enacted)的,这很关键,因为尽管我们讲述的叙事通常不会遇到障碍(也许我们讲的叙事中的行动会遇到障碍,但不是我们在叙事的时候碰到的那种),但叙事定制是不断被争夺的、破碎的。其他人和物在我们的叙事中通常是反抗人物;它们的角色对故事的规划发展来说是很重要的,但是它们并不总是顺从地服从剧本。我们发现在他们试图同时定制的故事中,我们自己也扮演着十分不同的人物,而其结果是我们自己随后的行动(以及随后对我们此前行动的理解)必须要考虑的。正如卡尔指出的:“有时我们必须改变故事以容纳事件,有时我们改变事件,通过行动,来容纳故事。”[1]这些行动因此不是只属于一个单一的叙事,而是属于一个争夺的叙事领域(这是说,一个重叠的,一定程度上冲突着的,以及相互作用着的可能叙事的领域)。造就这一领域的不断容纳和抵抗中的最终问题,是我们最终形成了什么故事,已经有了什么故事,正在进行着什么故事。这些故事不是关于我们世界的故事,他们就是这个世界的故事。
【164】他们不是事件的表象,而是事件本身,是由他们在一个争夺的故事领域中的地位所构造的。[2]

叙事定制总是发生在故事进行当中。行动已经被处境于对之前已经出现事物的回应,但是情境和行动的意义依赖于它们可能结局的指向。这些结局总是规划了的回忆,用未来完成时来投射的,并随着情境的发展而可能得到修改。[3]但是这些修改因此在一定程度上改变了“源始”情境的意义以及其中采取的活动。我们处于什么情境以及我们做的是什么,也因此不是被完全决定了的。

不过,如果行动者的情境从来未被完全决定的话,但也不是不确定的。为了认识这一点,我们必须认识到,在上文中,我对行动者定制冲突叙事的描述仍然是有误导性的,因为它太个体化了。行动者自己叙事的可理解性,即便是对他们自己来说,需要一种公共空间,其中,他们与他人一起居

〔1〕 Carr 1986:61.

〔2〕 因此,很重要的是,不要把人类行动的叙事结构看做是对事件的私人的、个体的精神表象,而是视为公共可达到的理解并回应人们共享情境的可能性。

〔3〕 以这一方式理解叙事的更详细讨论,可参见 Carr 1986。

住于一个世界。[1]作为行动者，我们使自己的理解以及由此引发的行动符合于我们告知他人行动的叙事。而这些叙事可能性又来自、同时也体现了我们与各种共同体其他成员对过去的共同理解。这些共同体的成员身份本身的构成，在很大程度上是因为共享了这一过去，以之作为进一步行动的基础，并且还因为，根据这一过去可以说明这些行动的可理解性(对我们自己以及他人)。

但是，不幸的是，认识到行动和事件的可理解性预设了某个共同体或某些共同体的共同过去中的社会时间位置，这只是挑明了一个问题，而不是解决了它。为了维系有共同过去及相互可理解的未来可能性的共同体， 【165】
可以假定我们承认这一可理解性依赖于正确或适当行为规范的不断强化(由我们自己和其他人)。问题依然是，行动暗中求助的共同叙事一定显示出不断地走向不连贯性。尽管共有着一个把当下情境构造为行动领域的公共过去，但人们还是以不同的方式按照这一情境进行行动，从不同的方向推进了被认为是共同的叙事。在某种程度上，这一变化反映了一个事实，即不同的人常常属于多种共同体，并将自身行动置身于各种叙事语境之中，这些语境与其同事们所属的那些语境只有部分程度的重叠。

但是弄清了这些分歧，你还认识到，即使共有一段历史的一个共同体的成员，对这一历史的早期阶段的理解方式已经有了微妙的差别。我最初所说的共同叙事，实际上更像一个相互竞争叙事的争夺场。我想到了阿拉斯代尔·麦金泰尔的一个主张："构成一个传统的，是对这一传统的各种解释之间的冲突，这种冲突本身就有一个历史，可以进行相互竞争的解释。"[2]因此，我想用如下观点反对怀特这样的人，即行动已经内在地属于一个叙事领域，无限地开放于不同的解释结构。不过我也希望表示与麦金泰尔的不同意见，有时他的文字似乎认为有一个真正的叙事，最充分地描述了一个情境的历史与前景。

共享一个情境作为一个叙事领域，在趋同的时候，也使有意义的差别

〔1〕 正如 Taylor (1991)很有说服力地论证说，公共空间不能通过在一个内在的独白中引入其他人的声音而被内化于一个主体之中。

〔2〕 MacIntyre 1980：62.

成为可能,使得差别成为可理解的,而共同的方案成为可能的,这样一种需要强迫着一个持续不断的努力,保持控制一个共同体故事的各种版本的差异,即便是其成员的各种活动力争保持在一个相互包括的连贯性的限制之内。这一奋斗采取的形式是,共同思考建构、强化和符合于一个共同的叙事模式,在这个叙事模式中,每个人的努力一起获得意义。一个共同体对如何可理解地继续前进所形成的认识,有可能会达不到这样一种认识,也可能有部分不连贯,这样的可能性是很多的。但是重要的是,要认识到,只有持续地不完全地重构(成员们)对共同体是什么、它能以及应该如何行进的认识,它们才能成功。

【166】 科学实践的意义

现在我们可以回到叙事对理解科学实践的意义(significance)。我将提出,科学理解本身有一个叙事结构,这个结构对于理解各种方案和成就如何变得在知识上重要是很必要的。我所说的科学的叙事重建,对于理解科学知识的统一性和连贯性也是很关键的,尽管它有语言、地理及社会上的分散性。为了理解这些主张,我们需要考虑持续的科学实践中的意义和连贯性问题。

意义可以被理解为最基本的认识论问题,肯定比真理更为基本。[1]首先,意义问题产生于科学理解的各个层次,不仅仅与研究结果的编写有关。它们包括如下问题:哪些计划值得采纳,进行这个计划必须考虑哪些结果,需要做哪些实验和计算,应该获得哪些设备和技术,哪些结果值得发表。理解这些问题是如何回答的,就是相当详细地把握科学知识是如何建构和合法化的。

但是,"意义"的观念可以被拆开以表明它对科学哲学所具有的不同方面的重要性。"意义"这个词很容易被认为是有歧义的;它既表示重要的意

---

〔1〕 提出这一主张,我并没有贬低真理概念的重要性。实际上,我在其他场合(Rouse 1987b:第5章)论证了对理解科学知识来说,语义学对真理概念的不可缺少性。这样一种真理对概念在下面的第8章中得到进一步的发展。

思，也表示可理解的意思。首先考虑一下后者。如科学哲学中的一个传统论题，在科学工作过程中提出的一个陈述是否有意义（meaning）以及如何有意义，先于它是否是真的这一问题。逻辑实证论者不成功地尝试用一般性的方式来解决这一问题，即意义的证实理论。然而这一问题也可以被历史地处理。例如伊安·哈金提出，哪些陈述可以被当做是真或假，也就是，被当做真理的可能候选者，完全有确定的真理条件，可能依赖于它们与其他陈述的关系以及与确立其真假的推理形式的关系。[1]我将以两种方式来推广哈金的提议。首先，我将其类推到行动；相似的历史差别存在于作 【167】
为对情境回应的行动能够具有的意义。[2]其次，我将提出，一个陈述的真或假，以及更一般的，一个实践的可理解性，不仅依赖于"推理的类型"以及它们所确立的陈述之间的关系，还依赖于构成其表达或使用的语境的其他实践。

当我们思考在可理解的和不可理解的实践和陈述之间的界线时，"意义"具有双重含义的重要性就变得更加清楚了。我用边缘区域来包括哪些仅仅是可理解的陈述和实践，因为它们也许有一个可辨认的"意义"（meaning），但没有任何作用。例如，它包括这样一些陈述，我们可以在极小的程度上理解它们的意义（meaning），即便不能把握有谁会愿意那么说（或者在一个特殊的语境中说出来）。行动也可以得到类似的处理，例如一位科学家也许能够理解其他某位科学家正在进行的测量，但是却不能把握他的测量结果会对科学知识或实践有什么紧要之处。如果这一说法是正确的，那么，科学的意义这一观念的模糊性实际上表示了一种自不可理解或无意义到根本重要的一个连续统。

科学成就开始变得重要只是发生在其他进行着的科学工作的语境中。因此，有关科学工作的意义问题，就联系于此科学工作的连贯性问题或统一性问题。一旦认真对待科学工作的分散性，连贯性就会成为一个问题。

---

〔1〕 Hacking 1982.

〔2〕 这一推广实际上做的是，把真一或一假这一类的陈述纳入到一个更大的活动的类之中；这一进路因此是我的更一般的知识进路中的部分，把知识视为与世界联姻的实践，把命题知识视为不过是更复杂、更异质性知识的一部分。

科学在不同的场所被践行。他的从业者来自各种不同的文化和科学背景,工作于不同的物质环境,并常常为了根本不同的目的。不过它们也有着共同的事业:为了推进其他人已经开始的探索而进行研究,并使得进一步的探究成为可能。关键的问题是,这种分散性是如何被充分克服了,使得相互依赖成为可能,并在那个持续进行的集体性计划的语境中,突出了某些计划、实践和成就所具有的特别重要性。

【168】 关于科学实践如何达到连贯性,各种理论、实验、技术等由此变得对持续进行的研究实践来说有意义,这些问题在当代科学哲学中有一个广泛接收的概念。标准观点是,科学"共同体"共有着一些基本假定(词汇表,理论模型,价值与规范,等等),这些假定在其成员职业训练中被反复灌输,并由一个学科的标准入门程序进行强化。对这些基本价值和理论的信念,被认为是促进了研究更连贯地进步,使得一些计划和成就变得比其他的计划和成就更有意义。人们提供了各种解释来说明共同体的这些基本信念随时间发生改变(例如,通过逐渐的、网状化的发展,或者共同体实践中的突然性的、激烈的转换)。〔1〕从认识论传统的观点来看,这一进路还有一个额外的优点,把科学知识的社会维度最小化、外在化了:在知识上紧要的是那些个人的认知状态,科学家们通过社会实践而得以共享这些状态的那些具体实践被认为可以放心地交给社会学家。

然而,解决连贯性和意义问题的这一标准进路是不可信的,这有几个方面的理由。第一,我认为,它不是产生于知识问题。它的支持者们或者高估了具体科学领域中的共识程度,或者确认了一些共享的信仰和价值,它们太模糊太笼统,并不能说明日常研究实践中的意义关系和连贯性。第二,我们应该怀疑,科学共同体的一个高度共识状态能够被确认出来,因为维护这一共识的入门实践并无充分的强化能力。〔2〕科学训练及科学职业

〔1〕 值得指出的是,Kuhn 1970 常常被视为有关科学中共同体预设的经典,但也许并不属于它孵育出来的传统,因为 Kuhn 认为科学家所共享的东西不是信仰和希望,而是实践。有关这一点的讨论,可参见 Rouse 1987b:第 2 章。

〔2〕 Fuller(1989)强调,对于科学家共同体是否显示出共同一致,或未能注意或反驳异议,这缺少系统的考查。

评议和奖励中存在着相当程度的松弛状况，因此很多分歧的实地性实践和解释不太可能被监测和清除。第三，“科学共同体”的观念承受不起这一共同体的假定所要求的预设。关于日常研究实践在其中进行的微观共同体，有很多合理的说明，其中很多科学家属于多种共同体，人们并未看到，同时 【169】
遵守很多有深刻差异互不相容的预设，能带来什么样的可以辨认的后果。此外，那些的确调控着科学家的工作及其解释的协议并不太容易限制这些由思想相同的研究者组成的自主性共同体。〔1〕

对科学共同体共享预设的这一假定，我提出了一个替代选择，我们可以认为，科学工作的连贯性和意义，是由争夺的叙事领域的不断重建而确立的。当然，关键问题是，以这种方式来理解科学工作，能获得什么。在本章剩下的部分，我将提出一些答案，来回答这一问题，并且同时将再多谈一谈，这样理解科学工作会是什么样子的。我的答案有四个基本部分。首先，这样一个说明使我们能够看到，科学工作如何能达到连贯性和有意义而允许冲突及有意义差别的存在。其次，它更清楚地明白了发表科学知识的标准手段(杂志文章，评论，教科书，普及化)被不断重组。再次，它公平地顾及了科学实践的社会方面和物质方面，既没有把社会“因子”孤立为对知识的外在影响，也没有把所有事物的联系处理成社会建构说明或它们的表象。最后，它使得科学统一性问题有了一个新的和更丰富的含义。

我对叙事知识在理解科学上的重要性的说明，首先考虑的问题是科学工作如何变得有意义，这也是我最主要的问题。正如我们已经看到的，这一问题考虑到参与这一工作到底有何意义，及为什么这一工作是重要的。求助于叙事，是想替代一个标准观点，即科学工作变得可理解和重要的基础是科学共同体共享的信仰和期望(按照标准观点，一个成就可能通过创造或发现新的共同体而获得意义，这一新共同体的共有预设的模式受到新展开工作的集中讨论，而恰恰是这些变化使标准观点变得难以理解。)我提 【170】
供的选择是，科学实践和成就是可理解的，如果它们在定制的叙事——构

〔1〕 关于跨共同体的协商和科学工作的调控，Knorr-Cetina 1981：第4-5章，以及 Latour 1987：第3-4章进行了有用的讨论。

成一个知识的发展领域——中有一个位置，它们是重要的，因为它们发展和改变了这些叙事。

一个明显的优先问题是，为什么我们应该认为科学工作发生于一个叙事语境之中？科学领域发展的叙事经常被回顾性地建构，由历史学家，由那些回顾其个人及集体性成就的科学家来进行，为了一个历史自觉的文化，而将科学工作普及化。但是，认为科学工作的意义处境于叙事之中，这些叙事不只是回溯性的，也是建设性的，这是一个不同但更有力的主张。

为了开始理解这一更强主张的理由，我们可以回想一下，科学工作被指向一个集体性的事业。那些既不回应他人研究也不被他人在自己工作中接受和利用的工作顶多能位于科学知识的边缘地带。科学工作的意义因此首先以及最主要地是它对不断进行的科学研究过程的意义。〔1〕但是这一意义必须被区分于科学工作与任何特殊研究共同体中的主流假定、标准和价值的相符性。当然，有些工作可能符合于这些共同体的预设但却没有意义，因为它并没有在范围、精确度和技术能力上超越目前已经达到的程度，或者没能为进一步研究提出任何有价值的暗示。但是即便是排除了那些琐碎的知识和定域于既定的以前的成就，判断什么是在科学上有意义的，显然不能仅仅根据它是否与此前假定相一致。这一限制(指与以前假定相符合——译者)一定忽略了这样一些工作的意义，它们改变了一个共同体的已有信念，或者改变了科学共同体的根本内容。

试图通过求助于一个既定背景来说明科学工作的意义，任何此类对科学知识的说明都会碰到这一困难(忽略了一些科学工作的意义)。不论被
【171】作为背景的是一套核心的信念、标准、方法或价值，还是一个其信念、标准、方法和价值随时间变化的共同体的身份，这些观点使得某些科学发展可以被理解了，而其代价却是使核心背景的变化变得不可理解了。这一问题，

〔1〕 很明显，有些科学工作一直保持着在技术上的重要性，即便是在它丧失了科学上的重要性之后。但是这一区分可以两种方式被模糊掉。首先，很多科学工作的长期的科学意义还关系着它在进一步研究中的工具、程序和物质材料上的“技术”应用。其次，技术发展的知识动态性可以用于我在狭窄的意义上处理科学研究的方式来处理。可以根据不同的目的，来区分基础研究和应用研究，科学和技术，或者研究与发展，但是我认为，这些区分在认识论上的重要性是很小的。

由于关于科学革命合理性的后康德主义争论而突出出来，而现在普遍求助于共同体信念不同部分之间的“网连(reticulation)”或“交错(intercalation)”也未能真正解决这一问题[1]，因为仍须理解为什么共同体信念中的某一要素要比其他要素更加优越。

以不同方式求助于预设或共同体的意图是想详细阐明某一科学领域工作的历史如何影响了随后工作的意义，通过确认这一历史的什么特征是或应该是决定性的。但是，什么是决定性的，并不是这一历史的特征，而是历史本身，是解释的资源。某一科学领域的研究历史并不已经是固定的和大家一致同意的。如大多数领域一样，科学中的历史理解紧密关联着当前的论题和冲突。成功地利用历史，对确立当前及将来研究实践的可能轨道并将其合法化以战胜竞争者来说是非常重要的；正相反，不断进行的实际实践过程重构了它的历史。[2]这样，科学研究的实践者之间的共同之处是一个解释冲突的领域，而不是任何关于信念、价值、标准或意义的无争议的 【172】
信念。[3]这些冲突不需要是明确的，例如，它们也许只是在一些未经承认的紧张中才比较明显，包括一个结果被利用的方式，或一个术语被使用的方式，或者研究过程中引用的模式及使用的未被注意的差别。

然而，从科学工作从中获得意义及自身历史的角度来确认背景，这样做也许有一点误导，如果这被理解为它的过去的话。延续一个活的科学研

〔1〕 这些术语分别由 Laudan(1984)和 Galison(1988)引入，来指示如下现象：根据共同体信念的其他部分来对某一部分进行批评，而这又为从一个更广的部分出发来进行批评打开了大门。但是，科学变革的类似模型被很多人提了出来，其区别主要在于这些网状化的或错层化的要素是如何被分类的。

〔2〕 这样一种说明，即后来的研究过程如何会改变在科学实践中什么被认为具有历史重要性，也许像是复活了被人们广泛痛斥的科学史的辉格概念。但是，英语中“历史”这一术语，到底是指历史学家的解释学实践和产品，还是指他们的各种解释活动的对象，已经很模糊了，而且，人们已经认识到，历史理解并不局限于历史学家的范围。我所说的主要是在科学中对当前研究实践有教益的历史理解(对当代科学研究来说，历史理解的重要性常常被严重低估了，因为很多历史上主要的东西都被压缩在当前进行的研究实践之中)。但是，在你对比科学家的历史意识和历史学家的更充分的理解之前，一定要考虑到，把过去视为现在翻版的历史观，以及把历史理解视为是为一个没有构造的编年史强加一个叙事结构，都是难以站得住的。对历史学家来说，什么具有历史的重要性，这个问题本身就有一个历史，与他们研究的历史复杂地交织在一起。

〔3〕 回忆一下我在前面引用的 Alasdair MacIntyre 的优雅的论述：“构成一个传统的是对那一传统解释的冲突，这一冲突自身就有一个历史，可以进行相互竞争的解释。”

究传统的那些冲突，是在如下问题上的冲突，包括研究领域的未来过程是怎样的，以及如何解释自己的过去。通过把科学工作描述为一种叙事展演，我提出了对研究实践的一种说明，按照这一说明，一个人构造自己的历史情境，恰恰是通过把它作为一种资源来弄清自己当前的活动，并对将来完成的事件过程进行规划，在这一前瞻后顾中，这些活动从中获得自己的意义。参与一个研究计划而不是另外一个（或更平常的，以一种方式完成该计划的一部分，而不是另外一种方式），就是（试图）重构这一故事，它将在历史情境中弄清这一计划的意义。

也许人们会担心，如果没有什么共同的内容（例如，信仰、意义、价值、标准、方法等）来说明一个科学领域的统一性，或这个领域内各种实践和结果的意义，这一切将整个成为不可确定的了。但是一个历史情境可以有一个或多或少是明确的结构，即便对它是什么并没有无争议的解释。将这一情境结合起来的是这样一种需要，即形成（和/或符合于）一个共同的情境，这就是说，为了使自己的活动配合其他人正在进行的活动，并使自己变得在知识上有意义。科学研究的工作总是存在一种可理解性和不连贯性之间的持续张力（然而，就这一方面来说，它很像其他人类活动）。〔1〕各种科学研究人员的活动，如果不受约束的话，总是会或多或少有点离心的倾向，
【173】就像他们对当前知识状况的自我解释的反应。即便是最初极其微小的差异，如关于什么构成了有趣的问题，有关系的考虑，重要的反驳，合适的技术，等等，将会因为随后弄清了它们对于未来工作的含义而被放大。

然而，由于需要使自己的工作与其他人的工作保持一致，这就导致了不得不努力对这些分歧进行监控。很明显，学科的防护程序在这里扮演了一个重要的角色，但是更重要的是研究者如何调整他们的工作以适应于主流的知识状况以防止外部强加的惩罚。但是这样一种不断的调整不应该被误认为是回到某一共识，因为一种重要的调整形式就是去挑战其所处情境的某些重要方面（例如，通过反驳它们；对某科学领域的当前知识状况的

---

〔1〕我对科学研究和知识的说明，其背景是更一般的有关行动、实践和意义的概念，稍微详细的讨论，可参见 Rouse 1987b：58－80。类似观点的更广泛的说明，可参见 Okrent 1988：第 1 部分。

一个重要提示，就是哪一立场或论点有必要去反驳，证明的关键在何处)。[1] 一个科学领域(或者这一科学领域内的当前知识状况)的个性的确立，不是通过任何确定的共享的假定，而是仅仅作为一个可理解的差别的领域，它们自身的界线是可以争议的。按照这一说明，当然有可能发生的是，一个科学领域陷入了不连贯之中，因此不再清楚他们所追问问题的关键是什么。但是代替这一不连贯性的不是一个大家一致同意其内容的稳定内核，而是对其历史的不断重建，以为当前工作及其发展前景留下空间。

我如此说明不断进行的对科学的叙事重建，有助于把知识理解为动态的。到此为止，我集中讨论了这一说明如何弄清了科学工作的连贯性和意义，而没有求助于科学共同体、共识或意义的固化概念(例如，概念方案)。在此过程中，它允许科学实践中一定程度的不连贯性和无意义性是不可消除的。但是它也给出了拒绝将知识自身固化的理由，我将在下两章进行讨论。很难把知识等同于某些现存的命题、语句或信仰体系，如果它的"内容"是时间性地扩展和延伸的话。

这样一个非固化的知识概念的优点是它更好地解释了科学工作过程中科学文献被重建的方式。正如我在其他地方曾更加广泛的讨论的那样[2]，无论是科学文献的整体还是它的组成部分都不能被理解为广博地代表了当前的知识状态，而很多认识论通常都把知识固化了。杂志上的文献显然不打算代表当前科学知识的状态，因为它包括了争议的、竞争的主张。但是一些被合理地认为是收集、评论知识的各种场所(例如，评论文章，手册，教科书，通俗化或百科全书)做不到。这些聚集通常是为了更进一步的使用，这决定了其内容的收集和解释。很好确立的、后来并未受到质疑的结果被有计划地删除了，因为它们对不断发展的实践不再重要了。其他结果被重新解释以适应其他计划的可能利用，这一利用有可能会和它最初确立和证明的语境相冲突。在很多情况中，这些重新解释使得以前的成果少了一些准确和精微以增加可用性。在教科书的不断更新中，这一现象让人 【174】

〔1〕 Fuller(1988：第 4 章)讨论了证明关键的负载和转换的重要性。
〔2〕 Rouse 1987b：第 4 章。

吃惊地明显。[1]这些教科书变得过时了,不是因为它们以前的内容被显著地证伪了或仅仅是因为有太多的新结果已经获得了,(为什么不发表一些不定期的增刊?)而是因为在这一领域不断变化的状态中,甚至那些很好确立的结果的意义都在进行不断的重建。在不断进行的科学实践中,这些书是关于什么的进而它们的内容和组织,都处于争议之中。

认真关注对科学知识之叙事动态性的这一说明,有一个在哲学上重要得多的理由,这一理由与科学工作的社会和物质方面及其相互联系在认识论上的意义有关。绝大多数对科学的哲学解释仍然把知识的社会处境性处理为外在的、非本质的,顶多有助于它的发展,其之所以有哲学意义也主
【175】要在于它可能是歪曲的源泉。相比之下,很多人试图赋予社会实践以认识论上更有建设性的角色,但没有充分地注意到科学与物质世界的相互作用,只允许参照对事物的社会协商了的说明,而不是事物本身。[2]社会建构论文献在这一争端上有其相对优势,因为它批评哲学和社会学试图把知识的社会方面处理为外在于科学知识"内容"的因素,在这点上,大体上击中了要害;我不打算在这里详述相关的论证。[3]但是,尽管最近有很多关于建构论反身应用的讨论,还是有太多的建构论文献依旧将其对"社会的"描述视为理所当然的,并且更糟的是将其论证建立在这样一个前提之上,即在社会建构的与"自然的"或物质的因素之间存在的一种对立,这样就把后者还原为或从属于前者。[4]

在人们试图理解一个难以处理的现象或事实在阻碍一个实践纲领发展上所扮演的角色的时候,会碰到困难。内在论说明通常集中于有关的材料及确立这些材料对此纲领具有相关性和意义的推理,这些方面的检查都

---

〔1〕 教材的出版事实上是一个更复杂的话题,要从经济方面考虑到市场、生产的成本以及计划过时的利润,满足多种选区的修辞上的复杂性,政府审查的政治学,以及更多。不过,按照我的看法,这些广泛的问题对于理解知识的生产和辩明而言怎么说都不是"外在的"。

〔2〕 Collins and Yarley 1992a,特别是314-317页,清楚地捍卫了社会建构论的这一信念。

〔3〕 一些经典的研究表明,把知识的社会方面处理为"外部的",这样做是站不住脚的,可参见 Latour and Woolgar 1986,Knorr-Cetina 1981,Collins 1992,Pickering 1984,and Shapin and Schaffer 1985。

〔4〕 值得再重复一遍的是,这一对"经典 SSK"的拒绝同样在社会学传统自身之中得到有力发展;参见 Latour 1987 和 Pickeing 1989b,1995。

脱离了社会和制度的语境，而正是在这些语境中，这些材料和论证被生产和评估。社会建构论者通常的回应是，这些材料并不为自己讲话，它们能作为证据来反对一个假设或纲领，仅仅是因为某些科学家准备把这些材料作为反对证据，如果这些科学家被其他科学家足够认真对待的话。而后面这些情况是否有效，则被认为只有通过社会变量或也许一个社会历史才能说明的。

最后这一部分社会建构论回应的不充分性可以为几个更进一步的论点指出：社会学文献自身经常提起的反身性认识论论证（这些“社会的”说明自身是如何建构和证实的），认真对待社会互动的物质体现的社会理论；非物质事物的新表达如何有效地改变了相关的“社会的”范畴。[1]坚持科 【176】
学实践的不断叙事重建就避免了这些困难，它主张社会群体形成及互动的方式及事物在这些互动语境中表达自己的方式，也是这一故事或这些故事的一部分，彼此都不能还原成对方。如安德鲁·皮克林和我各自独立地指出的，科学实践中，知识联合的完成和维持所遇到的“抵抗”，不能限制于相互对立的社会或物质范畴。[2]

把科学知识理解为被叙事重建的知识联合，其最后一个优势是有助于构想学科之间和研究纲领之间的科学知识统一性。哲学家们常常致力于理解不同科学领域成就之间的关系。标准答案是如下观点的变种，即科学工作的终极目的是将其证明了的各种表象（representation）统一到一个单一的、连贯的整体。科学知识的表象统一体的这一图画既有还原论版本，其中所有知识都可被理想地把握于一个单一的词汇表中，一般被认为是理论物理学；也有一个多元论版本，其中同样的事物可以在几个不可还原的层次上得到一致的说明。

我对这两者的反驳是，把科学知识的表象统一作为科学实践的目的是错误的，原因如前所述。我认为，科学知识的多重的、不断进行的叙事统一是日常研究实践的组成部分。在其他科学领域内完成的工作常常成为科

〔1〕 这最后一种策略在 Latour 1984，1987，1993 中尤为重要。
〔2〕 参见 Pickering 1989b 和 Rouse 1993。

学实践的资源(包括对设定未来研究前景不同方式的批评)。通过吸收原来是分离的领域的思考和成就而形成了新的研究领域。对其他科学成就的利用常常是不完全的,未被彻底地去语境化:当科学家为了自己的目的
【177】而利用其他人的工作时,他们常常发现自己利用了比最初认识到的更多的东西,但没有考虑到它最初的研究语境中与它相联系的实践和结果的整体,或者它们最初被构造的方式。利用其他结果的科学家常常重新解释或配置它们,在何种程度上这一借用必须负责于其原初的语境,这在它们要适应的新工作领域中本身就是一个问题。这些问题的解决,依赖于这些结果是否及如何被可理解地整合到不断进行的研究实践中,以回应那些与这一整合进行竞争的试图从不同方向发展这一实践的其他努力。其结果不是不同科学学科成就的系统统一,而是这些学科随时间发展的不同方式的复杂综合体及部分上的重合和相互作用。

我将简洁地评论一下我在此为科学哲学的学科发展而勾勒的整个立场的含义,以之作为结论。我的进路,与自然化认识论传统和科学哲学之间有主要的共同点和不同点。共同点包括,把科学工作的实际发展作为理解知识是什么以及应该是什么的基础,强调这类哲学反思与关于科学知识如何发展的经验研究及科学实践中的方法论反思三者之间的连续性,并把知识本身理解为我们需要理解的世界的一部分。但是,最著名的自然化认识论观点把重要性给予了单一的科学学科(通常是生物学、心理学或社会学),将它们作为经典认识论的后继学科。[1]对科学实践异质性以及它们形成、扩展及争鸣的多重的、综合的方式的反思,很容易暗示出,这些把科学探究划定为生物、心理和社会过程的进路是不充分的。

一个更加充分的科学哲学的模式应该是跨学科的文化研究。在我使用这个词的意义上,文化研究的目的是理解意义的历史形成和维持。文化研究集中于意义从行动者之间及与其环境之间的相互作用中显现的方式。这并不排除世界物质性地抵抗或强化那些试图理解它的努力的方式:自
【178】然/文化的区分不是“文化”一词打算具有的含义,而是文化研究需要理解

〔1〕 Stump 1992 有力地批评了大多数自然化的科学方法论概念的学科一元论。

的重要部分。文化研究致力于研究的主要是公共表现和话语，但也并不因此排除任何对认知的或其他心理学过程的考虑。目前为止在文化研究的名义下进行的研究的主要理论工具是政治经济学、社会理论、性别研究、文化解释及解释人类学，但强调文化的物质性也应该为广泛构想的人类生态学的整合留下充足的空间。

在科学论领域，有一些多样性的、发展着的工作，特别是一些历史学家的工作，体现了我所说的文化研究；我特别想到的是唐纳·哈拉维、沙龙·特拉维克、马里奥·比亚乔里、罗伯特·马克·弗里德曼、瓦西里基·贝蒂·斯莫考维茨或者保拉·特雷希尔等人的工作。一个更广范围的工作也可以被吸收到文化研究的模式之中。在科学知识的哲学研究领域，文化研究的特点是比通常更明确地从政治角度来研究。但是科学哲学和更一般的科学论通常具有更广泛的规范性维度；实际上，早期很多对科学知识的哲学反思就联合了更广泛的文化或政治改革纲领（可以想一想维也纳学派的宣言，或者波普的科学哲学及其政治哲学之间的联系）。[1]尤其是奥拓·纽拉特，某种程度上可以被视为一个先驱，最早把科学哲学构想为对知识产品及其利用进行的文化研究。无论怎么说，这样一个解释知识的模型，在适当处理（批判性地以及描述性地）当代认知实践的文化和政治综合体上，比任何现有的哲学或社会学选择似乎要更有希望。

---

〔1〕 有关维也纳学派的工作越来越强调它对科学的专门哲学解释和更广泛的政治考虑之间的关联；例如，可参见 Galison 1990；以及 Cat，Cartwright 和 Chang 即将出版的著作。Popper 是人们熟知的政治哲学家；他的政治哲学观点和他的科学哲学观点之间的联系在 Popper 1962 中非常明显。

【179】

7 科学认知的动态性：理解科学而不固化科学

前面几章对科学实践的讨论难免提出一个问题，即它们对于理解科学知识具有怎样的意义。把科学实践视为一种语境或背景，特殊的知识主张从中获得意义和辩明，这样的观点初看起来很有吸引力。科学知识的哲学解释者现在几乎无一例外地承认，知识主张并不能被单独地分析，而是要结合其他陈述一起进行考虑，它们发挥着背景的功能。如果实践对理解科学知识来说是重要的话，那么，很自然的是，需要把它们吸收到后实证论的科学哲学传统中，把背景假定的概念扩展到既包括了陈述，也包括了实践。

把科学实践降低到背景的位置以在哲学上突出科学知识的地位，这样做将是一种错误。这大约就是我在这一章和后一章所讲的内容。其错误是固化了科学知识并由此误解了科学理解如何是动态的。近期的哲学文献提供了两种重要的模型，可以指导我们理解，对科学的动态说明会是什么样子的，以及为什么它重要。唐纳德·戴维森驳斥了固化语言（或语言约定），并将之作为语言理解和交流的背景。[1]托马斯·瓦腾博格也提出，
【180】 对于社会和政治权力关系，如果我们既不将权力本身固化，也不将权力关系的处境固化，那么我们就可以最好地理解它们。[2]不能把这两个模型仅仅视为对科学知识的固化的类似批评，因为语言理解和社会政治权力都是

---

〔1〕 Davidson 1986.

〔2〕 Wartenburg 1990.

科学实践的内在组成部分。我们应该认识到，对语言、权力和知识功能的动态说明一起在理解科学实践及其意义中发挥着功能。

对戴维森语言哲学在理解科学上具有的含义的讨论必须在下一章进行。这一章，我使用瓦腾博格对权力的讨论，来介绍我对动态的科学认知的认识。接下来，我将处理这一认识的一些哲学后果。特别是，我提出，对科学认知的动态说明，与认识论怀疑主义、相对主义和取消主义有着深刻的不同。对固化知识的拒绝在认识论上有什么重大后果，一个更好的思考方式是把这一进路视为是紧缩式的(deflationary)。对一个概念的紧缩理解指的是，认为这个概念没有充分的理论完整性或前理论统一体，来支持将其实例进行实体性的普遍化。因此，一个紧缩式的说明意味着，"知识"是一个有用的、可学的术语，但它只划分了一个名义上的类。在《知识与权力》中，我讨论了对真理的紧缩处理；有很多真理，但是没有真理的本质。类似的，我现在主张，有很多科学知识，但是没有科学知识的本质。这样一种紧缩概念提供了充足的机会，来解释或评估特殊的科学主张及其辩明，但不支持合法化方案，这是指，不支持整体性解释和合理化，以及对科学事业在这方面的批评。

知识联合体和科学认知的动态性

对知识的动态理解乍一看可能显得很奇怪。尽管关于知识是什么存在着争论的空间，但似乎显得没有什么争议的是，知识是某种被认识者拥 【181】
有的东西，在相互交往中被传递和交换。实际上，知识的内容(被知道的，以及保证它被知的那些推理和证据)似乎独立于它在其中实现的文本、表达或思想，也独立于它被人所知的历史。因此，根据瓦腾博格对社会权力的动态的和处境化的说明来仿制科学认知的动态性，也许开始是有用的，它松动了固化的知识概念对哲学想象力的束缚，使得我们能够看到，把知识理解为动态的意味着什么。

为什么我们应该首先把社会权力视为"动态的"？瓦腾博格在说明之前，广泛批评了这样一种理论，这种理论把权力整个地置于统治和被统治行动者的行动和理解的范围内，而脱离更大的社会语境。他还认为，他对动态、处境化权力的讨论比仅仅把权力关系处境于一个社会语境或背景要深入得多。例如，我们也许承认，一个行动者试图施加权力于他者，其有效与否，依赖于其社会语境。瓦腾博格追随了休谟的观点，指出："执法官的出现发挥着平衡器的功能，阻止了武装了的行动者对没有武装的行动者实施伤害，使后者安然无恙。"[1]求助于一个社会语境来决定是否赋予一个行动者对另一个行动者的权力，类似于求助于背景知识来决定知识的归属，这两者之间存在一种平行的关系。对前者来说，两个行动者之间的互动足以决定每一个行动者试图做什么，但是社会语境决定了某一个的行动实际及相关地对另外一个施加了权力。在知识问题上，求助于背景知识将决定一个知识主张是否是真地、可辩明地增进了关于研究对象的知识。

瓦腾博格发现有两个基本理由可以说明为什么承认"权力归属的语境性"并不足以掌握权力关系如何处境于一个更大的关系领域。首先，行动者行动的情境决定了不只是一个人是否有效地对另外一个人施加了权力，还决定了这些行动指向何处、如何施行、有何效果，也就是说，它们施加给谁，以何种方式。因此，瓦腾博格认为："很多社会权力关系首先是按照外
【182】围社会行动者对待统治的和附属的行动者的方式而被构造的。"[2]其次，权力关系被构造的语境或背景不是某种已经被决定的东西，而是它本身一直为行动者的不断进行的活动和相互回应所持续重构，包括那些在此"语境"中被突出强调的东西。因此，在各种行动者活动之间是否存在权力关系依赖于这些活动是如何被处境的，但是这一处境本身是由这些活动所重组的。

瓦腾博格试图根据"社会联合体(social alignments)"的调控来掌握权力关系的这一动态处境性。这一概念对我修改瓦腾博格的进路来说非常关键，因为我很快就会介绍一个相类似的"知识联合体"概念，来理解科学知识归属及其争论的动态性。瓦腾博格首先描述了社会联合：

〔1〕 Wartenburg 1990：148；参考的是 Hume 1888：312。
〔2〕 Wartenburg 1990：149.

> 就一个社会行动者来说,社会行动者的领域可以构成一个联合体,当且仅当他们的活动在这个社会行动者看来是以某种明确的行为而协调一致的。然而,作为一个联合体,这些社会行动者的协调了的实践需要足够广泛,这样,面对联合体的行动者在遭遇到这个联合体的时候,能看到她所需要的或期望的联合体对某种事物进行的控制……这样,一个社会联合体的概念,就提供了一种理解这一领域的方式:这一领域把处境中的权力关系构造为一个权力关系的"领域"。〔1〕

按照瓦腾博格的观点,两个行动者之间的关系是一种权力关系,只是因为其他行动者将按照与统治的行动者的活动连贯联合的方式来正式回应这两个行动者的活动。例如,当法官宣判罪犯或教师品评学生的时候,他们运用权力只是在其他行动者(警察、法警以及监狱人员;潜在的雇主及学校招生办公室)按照法官或教师指定的方向行动或准备行动的时候。

这些活动的联合体不仅仅是统治行动者离散活动的一个随便后果,而是构成了每一个行动者活动之处境的持续的权力关系。如果没有假定其 【183】
他人将根据他们的行动来进行随后的行动,法官的行动或教师的行动就没有任何意义。实际上,其他人的行动与法官和教师的行动的联合方式有助于决定法官或教师实际执行什么样的活动。法官可能会打算帮助改造罪犯,而教师希望教育学生,但其他人的活动与法官或教师活动联合的方式可能会改变他们的意图(这些活动也许符合也许不符合被联合的那些行动者的意图;权力总是会包括意向性,但它不一定是明确的)。因此,构成权力关系的联合体不需要被任何属于它的行动者的意图所控制,或任何其他的以前的特点所控制。行动者甚至可以按照与其意图相反的方向来运用权力,只要其他行动者以相应的方式予以回应。

主张权力只是通过这些社会联合体进行运作,这样会带来几个重要的

〔1〕 Wartenburg 1990: 150.

结果。首先,可以认识到权力是分散的、异质的。权力不是仅仅被拥有的,由一个统治的行动者运用,或者甚至明确定域于她与一个服从行动者之间的关系。权力的运用受到很多外围行动者活动的调节,这些活动经常确立或强化统治行动者的活动与服从行动者期望的满足或失望之间的联系。社会联合体因此就远远扩展到权力运用其中的直接语境之外,因为它们不仅包括一个统治行动者调节其他行动者活动的各种方式,还包括了权力运用所阻碍或保证的获得自己想要东西的路径的可用或缺乏。大尺度的社会结构因此就可能显现于权力的实地性的明确运用。

第二个重要的后果是,权力是动态的,随时间伸展。正如瓦腾博格所指出的:"一个统治行动者的当前活动指望着其他联合行动者的未来活动像过去一样行动。但是对未来的这一信念使得行动者必需不能按照挑战其联合行动者的忠诚的方式来行动,因为只有通过他们的行动,未来才可变成事实。"[1]这一考虑说明了为什么权力运用不仅仅在于一个行动能有力地限制或修改另外一个。通过持续的权力相关性的不断再生产,它在一
【184】定程度上被构造为一个权力关系。但是按照这一方式,社会联合体既形成权力的运用,也限制权力的运用,并且通过中断权力与支持性联合体之间的关系或构造一个反联合体,为低级行动者提供反抗或逃避权力的机会。

这样,瓦腾博格就把社会世界描述为一个重叠的社会联合体的复杂阵列,它的定向塑造着统治与反抗的不断奋斗,个体行动者及其活动就处于其中。权力因此不是一个物或商品为行动者们所拥有或运用;它是动态的,因此从不仅仅表现于特殊的行动及其效果之中。它还异质性地体现于人、制度、实践、社会结构,以及(我认为的)人们使用的、作用的以及处于其中的事物。权力仅仅存在于再生产之中,并不断地被反抗其再生产的方式所重新塑造。

我们逐渐可以看出,如何模仿瓦腾博格的动态的、处境化的权力概念,通过考虑实验实践使世界的某些方面能够成为科学解释的对象,来仿制科学知识概念。在过去的十年里,科学史家、科学哲学家以及科学社会学家

〔1〕 Wartenburg 1990:170.

在相当大程度上考虑了实验和实地工作。[1]现在人们广泛地认识到非常重要的是,科学解释的直接对象是广泛的分离和操作的结果,常常要求复杂的工具、精细的技术以及对材料、工具和程序的实际了解。现象的创造[2]或标示现象[3]的书写重新组织了世界,使得它顺从于科学理解。

至少在一开始,一个现象的创造是高度地方化的活动。科学实践者发展专门的“实验系统”[4],使用实地性处境的材料、规章、技术和技巧来生产现象(或它们的显现),它们不会出现于其他地方。为了在其他场所再生产它们(或其类似物),通常要求某些局部的修改,并且至少开始时要求大致模仿源初语境或甚至转移一些人或物。不过,这些高度地方化的活动只是作为致力于增进了解客体和可能在其他地方发生的事件的实践才有意义。为了实现这一目标而需要的对这些实地化活动的逐步修改、再生产、扩展以及标准化,造就了一个“知识联合体”,类似于瓦腾博格的调节权力的社会联合体:它们使这些实地化活动和成就成为增进知识的,正如权力联合体使得特殊的限制或强制性活动变得有效。此外,它们不只是决定它们是否是增进知识的,还决定了增进了什么方面的知识,以什么方式,以及有何意义。有些关于具体案例的基础研究很好地揭示了这一点:路德维克·弗兰克(Ludwik Fleck)关于瓦色尔曼(Wassermann[5])反应的研究可以被认为弄清了,标准地鉴定血液状态的因地而异的方案如何增进了对历史上已经被解释了的致病体梅毒的了解,并且对布鲁诺·拉图尔和斯蒂夫·伍尔伽在《实验室生活》一书中的讨论进行一下扩展就可以描述,合成肽的 【185】

---

〔1〕 实验转向中最重要的著作是 Hacking 1983, Ackermann 1985, Pickering 1984, Gooding et al. 1989, Galison 1987, Shapin and Schaffer 1985, Knorr-Cetina 1981, Latour and Woolgar 1986, Traweek 1988, Franklin 1987 和 Rouse 1987b。

〔2〕 Hacking 1983:第 13 章;Hacking 1992 更广泛地讨论了现象的创造中所包括的要素。

〔3〕 Latour and Woolgar 1986 以及 Latour 1987 强调了书写作为现象和对象的建设性标示的重要作用;也许有人会说,Hacking 1983 有关现象的讨论(世界中公共表现出来的规律性)和 Latour and Woolgar 关于文本书写的讨论(你可以认为是由某种高度的符号/噪音比率所标示)之间的区别,不过是后两位更偏爱“semiotic ascent”。Hacking(1988)提供了他自己对这一问题类似的讨论。

〔4〕 Rheinberger 1994, Kohler 1994.

〔5〕 瓦色尔曼(August von Wassermann,1866 - 1925),德国医生、细菌学家,发现了瓦色尔曼反应(梅毒血清实验)。

操作如何增进了对调节甲状腺释放荷尔蒙甲状腺激素的大脑过程的了解。[1]

在地方化方案、实践和能力的这一让人眼花缭乱的复杂阵列中,一些要素最终相互促进和强化,并在各种新的语境中采用、推广、再生产。而其他一些要素则保持孤立,或与这些出现的适应性变化相冲突,逐渐被遗忘或成为孤立的奇怪之物。因此各种模式和方向的科学活动逐渐出现,这些提供了一个环境,其中更进一步的研究可以被可理解地组织。[2]我认为,
【186】这些适应性联合体对什么可以被视作认识是根本性的。因此,一个陈述,一种技艺,或一个模型,在孤立状态下或瞬时状态下没有知识意义,而是依赖于它与很多其他实践和能力的关系,特别是依赖于这些关系被再生产、改变及扩展的方式。

按照这一认识,一个孤立的、独居的认识者的成就,不仅受限于任何个人认识者的认知性能,更根本地是他或她处于知识的边缘地位,而这恰恰是因为他或她的孤立性。一个信仰、技艺、模型或实践获得它的知识意义,只有通过被采纳、精炼并推广到新的语境中。这样,孟德尔关于豌豆遗传的工作在19世纪中叶杂交研究中有其意义,而随着其原始语境变得孤立于其他进行着的研究计划越来越边缘化,但到了20世纪初通过它的"再发现"而获得新的、增强了的意义。[3]孟德尔的工作因为20世纪20年代的人口遗传学及其被并入新—达尔文主义进化论综合中而得到重新解释。同一个工作被以不同的方式采纳并使用,这显然会影响其知识地位,而且在某种程度上改变了这一工作自身获得过的成就(这是说,它的内容是什

〔1〕 Fleck 1979, Latour and Woogar 1986. 为了自己的目的,Latour and Woogar 他们自己讲述了一个有关甲状腺激素释放的荷尔蒙的确认的更加曲折的故事,但是 Hacking(1988)指出了其他一些要素,这些要素的联盟对于当前正在进行的 Pyro-Glu-His-Pro-NH2 合成和检验对理解大脑过程如何很有教益的故事来说,是很关键的。

〔2〕 Hans-Jörg Rheinberger(1992a,b,c,1994)关于细胞生物学中实验系统和学科研究纲领之间的交叉出现,为这些主张提供了一个特别清楚的例证。作为一个学科,分子生物学的发展也是多重线索的,人们对此进行了很多研究。特别参见 Abir-Am 1985 以及 Kay 1993,认识一下这一历史的非统一线性的要素。

〔3〕 Olby 1979, 1985 讨论了孟德尔的工作在其原初语境中的重要性,以及它在生物科学中的位置如何在后来被改变了。

么)。知识的内容,这一工作所"说"的,总是它对一些明确处境中的观众所说的或能说的。

然而,不应该认为这一点是强调了知识的社会因素而对立于其指称性的特质。塑造知识的联合体包括与同事之间的关系,他们可能会使用、扩展、挑战或忽略某个人的工作,也包括与这一研究中遇到的对象和材料之间的关系。乔治·彼得尔(George Beadle)和爱德华·塔图姆(Edward Tatum)早期生化遗传学方面的工作依赖于基因活动机制问题对这些生物学家的意义,这些生物学家已经处境于染色体遗传学传统之中,还依赖于他们建立一个实验系统的能力(脉孢菌),其中变异可以迅速引进,它们的代谢产物也可以在一个简单的培养环境中得到生物化学检测。[1]相比之下,脉孢菌研究开启的可能性,促进了草履虫研究的边缘化,而后面这一工作是索奈伯恩(Sonneborn)及其学生几十年来已经取得相当成功的进展,但 【187】 因为他们不能在一致的环境中生长这个有机体,所以无法把他们的结果与关于生化机制的新问题联系起来。[2]

这些例子应该使我们想起前面一章的主题,它们提示了知识联合体何以具有复杂的时间性。一个研究计划通常针对一个科学领域的当下情境,包括它过去的成就以及进一步发展的前景和机遇。它的意义和地位依赖于其他研究不断地发展它和依赖它(或者,在研究改变的过程中,不论是否预期的,与之发生了建设性的联系)。这样,有些科学工作可能变得边缘化或甚至被从科学知识中排除出去,不是因为它是错的,而是因为它不再与当前进行的研究相关联(无需说,这一排除和边缘化在某种程度上是可逆转的,正如众所周知的孟德尔和芭芭拉·麦克林托克所证明的)。知识(以知识联合体的形式)最好不是被理解为一个命题系统或一个认知状态,而是理解为世界中的一个情境。一个情境在当前并不是完全确定的(不仅是我们还不知道我们处于什么情境,而且什么决定着我们的情境也还不为我们所知)。在这个意义上,一些科学工作是否是知识,在形而上学层次上类

〔1〕 有关 Beadle 和 Tatum 工作的有益概括,参见 Allen 1978: 198-205。

〔2〕 因为生化遗传学发生的改变,Sapp 1987 广泛讨论了 Sonneborn 的工作,及其工作的重要性。

似于一个事件是否是“决定性的转折点”或者是否一个跑垒者在下半场跑过本垒板是否是“获胜跑”。[1]

不过,主张实践自身并不构造知识,而只是通过与其他实践或具体要素或其他实践的特征相协调才能构造知识,这时我们还是要慎重一些。慎重的理由是,“实践”和“联合体”的概念不是完全分明的。实践自身由进行的活动模式构成,所以存在一个实践仅当一些活动将自己“联合”起来去构成这样一个模式。此外,实践没有被鲜明地个体化,并且可以在任何情况下与其他实践相结合以形成一个更大或更复杂的实践。例如,固定和着色生物标本的各种实践,它们本身属于使用光学显微镜来产生放大图像的实践,而后者又属于生物科学中的一个实验实践传统。引进一个联合体概念

【188】的理由是,这样一个连贯的、不断进行的“实践”观念还暗示了比实践及其要素一起制造知识的方式所展示的更多的时间连续性以及更少的异质性,这大约是我下面讨论的内容。

对于一个知识联合体(epistemic alignment)的观念,我们也应该慎重对待。我援引这一术语,不是要提出有一些联合起来的要素或联合的方式是特别知识性的,我只是表示一种兴趣,关注世界中的那些模式和互相联系,它们使某些事物有助于我们增进对其他事物的知识。正如瓦腾博格希望的,他的说明能允许行动者的活动以一些新的可能方式有效地一起发挥功能,来约束或改变其他人的“行动—环境”(或抗拒这些效果),我的部分考虑是强调行动者及其周围环境能以不同的方式被构造以揭示世界的新的方面,或挑战此前已经被认可为真正增益知识的实践和成就。

按照我的说明,科学知识处于研究实践的动态性之中,而很多科学哲学家常试图以各种方式说明科学解释和辩明的整体论,二者区分的关键,是知识联合体的异质性和结果开放性。知识整体论的说明强调,只是在一个预设的或接受的与某科学领域相关的“背景知识”体中,一些句子(或信仰)才被他人作为知识的辩明。但是,通常对一个背景的求助,使它既具有了异质性特点(或者是一个广泛接受或预设的信念网络,或者是已经辩明

〔1〕 我的这一类比要感谢 Wheeler 1991。

的句子网络),也变得相对稳定了。[1] 因此,我的主张是,科学主张与实践从中获得意义与辩明的“领域”包括很多事物,它们不能被还原成“内在”于某个探索领域的句子或信仰:技艺和技术,工具和物质系统(包括其制造和供应网络),资源的可用性(钱,这是当然,还有职员,信息以及观众,等等),制度性结构,与其他社会实践或政治事务的相关性,还有更多。知识主张 【189】
被解释、被使用以及评估的背景在不同的语境中同样不是不变的。这一变化肯定是“同一个”陈述(或概念、技术、设备等)在不同学科中被利用的不同方式的特征,但即便是在同一个学科,相当的实地可变性存在于被认为是与知识有关的背景之中。这些背景也是随时间变化的,特别是当研究方向转换的时候。

对于构成科学知识的实践,我强调其异质性,这也许初看起来似乎远离了瓦腾博格的“社会联合体”概念,因为瓦腾博格把权力领域限制于人类行动者(及其社会制度和实践)之间的社会关系。[2]正如我已经指出的,我拒绝这些科学知识的概念,这些概念也类似地把知识排他性地置于社会互动的网络之中。但是,瓦腾博格的错误是给构成权力的联合体的组成强加了这一限制,因为权力常常受到权力自身所在的环境的调节,以及受到此环境中的物理事物的调节。这一点,对理解知识与权力之间的互相联系来说,具有重要的含义。

权力关系不只是依赖于维持一个其他行动者的联合体,而是越来越依赖于一个可靠的物理环境及其包含的事物、过程和相互作用。例如,男性同性恋之间的权力关系,保险公司、雇主以及政府,它们都受到了艾里扎(Eliza)和维斯特恩·布劳特(Western Blot)血液中 HIV 抗体检测程序的方便性的强烈影响。[3]这些实验室报告的可用性、可靠性和意义引起或改变了很多有政治负荷的问题。这些包括男性同性恋和 AIDS 携带者的医学诊断和/或政治自我认同,性认同和性征表现的文化政治学;还包括检测匿

〔1〕 Shapere1984 试图说明使得科学知识形成为“背景知识”统一领域的异质性考虑。

〔2〕 Wartenburg 1990: 3 - 8.

〔3〕 Patton(1990)和 Treichler (1988, 1991, 1992) 对这些问题进行了广泛的讨论,在相当细节的程度上处理了检测以哪些方式重组了医学、性和政治认同中权力和知识的关系。

名和保密性及其与歧视或压迫的关系，流行病学，药剂干预，以及一个“AIDS服务业”的出现。前面的问题还改变了立法保护男同性恋和女同性
【190】恋及HIV携带者民事权利的意义。把权力通过这些关系进行的散布，限制于一个狭窄的社会联合体，将是极其误导的。

很容易想到其他一些调节权力或抗拒的事物或过程的例子。入侵和殖民美洲和澳大拉西亚(Australasia，泛指大洋洲——译者)的欧洲人还伴随着一些微生物和驯化的动物及植物物种，微生物大量毁灭了土著人口，而那些动物和植物物种则剧烈地改变了土著久已适应的生态环境。[1]威胁着这些区域居民并剧烈地改变了他们生活可能性的权力联合体，不能仅被理解为与其他人类行动者的社会关系。有一个十分不同的例子，监视和禁闭的多种技术突出了这一点，即行动者和事物常常是一个权力联合体中一定程度上可相互改变的要素，因此很难辩明分析性地隔离它们在构建权力中的角色。[2]军事力量，工业生产，及人类身体的医学化提供了很多其他显著的例子，表明权力联合体不能仅仅根据人类行动联合来理解。这样，权力被运用和扩张也同样被抵制和逃避的权力联合体，一定要包括我们的物理环境以及工具，过程，实践，以及我们使用并作用于它的事物的效果。

不难看到，为什么权力理论家不愿意把事物的行为包括到构成“社会权力”的联合体之中。从马克思对商品拜物教的批判以来，社会理论家警惕于固化社会关系或用事物关系代替社会关系的危险。但是，把物理世界当做仅仅是凝结的社会关系，并因此把权力联合体限制在特别行动者的活动，这样就忽略了事物可以不同方式来反抗把自己有效地包括到这些联合体之中。事物损毁了，当需要的时候不能使用，传达一些让人困惑的信号，有时甚至制造麻烦。事物还可以为抗拒它们调节的权力关系开启新的可

〔1〕关于微生物在欧洲征服中的角色，参见McNeil 1979；关于欧洲在扩张中动物和植物物种移植的重要性，参见Crosby 1986. Crosby主张：“如果欧洲人到达新大陆和澳洲的时候手里拿着20世纪的技术，而不是动物，他们将不会造成像马、牛、猪、羊、驴、鸡、猫等所造成的那么大的影响。”(173)

〔2〕Foucault 1977是这一案例的经典研究，但是，更新的技术和应用进一步突出了Foucault关于可视建筑的观点。

能性。当事物确实以这些方式脱离了联合体，它对权力关系的影响，完全 【191】
就像社会联合体的解散所带来的影响。我们避免拜物教，不是通过严格地分离自然因素和社会因素或把自然因素还原为社会因素，而是要承认这一区分的人为性(或虚假性)。

在《知识与权力》中，我的中心论点是，对于理解权力来说，在“自然世界”和“社会世界”之间不存在相关的界限。权力不只是指一个行动者的活动对另一个行动者活动的直接因果影响；它包括行动对实践和事物构造的影响，正是在这一构造中，一个行动者的活动是可理解的。[1]当今世界中，权力关系的一个重要方面，是它们受到事物的调节，而权力的尤其重要的特征也正是它受到材料、事物、过程和实践的调节，它们在科学实验室的“微观世界”的构造和扩展中引起或扮演着重要的角色。[2]我们不需要把利益、价值、权利或喜欢的“自然”秩序归于物质事物以承认它们在权力运作中的根本性联系。关键是不要主张任何事物都属于权力联合体，而是要否定，有些事物在原则上被从中排除出去。

但是这里我们的主要考虑是介绍并详细说明一个知识联合体的观念。主张知识联合体是异质性的，强调的是知识在实践、环境的复杂联合体以及处境于其中的事物和行动者之间的散布。正如约翰·哈德维格(John Hardwig)已经指出的，科学知识的这一特点，随着科学知识在规模和复杂性上的改变而愈发明显，例如一个单一的实验证明或数学证明可能会依赖于一系列的技巧和判断，甚至没有一个个人能有能力去评判，更不要说支配了。[3]研究实践中类似的变化要求技术上复杂和昂贵的工具，这不过是为了获得达到科学研究对象的方法。然而这些发展是程度上的差别，而不是种类上的不同，我的意思大约就是如此。这一主张的关键，不是去否认个体行动者或认识者在确立或维持知识上的作用，而只是去表明它们的角 【192】
色比通常人们承认的要更加依赖于情境。这种依赖到何种程度，在人们除

〔1〕 关于实践的“构造”的观点，见 Rouse 1987b：62 - 65，73 - 78，182 - 85.

〔2〕 关于微观世界，见 Rouse 1987b：第 4 章，特别是第 101 - 108 页；关于社会和自然因素的不可分离性，见 Rouse 1987b：第 6 - 7 章。

〔3〕 Hardwig 1991.

了承认知识的散布性之外还要承认知识在时间上的延伸性，就会看得更加清楚，对这种时间的延迟性，我喜欢描述为科学知识的动态特点。

我提出科学工作的“背景”是不断转换的，这就重申了前面几章的观点，即知识有一个比句子网络、操作者的集合或持久的信仰更复杂的时间性。说知识是扩散的或延伸的，我的主张是，对于一个陈述、模型、技术或实践，要想被认作知识，它必须被作为各种当前不断进行活动的资源（不论是进一步的研究还是各种知识的“应用”）。〔1〕在这个意义上，知识不断地循环（这是另外一种说法来指出它只是存在于它的不断的再生产中）。甚至是在它被清晰表达，或被整理和评估的这些时刻，也可以被这一循环所吸纳。被认为可能的新知识，无论是在非正规的讨论中或是最初的发表中，都具有试探性的因素。在回溯性判断中被总结的知识，其目的总是指向更深入的进步，而这一总结也受到这一规划的影响。科学文献自身总是在不断重组着已知的东西，将之作为进一步探索的资源。

按照这一说明，知识冲突对于科学知识的实践性来说尤其重要。一旦人们认识到知识只存在于它的再生产和循环之中，冲突或抗拒的重要性就变得更加明显了：抗拒调整着、指导着这一循环。知识的扩展和表述（以及还有它作为知识的实现）通常会遭遇各种各样的抗拒。恰恰是在这些方面，研究人员会尝试更广泛更准确地发展及表述他们的工作。哪里有（可能的）抗拒，哪里就会寻求新的更有力的技术，就会提供更精确和仔细的测量，就会完善理论模型以消除或避开可能的不精确的成分或不现实的假定。这些不同的完善自身就是新的知识，并随后为进一步的研究提出新方向或新问题。因此，从知识被抗拒的那一时刻开始，出现了一整簇新的实
【193】地能力及其在新语境中的扩展。但是相反的一面同样是正确的：哪里未挑战知识，哪里一个主张“畅行无阻”，哪里就只能发现很少的进步或根本就没有进步。并且只要以前的抗拒消失了，知识就会停止扩散。

“抗拒”知识的相关形式不能被轻易地还原成传统上那些狭窄的知识

〔1〕 这里，对我试图阐发的知识概念来说，“应用”这个词实际上有点误导，因为我们并不是首先获得知识接着再应用它；有些东西被当做知识，仅仅是通过它在使用中被解释和推广的方式。

范畴。很明显，知识还是能够被抗拒是因为在资料中有裂隙，理论模型中有可疑的假定，相反的证据，或与其他工作有冲突。但是，抗拒还可能是因为表达和发展的程序和性能太昂贵，环境上不合理，对动物太残忍，政治上太敏感，只有很小或没有军事方面的意义，无利可图，等等。正是在这里，哲学家们试图把内在于知识的考虑与那些从"外部"施加的因素区别开来。然而，承认科学工作的实地性及其动态性就会削弱任何如此区分的努力。一个主张的含义及其在更深入研究中被表述和发展的方式在于不要尊重内在论的界线。所有小的实地性决定，如关于研究材料、设备、程序、资金、人事、技能发展等此类的东西，这些都影响了更多不同种类知识的实际发展，这些知识支持了哲学家们通常研究的那些知识主张。为这些决定提供的实际辩明通常会使人们设想的内在考虑和外在考虑互换位置或得到平衡。这样，一个物理学家可能会支持一个特殊的实验策略而反对其竞争者说他的策略更廉价，但可能会产生更多的可探测的结果，能最充分利用人员的技能，可能会使军队产生资助的兴趣，更容易在文献上站得住脚，更容易容纳实时分析和调整，能适应各种不同的实验，设计上更优雅，更不会受到当地环境团体的声讨。我的观点是，这些异质性的考虑和理由，在知识的实际形成中共同发挥着功能。

对科学知识发展中的冲突和抗拒的积极角色的这一强调，突出了根据"知识联合体"来构想科学知识所提供的一个重要优势。它使得我们能够理解科学实践维持和相互强化以构造知识的方式，而无需假定一个潜在的 【194】
科学家共同体，假定一个关于理论或方法论预设的科学共识，或者假定偶然地体现于这些特殊实践中的知识具有一个可多重实现的"内容"。瓦腾博格的权力联合体概念认识到，行动者们可能会在某个环境中一致对他人施加权力，而无需共同的意图、信仰、利益或价值，因此也无需建立一个任何哲学或政治学意义上的共同体。更微妙的是，瓦腾博格的权力概念并不排除对权力的不断抗拒；权力和抗拒是动态地相连的，而不是完全对立的，这样，权力只是在有效克服了对它的抗拒之后才得以运用。与此类似，知识在知识联合体中的体现也认识到，知识是动态地联系着各种抗拒，它们来自反常，不连贯，异议，以及技能、技术和资源的不足。知识被理解为与世界持续联系的一个方面，而不是一个可以在原则上完成的计划。正如瓦腾博格说明把权力概念从不受约束的统治概念中剥离出来一样，我们可以类似地把知识概念从一直萦绕在传统认识论中的完全性和确定性的双重目标中剥离出来。在这个意义上，把知识设想为知识联合体中的分布，这样一种观点属于更广的实用主义传统，这一传统把知识等同于成功应付认识者环境及历史处境的能力。

对科学知识的动态性和异质性的认识有力地使我们回到前一章引出的知识重要性问题。我们不能假定，关于(自然)世界的知识——或对这一知识的寻求——是自我包含的和自主的领域。知识是什么很大程度上依赖于探究和批评实践如何处境于其他实践之中以及什么参与被认为是成功地达到了目的。马里奥·比亚乔里(Mario Biagioli)以及斯蒂芬·夏平和西蒙·谢佛的历史学研究突出了这一点，他们提出，那些人们以为熟悉的、典范性的"现代"科学的案例，不能被如此轻易地吸收到当前有关认识自然的本质和意义的假定之中。[1]比亚乔里提出，有教养者资助的动力重要地塑造了知识主张可能意味着什么，可信的主张是什么，在评估相互竞争的主张时什么是要害所在。伽利略把自己塑造为一个有教养的哲学家，
【195】同时也重新塑造了认识的对象以及事物如何把自己表现为可能知识的对象。夏平和谢佛试图重构与围绕着皇家学会的形成而进行的关于自然及自然哲学的争论，并表明在"社会秩序"的概念中，相互竞争的探究概念和知识概念可以被理解了。这两者都有力地指出了，仅仅把伽利略、霍布斯或波义耳的工作吸收到当前对科学做什么、科学的目的是什么、如何获得自然世界的知识等的认识之中，是误入了歧途。

有关认识自然的意义而进行的这些争论和差异不能限制在现代科学的早期历史，科学论中大量的工作已经证明了这一点。莫里尔法案(Mor-

〔1〕 Biagioli 1993, Shapin and Schaffer 1985, and Shapin 1994.

rill Act[1])、弗兰克斯奈尔报告(Flexner Report)、洛克菲勒基金会试图把“生命过程”研究从农业和医学奴役之下解脱出来的纲领,以及朱利安·赫胥黎对进化论综合所作解释表现出的对生物学知识本性和意义上的根本性区别。[2]第二次世界大战以来,粒子物理学在物质、资金以及社会规模上发生的巨大变化同样阻挠了任何这样的企图,即把它们同化为朝向一个共同或持续结果的日益有力而复杂的手段。[3]罗伯特·马克·弗里德曼对一个现代气象学科构建的说明,唐纳·哈拉维关于20世纪灵长类动物知识的要害问题的研究,以及保罗·拉宾诺(Paul Rabinow)反思了“生物社会性”(biosociality)的出现,作为遗传学的中心,与流行的“社会”概念和社会知识形成鲜明对照,所有这些研究都有力地提示了,认知的本质和意义在不断进行的科学实践中是很成问题的。[4]

紧缩“科学知识”

前面关于科学认知动态性和异质性的讨论,为从哲学角度讨论知识或特别是科学知识的本质,提出了有趣和深刻的问题。对于更传统的哲学的 【196】
知识概念,作为被辩明的真实信仰,与事实之间的真理—可靠的关系,对科学方法实际成功的说明,领域—明确的推理及背景信念的增长,等等,我的关于知识联合体动态性的说明有何含义? 迈克尔·威廉姆斯把这些问题集中地表述为:“我们可以谈论‘关于世界的知识’,但是我们有什么理由假定这里有一个真正的总体而不仅仅是多少无关的事例的松散的集聚?”[5]

---

〔1〕 为了使教育适应农业经济发展的需要,美国国会于1862年颁布了旨在促进美国农业技术教育发展的《莫里尔法案》(Morrill Act)。该法案规定,联邦政府依照每州参加国会的议员人数每人拨给3万英亩土地,并将这些赠地所得的收益在每州至少资助开办一所农工学院(又称“赠地学院”),主要讲授有关农业和机械技艺方面的知识,为工农业的发展培养所需的专门人才。

〔2〕 关于Rochefeller Foundation,参见Kohler1991和Kay 1993;关于赫胥黎,参见Smocovitis 1992,以及即将出版的著作。

〔3〕 关于这些变革重要性的讨论,参见Galison and Hevly 1992;Traweek 1988,1992;Galison 1985,1987,即将出版的著作;以及Pickering 1989a。

〔4〕 Friedman 1989,Haraway 1989,Rabinnow 1992.

〔5〕 Williams 1991:102.

威廉姆斯坚持认为，哲学怀疑论的不自然性提供了一个有用的方式，来处理把科学知识理解为动态的哲学含义。威廉姆斯辨认出了一个关键，但未经辩明的假定支持着认识论怀疑主义，也就是说，“知识”范畴为哲学探究界定了一个连贯的对象。如果评估任何信念是否真正有资格作为知识的方案是站得住脚的，那么“知识”范畴必须具有充分的理论整体性或前理论统一性，以允许它被概括和评估为一个整体。正如威廉姆斯指出的，怀疑论者（或那些很认真地认为有必要反驳怀疑论者的认识论者）并不仅仅是因为方便而逐一评估信念；只有对连贯的信念集合进行的整体性评估才具有力量和一般性，使得怀疑论成为一个哲学问题。因此，不论是怀疑论还是其哲学上的反对者，通常都在开始就假定了，不是论题上的就是认识论上的知识的整体性（或者像“其他种类的知识”，“外部世界的知识”，或我所讨论的“科学的知识”这样的一些子范畴）。〔1〕

对“真理”的紧缩论解释提供了一个有用的类比以反对这些认识论假定的“知识”范畴的统一性和整体性。对真理的紧缩论说明承认，存在充分确立的归属“真理”的实践，但是看不到有什么必要去用一个要描述真理的基本“本性”的理论来支持或说明这一实践。对处理真理的紧缩论或“最小主义”进路的讨论已经通过一些方式进行过了。在所有这些论证的背后，
【197】是对当前任何可用的实体性真理理论的广泛不满：如果符合论、连贯论或实用主义的真理“理论”已经得到了让人满足的、有教益的详细发展，那么紧缩论进路将无疑会缺乏吸引力。不过，紧缩论者已经用几种更具建设性的方式激发了他们的最小主义的真理概念，也许有助于我们对科学知识的反思。

对真理的紧缩论说明的激发来说，一个重要的策略，是强调“真理”和那些指示属性的术语之间的不相类性。保罗·霍维奇（Paul Horwich）适当地描述了进行这些类比的诱惑：

〔1〕 如果一种知识体的各个组成陈述或信念构成了一个融贯的系统的整体，那么它在论题上就是整体化的；如果它建立在一个共同的辩明的资源基础上，如“感觉”，那么在认识论上就是整体化的。

> 正如谓项"是磁性的",命名了世界的一个特征——磁性,它的结构已经被量子物理学所揭示,以及"是糖尿病的",描述了一组现象,糖尿病,在生物学中是可以描述的,所以,看起来似乎"是真的"也归属了复杂的属性,真理——实在的一个成分,它的基本本质,人们希望的,有一天被哲学的或科学的分析所揭示。麻烦是,这一结论是未经辩明的而且是错误的。[1]

霍维奇拒绝这一结论是因为他把真理谓项视为虚的(syncategorematic)。与指示事物(例如,句子或命题)的一个实质属性相反,它发挥的纯粹是语义学的功能,也就是说,允许一个说话者表达对一个命题(句子)的态度而无需表达命题本身。真理谓词使一个人能够说,海伦说的关于某特殊事件的任何话都是真的,或者戴维所说的话里面一定有一些是真的,即便我们不清楚是哪些话。处理紧缩论观点的这一方式,强调了塔尔斯基图示的质料等价式——"s"为真当且仅当 s——对于掌握真理谓词的语义学功能的重要性。"真理"的紧缩论说明因此最终假定了这样的可能性,即至少在原则上,仅仅在真理可以被确认的地方断言相关的真理而不使用真理谓项。

威廉姆斯,阿瑟·法因,还有我已经提供了一个更广泛的进路,说明了为什么应该按照紧缩论的方式来理解"真理"。[2]按照我们的说明,重要的是真理谓项适当应用的不可还原的开放的终结性和语境敏感性。看一看 【198】
法因对此紧缩论策略的恰当总结:

> 真理的概念是基本的语义学范畴。它的使用、历史、逻辑以及语法都足够明确,因此可以在部分程度上予以归类,至少在一定时间内如此。但是,它不能被"说明"或给予一个"解释"而避免循环。它也不要求任何类似的东西。真理概念是无确定答案的,

〔1〕 Horwich 1990: 2.
〔2〕 Williams 1986, Fine 1986c, Rouse 1987b: 第 5 章。

> 随着科学的增长而增长。特殊问题(它是真的吗?我们有何理由相信它的真理?我们能发现它是否是真的吗?等等)是按照众所周知的方式得到处理的。这些问题答案的意义植根于真理判断的实践和逻辑……但是,这一意义随着不断增长的真理概念一起扩展出当前实践的范围。因为现在的知识不仅为过去的判断重新分配了真值,现在的知识还重估了过去实践的整体特点。这种情况将如何进展,也没有预先的说法。[1]

按照这一策略,塔尔斯基图示有用地表达了紧缩论精神,不是因为真理谓项是一些语义学语境可以缺少的,而是因为它的可应用性太广泛、太多变,以至于很难为任何系统的真理概念所掌握。塔尔斯基等式的右边,很多可能的 s——存在的和也许存在的,没有系统的或连贯的统一性,可以为一个关于左边部分的某个理论所掌握,也就是说,关于任何"s"是真的将是怎样的情况。

这两个进路,就其是否能够被类推到紧缩论的知识概念来说,也许看起来有不同的含义。毕竟,"知道"(knows)并不具有一个简单的逻辑或语义学功能,可以与"是真的"所具有的功能相比较,也没有塔尔斯基图示的类似物能显示知识谓项的冗余性或非必需性。然而,即使是霍维奇的进路,它求助于塔尔斯基图示不怎么是为了经济地把握真理谓项的使用,而是更多依赖于塔尔斯基公式所图示的真理谓项使用实践(如,归属"真理",依靠它,争论它,回应这些批评,等等)的可理解性和可学会性。这些实践
【199】在缺少任何理论连贯性或实质统一性的情况下得到了维持。威廉姆斯正是以这种方式发展了"真理"的紧缩论说明和"知识"的紧缩论说明之间的类比:

> 也许我们会天真地倾向于假定,正如在物理学中我们研究热的本质,因此在哲学中我们研究真理的本质。但是一旦合理的紧

〔1〕 Fine 1986b:149.

> 缩论观点摆在桌面上,那么,真理与诸如热这样的事物之间的类比就不能再被认为是没有问题的了……经过必要的修改之后,如果我们有一个合理的关于知识概念的说明,那么坚持一个关于知识的说明也是跨出了更远的一步。对于"知道"的紧缩论说明也许能表明,这个词如何被嵌入一个可教的、有用的语言实践之中,而不用假定"被知道是真的"指示了一个属性,这一属性把命题归类到一个理论上有意义的类。[1]

对二者来说,不论是真理还是知识,紧缩行动把我们从思考一个可用概念来描述的推定对象,转换到思考这一概念被使用的语境。

一旦我们认真对待评估、归属、依靠或挑战知识实践的动态性,这一转换就显得很恰当且有说服力。当然,问题不仅仅是一个词的使用,还包括权威性、辩明、可靠性以及增益性的评估与分配等这些更有深远意义的实践。"知道"概念以及关于其使用的更广泛的考虑都可适用显然不同的语境,用于各种各样的目的,有着很不相同的利害关系。其应用中具体的冲突或和谐依赖于这些变量;一个具体的应用是否适当依赖于那一情况下问题的要害是什么以及它如何与其他情境和语境相联系。制造和评估知识主张的历史,这些主张对其他考虑和实践的意义,以及把这些主张与受影响的行动者的计划和自我理解联系起来的前景,为批判性地裁定具体案例提供了丰富的资源,而无需求助于一个对科学(或更一般的知识)意图或目标的一般性说明来支持它们。正如斯蒂芬·斯提什(Stephen Stich)支持真理和合理性的具体事例,我们应该更多地适当求助于实地性处境化的考虑,来评估任何关于知识相关性和充分性的一般性分析,而不是求助于一 【200】
般分析去裁定具体案例。[2]

注意力从科学知识转换到科学知识的归属实践,标志着在我的动态性和紧缩论说明和合法化方案的哲学及社会学提供者之间的一个根本性差

[1] Williams 1991: 113.
[2] Stich 1990.

别。后者受到如下观念的驱动：在知识主张及其归属实践的背后潜在着某些东西，它对获得正确知识来说是非常重要的，这些东西将说明这些实践，并且不是辩明它们就是显示出它们的无根据性。实在论、历史主义、经验论对科学合理性的说明，以及社会建构论，它们都争相提出最好的科学知识说明，并在此基础上，或者将科学积累的文化权威性合法化，或者驳斥这一权威性。按照我的说明，没有更进一步的或更深刻的说明能揭示科学实践的结果；这些实践的历史地处境化的、争论着的发展本身已经足以使我们理解它们。

拒绝寻求对科学知识主张的进一步说明或合法化，并不导致怀疑论或相对主义。紧缩论进路的关键是防止对科学活动和成就之“知识地位”的整体性评估脱离实际，否认“知识地位”是理论上连贯的评估目标。没有这样一种理论上连贯的概念需要去考虑，就不会存在怀疑论从整体上拒绝科学知识的基础。类似地，也不存在任何基础来决定它们的认识论地位相关于预先存在的特殊群体的利益，或者相关于其知识证明的某些其他社会解释要素。知识的归属和争夺动态地处境于行动者之间及其与周围环境之间的众多互动。这些互动决定性确定或辩明的归属不是由设想的社会建构的、经验基础的或历史突现的或因果影响的科学知识的本质或目标确立的，而是由这些互动的不断持续的动态性决定的。〔1〕实际上，正如我在第9章将要讨论的，哲学或社会学对科学实践的解释，更好被理解为试图从科学实践的内部来进行叙事重建，而不是试图站在实践外部来解释他们(喜欢)的结果。

与对科学知识的动态的、紧缩论说明接近的类似物似乎是取消主义。
【201】认识论取消主义者并不寻求说明、还原或者另外解释归属科学知识的实践。相反，他们提出，对科学哲学家和科学社会学家一直希望弄清的领域进行充分的说明，将不需要知识概念以及与之相联系的合理性和辩明的概念。取消主义在哲学上最著名的版本已经承诺用神经生理学和神经心理学的词汇来代替科学认识论和科学哲学的为人熟知的通俗范畴。例如，保

〔1〕 特别参见 Latour 1987：第3章。

罗·邱奇兰(Paul Churland)提出,学习"不是根据集合或本质命题状态的序列或集合之间的逻辑和拟逻辑关系的掌握来说明,而是要根据一个状态系统间的因果关系的掌握来说明,它包含的明确信息都是因果的、自然法则的及进化的事实"[1]。这里,"信息"的观念是一个物理学的、定量的概念,不是一个语义学的概念,它标示的是一个因果链的结果,而不是一种解释。对刺激反应中神经途径的物理重组的说明,将代替有关证据反应中信念的推理重组的任何讨论。按照这些"取消"式说明,通过推理和证据进行的通俗认识论辩明必须让位于一个在科学上更充分的对大脑过程的说明。

我的科学知识动态性说明的细节也许看起来远离邱奇兰关心的大脑过程,但是有独特的社会科学相关的认识论取消主义。大家最熟悉的社会建构论版本还在提供着知识的社会学说明,这些说明保留了等同于社会共识、概念网络或"体现或制度化于生活形式中的规则"[2]的知识概念。也许唯一彻底而自觉表达的社会学取消主义的科学知识说明得到了史蒂夫·富勒的支持:"组成一门特定科学的,是劳动组织、激励和权力结构、交流、编排以及工具操作模式,这些可以在其他通常不相关的社会领域中发现,但是它们被相关联系起来恰恰是通过在一个共同的环境中所有这些行为被有规律地(并且一段时间以后彼此地)强化。"[3]像邱奇兰的神经网 【202】
络,这些社会因果网络将代替通俗认识论的传说,错误地提出,某种东西像"一个心灵集合,一个世界观,或甚至一个命题一样一致持续地通过重复地时间和空间中的传递"[4]。尽管富勒是社会理论家中唯一的一个取消了所有关于像信念和理性这样的"知识实体"的言论,但是在对科学的说明中,可以发现一些试图取代各种知识和辩明讨论的更柔和的版本,对这些版本来说,经济的、社会的以及人口统计学历史具有超过文化和政治发展

[1] Churchland 1979:144.
[2] Collins 1992:132.
[3] Fuller 1989:63.
[4] Fuller 1989:4.

之上的说明地位。[1]这样一个"本体论宽容"的社会学取消主义不会排除关于信念和理性的讨论,但会使它们大体上成为科学历史发展说明的附带现象。

不过,任何形式的取消主义依旧显露出"认识论的实在论"残余,而这是紧缩论进路所拒斥的。[2]取消主义者相信一个清楚界定的、理论上连贯的对象领域,它适当地取代了通俗认识论的词汇;认识论者只是错在他们对这一领域的描述,而不是他们对它的鉴定。富勒已经清楚地认识到在神经哲学家(neurophilosopher)的说明中的这一承诺,并批评他们仍然接受(没有什么好的理由)传统认识论对个体生物的知识自主性的信念。[3]邱奇兰仍然把他的知识和辩明的因果替代物限制在物理过程("外在"刺激及其"内在"神经过程),这一过程发生在一定范围之内,将一个单独的有机体从其环境中划分出来。而富勒自己的社会取消主义以同样的方式假定了
【203】传统上把"社会世界"(仍未统一的社会科学的整体化的对象)限定为知识的因果说明的有界领域。这个统一化的社会"元科学"[4]为世界的这部分或这方面划定了界限,知识就处于其中[5]。这些相似的界限之所以不是偶然的是因为,取消主义认识论是内在反讽的立场,它们作为研究的领域

〔1〕 最近在科学论向工具或实验实践研究的转向中,你也许可以辨认出这类趋势,因为科学知识的"物质基础"开始具有论说上的首要性,超过理论解释所有的意义。Smocovitis(即将出版的著作)论述说,她称之为"实践工业"的很多东西展示了一个温和的消除主义历史编纂学定向。

〔2〕 "认识论的实在论"是 Williams(1991)所说的如下信念,认为:"有一种方式,把各种(知识的)真正案例统一到一个融贯的理论种类之中,以至于使像'外部世界的知识'这样的事物成为某种独特的理论探索形式的对象。"(108—109)这一信念不是指认识论中的实在论,而是指关于认识论的客观领域的实在论。

〔3〕 Fuller 1992b.

〔4〕 Fuller 1989:63.

〔5〕 也许不很明显的是,Fuller 心目中有一个这样的截然划分的社会"元科学"作为他的知识论基础(epistemic explanans),因为他不断地求助于实验认知心理学,并实际上把心理学包括到需要被一个说明性的社会科学统一的学科之中。但是,两点考虑完全无视这一最初印象。第一,Fuller 主要是在消极的意义上使用认知心理学的结果:它显示了个体认识者的认知局限,这使得知识概念都成为站不住脚的了,这些概念主要依赖于个体认识者所有的经验的和批判的能力,而不是社会制度和实践。第二,Fuller 心照不宣地把心理学设想为一门分叉的科学。它的生理学方面属于自然科学(人类生物学),Fuller 为之提供了一个强的建构论解释以对照于他关于社会科学的实在论。生理学被搁置一边之后剩下的就是严格意义上的社会科学。这样,Fuller 把旨在研究个体认知过程的传统心理学实验重新解释为关于两个人之间相互作用的实验研究(1992b)

所具有的统一性和整体性是由其通俗认识论对应物提供的。维系着人类有机体的神经过程诸方面的整体性——这是邱奇兰感兴趣的,与维系着社会世界诸方面的——这属于富勒的社会认识论,是它们仅仅是世界的特征,他们都相信这些特征有必然代替个体的或社会的通俗知识理论。

知识归属动态性的紧缩论说明不做任何这样的承诺,认为存在着一个统一的对象领域,它的适当描述将使得所有关于知识和辩明的言论成为多余。理解及传播认识的实践根本不需要具有自然的界限。这些实践受到各种实质性的改变,包括书写、印刷以及电子符号的操作;用工具代替感官辨别和操作精确性,各种体制——通过这些体制,人类认识者被赋予并承认了可信性;还有很多其他构造上的转换,包括谁以及什么可以被认为是可靠地或可辩明地增进了关于世界很多方面的知识;这些都很大程度地改变了实践。没有理由相信,关于知识散播和辩明的这些惊人转换已经走到一个终点,因此也没有理由相信,知识领域(或者它的历史地构造的子领域“科学知识”)能被清楚地划定为一个理论上连贯的探究对象。

因此,紧缩论转向绝对没有贬低、摒弃、相对化或抽空科学知识的概念。提出并回应有关辩明、可靠性、可信性以及权威性的问题,对于科学及 【204】
其更广泛的实践环境来说,不但普遍也非常重要。在这个意义上,我理解科学知识的紧缩论进路,不但与真理的紧缩论说明保持着连续性,也与瓦腾博格的动态的、情景化的权力概念保持着连续性。真理的概念及与其相连的实践不能被说明或理论上予以限定,不是因为它们不重要,而是因为它们是无处不在的、根本性的。同样地,瓦腾博格拒绝社会权力的主流理论,部分上是因为他们未能把握社会生活中多重的、转换着的以及模糊的权力表现。在下一章,我将转向语言,将之作为另外一个哲学模型来说明科学知识的动态概念,并将考虑动态地构想语言对理解科学及科学论各学科的意义。我的主张是,所有三个相互关联着的概念和实践的领域——语言、知识、权力——更好地被理解为世界的无处不在的方面,而不是确定的领域或种类——包括着一些对象。

【205】

8 反对表象:戴维森语义学与科学的文化研究

在如下这些问题上,科学实在论者、工具主义者、历史理性论者以及社会建构论者相互争论不休,包括科学表象如何获得内容和辩明,特别是表象如何能被联系到它们试图表象的对象。然而,这一基本冲突的背后,是一个大体上共有的概念,即把科学视为表象的。与表象论一起,还有这样一种认识,认识者到达由科学知识表象的对象的途径是一个关键的问题。即便是科学实在论者,他们声称最好的关于世界的表象符合于独立我们的世界,但得到这一结论只是通过一些很不直接的论证。很多实在论论证接受这样一个前提,即认识者到达客体的途径是以经验为中介的,还有探究的方法,以及影响经验和方法的理论表象。实在论的关键是证明,不求助于一个不太可能的无中介的达到世界的途径,科学理论不会歪曲或误表事物的真实面貌。工具论者和理性论者通常的目标要比实在论者更少些超验的成分:他们主张,科学表象应该说明经验的世界,或者根据合理性的标准或探究历史的内在进步来说明。

社会建构论者更坚定地否认了超验性:他们把科学主张表象的"客体"
【206】视为建构表象活动的结果。史蒂夫·伍尔伽如此总结建构论传统的中心论点:"我们已经提出,毋宁说是先有我们的努力去'发现'它们,不如说,自然世界的客体是因为表象而被建构的。"[1]伍尔伽的工作就是致力于扩展

〔1〕 Woolgar 1988c:83.

这一建构论的论点。他带着建构论社会学去涉入科学以及日常生活,不仅在表象上,还包括背后的“意识形态”。根据伍尔伽的观点,“表象的意识形态是信念和实践的集合,来自如下观念,即客体(意义、动机、事物)引起或先于表面的迹象(记录、外观),它导致了它们”〔1〕。社会学家把科学表象为社会建构的,但是科学之于这些社会学表象,较之于自然之于科学表象,前者既不更加超验也不更加符合。科学的建构论表象因此在修辞上是不连贯的:“它们的作者产生了文本,发展并详细论证了表象约定的不足和/或历史性;但是这些文本本身也利用了这一约定。”〔2〕

伍尔伽从他对表象意识形态的批评中得出如下结论,即科学论必须把批判性的、创造性的注意力指向它自己的表象实践:“不想去尝试并逃避表象(这在如下意义上是不可能的:因为所有的解释学活动都包含了表象),但还是值得寻求发展不同形式的文字表达的可能性。我的观点是,这一进路也许修改了现存的约定,因此提供了新的方式来探问(interrogating)表象。”〔3〕我有不同的看法。伍尔伽的论战式地反对幼稚的表象论写作及其基础性的“意识形态”,体现的不是一个新的对表象的质问,而是一个相当陈旧且熟悉的哲学僵局。一旦假定了语言和知识是表象的,那么我们不可避免地发现我们陷入我们自己表象的罗网之中。这不过是从贝克莱主教的观念迈出了小小的一步,贝克莱主教的观念可以与其他观念相似,但不能与物质客体相似,而伍尔伽的能指(signifier),可以像其他的能指,却没有被指称的客体。〔4〕不过,问题的熟悉似乎并没有削减它对哲学想象力的束缚。伍尔伽与实在论、理性论和经验论伙伴们一起参与的合法化方案,就依赖于这一表象论假定。这种依赖性不仅仅是,在科学表象和假定被表 【207】

〔1〕 Woolgar 1988c: 99.

〔2〕 Woolgar 1988c: 100.

〔3〕 Woolgar 1988c: 94.

〔4〕 我批评的目标是 Woolgar 把表象视为无所不在的观点,而不是他对各种探究实践的特殊解释,后者也许不要求这样的表象论基础。实际上,虽然 Woolgar 对表象意识形态的一般批评类似于笛卡尔和贝克莱所阐述的对外部世界的无所不包的怀疑论,但他自己的怀疑论实践常常更接近于 Sextus Empiricus 或 Montaigne 的表现,对他们来说,怀疑论首先是一种道德实践,其目的是避免生活中的哲学独断论。Woolgar 的恳求(1991,1992),即避免“立场主义”,可以被合理地视为此种“经典”怀疑论的阐述,正是我在这里所批评的主张。

象的世界之间存在着鸿沟，因此使得科学需要哲学的合法化。这种依赖性要更加深刻：如果各种科学主张可以被归入到一个连贯的理论之下，那么科学就能够作为一个整体而被检查或“弄清”，不论是为何目的：证明它正确，还是否认它，或者仅仅是为了说明。人们假定科学话语具有的表象特点就是使得科学知识的解释和评估成为“这个样子”的原因。

在这一章，我探索了这样一种可能性，即理解各门科学但摒弃科学知识和科学话语是表象的假定。上句话中把话语和知识连接起来讲不是偶然的。操作上不可言传的技能以及感觉上辨别对科学实践来说是非常重要的，但是科学理解依旧无疑充斥着语言。此外，通常未经论证的假定认为语言表象地发挥作用极大地鼓舞了对科学知识的表象论说明。作为世界中事件的可能状态的表象，如果科学理论及其假设是有意义的，那么似乎很自然地会根据这些表象与它们所表象的客体是否符合来判断它们的知识地位。然而，在语言哲学中，不论是盎格鲁－美国还是西欧风格，现在已经有了充分发展了的也许还有争议的表象主义语义学的替代品。在这一语境中，让人(或应该)惊讶的是，科学哲学和科学社会学依旧埋头前进，似乎表象论的语言和知识概念是城里边唯一的游戏。

这一章因此也可以被理解为一种反思，即认真对待对表象论的批评，
【208】对于科学哲学来说有什么可能的意义。我自己的论述吸收了戴维森及其追随者的工作，但是其他对反表象论的进路同样可以实现这一目的。[1]这里我并不自称要捍卫我的广泛的戴维森主义的承诺，而反对其他理解语言和思想的进路；这一计划将属于一本不同的著作。我的更简单的目标是，提出一个有吸引力的绝大多数科学论以为想当然的表象论的替代方案，并指出对理解和交流的这样一种说明何以可能会有助于一个理解科学实践的不同进路。

〔1〕 与我对Daividson的解释相比，通常人们解释的Davidson对表象论的批评没那么激烈。我的解读受到如下这些学者的影响，包括Ramberg 1989；Wheeler 1986，1989，1991；以及Rorty 1989，1991。Wheeler的文章建立了Davidson计划和看起来很不相同的德里达对表象论的批评(1973，1976，1988)之间的联系。我的更早的讨论(Rouse 1987b)提出了Davidsonian传统如何可以与Martin Heidgger的解释学哲学联系起来。

没有表象的交流

伍尔伽对建构论方案的反身性批评提供了一个有用的途径,来介绍非表象论语义学对于科学论所具有的重要性。伍尔伽把反身性建构论描述为科学社会学强纲领的一个激进拓展。爱丁堡和巴斯学派的建构论先驱者们所谓的感到缺乏一个彻底的相对主义,是因为他们对他们自己的修辞产品的认识不是完全建构论和相对主义的。[1]相比之下,伍尔伽把建构论社会学的反身性应用作为建构论的“最艰难的可能案例”,因此也是最有趣的最有揭示意义的。不过,从另外一个角度来看,伍尔伽对表象的“探问”看起来相当胆小。伍尔伽坚持认为,我们永远不能超越表象去遭遇它们假定表象的客体。我们有很多说法,但不存在这些说法对应的世界。但是伍尔伽没有表示相同的疑问,我们首先是否能达到表象。一连串的标记或声音何以能被视为一个有意义的说法?我们何以能把世界表象为如此这般而不是那般?

我提出这一问题的目的不是鼓励质疑思想和语句是否会有意义。我 【209】的目的是,我希望鼓励质疑伍尔伽的假定,即表象(这是说它们的意义或内容)对我们来说比它们假定表象的对象更容易达到。如果不存在有魔力的语言,通过这一语言,我们可以准确无误地直接达到它的指称对象,为什么我们能想象有一个有魔力的语言,可以使我们能够直接达到它的意义或表象内容?[2]假定我们可以知道我们的意思,或者我们言语行为所说的,要远远容易于我们知道这些说法涉及的对象,这一假定是笛卡尔遗产的一个语言学变种:笛卡尔认为,我们有一个直接而特殊的通道达到思想的内容,但我们通向“外部”世界却并无这一通道。怀疑论和认识论相对主义,以及所谓的对它们的反驳,依赖于精神的这一首要性或需要它来说明它们的可

〔1〕 Woolgar(1992)对照了认识论上“激进”的自反性和羞答答的爱丁堡和巴斯学派的工作。

〔2〕 我从 Wheeler 1991 那里得到了“有魔力的语言”这一明晰的短语。

理解性、它们的意义及其论证性的支持。[1]

戴维森否认语言行为的意义或内容比它们指称的世界更容易达到。[2] 页边的标记，屏幕上的闪光点，空气的振动，或者大脑的过程，是一些彼此相似的事件。言辞和回应，它们是人们所做很多事情中的一部分，人类所处的环境还包括言辞的模式（以及其他活动的模式，这些可以与言辞模式有趣地联系起来）。弄明白这些言辞的方式（包括使我们的表达更合理）也是我们应付我们所处世界的总体活动中的一个部分。没有什么东西调节着我们与世界的互动，不是经验、思想、语言、意义或表象。谈论和感觉仅仅是更进一步的互动，不是一个中介，透过它的互动得到了传递。

很容易极大地误解对中介的这一否认。这一主张不是说世界或它的对象被直接或马上地表现；而是说，没有东西是直接显现的，甚至是经验、
【210】思想或意义。[3]理解任何一个事物（一个对象，一句话，某些其他感知到的事件，或对象、事件的一个模式）要求理解很多其他的东西。一个噪音不能被视为一个语句或一个行动步骤，除非它们属于一个更大的言辞或活动模式，只有在这个更大的模式中它们才是可理解的。这一戴维森主义承诺经常被描述为整体论，以对照于原子论观点，对后者来说，个别词汇或句子其自身就是有意义的（也许是由于它们与事实或对象的指称关系），更复杂的意义模式就是由这些此前已经有意义的部分组装而成。但是“整体论”这一术语不应该被误解为暗示了一个意义或信念总体，能使我们谈论一个整体的语言，一个整体的信念体系，或者一个整体的文化。它不过承诺了很多意义和信念在构造上的相互依赖性，修改任何一个解释将要求其他地方

〔1〕 Williams(1991)已经非常清楚地将怀疑主义及把知识评价为一个整体的认识论计划，同这个经验和意义的优先性假定联系起来。

〔2〕 我使用“戴维森主义”是经过仔细考虑的。我的意图不是阐发 Donald Davidson 的哲学工作，而是展示一种哲学进路，我根据这一进路自身的特点将其提出来，但我认为这是戴维森最清楚、最早地体现出来的。也许最终戴维森不是这个意义上的戴维森主义者，但是这对我来说并不重要。

〔3〕 Derrida(1973)提出了一个更让人吃惊的以及表面上是矛盾的类似观点：“从来没有什么‘知觉’。”(103)

的调整。[1]

否认语言是表象地起作用还可能被严重地误解为它暗示了存在前语言的达到世界的通道。对戴维森来说,语言弥漫于所有的理解活动,并且没有办法可以跳回语言之"外"。[2]戴维森的语义学的目的是解释场合化言辞(occasioned utterances)。他的理论假定了某个人已经在说一门语言,它把在未经分析的母语范围内的解释视为最基本的语言理解层次。某个人自己的语言因此没有成为一个有特权的指称框架,因为它并不比任何其他言论更多地支持一个固定的"框架"。因此,一个人自己语言中的言辞接下来就可以得到解释,但是只是通过在一个对这个场合来说必须保持为未经分析的语言中来设想它们。

对戴维森来说,解释场合化言辞的基础是何时说了什么。言辞的环境 【211】
以及与其他环境中的所说所为一起,提供了解释所依靠的唯一证据。因为意义不是直接可达到的,我们达到它只是通过在语句和环境之间的来回折返,正如我们理解的那样。任何一个言辞只能以其他信念为背景才能得到解释。然而,我们没有基础来归属这些信念,除了假定我们解释的那些言辞大多都相信,关于我们共享的环境,这些信念所说的都是真的。除了我们的母语中我们认为是真的句子,我们没有其他通道达到真的东西。这样,对解释的一个必要限制就是,我们把我们解释的哪些语句当做它们同意我们关于世界的大多数普通的真理。这是否意味着每一个人实际上分享了共同信念的大部分? 不,它的意思是,不存在同意或不同意。实际上,根本就没有信念,除非有一个假设的一致的背景。没有这一假设,就没有基础来为某个人的言辞指派任何解释(包括对他自己的;对于一个戴维森主义者来说,不存在任何特别的通道可以达到一个人自己的言辞"背后"的任何意义,这些言辞因此像其他任何言辞一样成为可解释的文本)。

[1] Wheeler(1986)在指出戴维森关于意义的一个明显素朴的不可决定性的信条所具有的深远意义时,曾短暂提出过这一点:"如果我们没有简单化地假定一个人的语言或理论在某个时刻是一个统一的整体,那么我们自己语言的领域相对于我们语言的其他领域来说是非决定的。"(490)

[2] 很明显,戴维森主义者们承认,人们不是生来就会用语言说话或理解的。但是,他们会坚持认为,第一次获得语言是与学习一个附加的自然语言很不相同的事情,特别是一个人不能从我们的语言能力中进行抽象,以孤立出我们与世界相互作用的某些前语言"成分"。

这样一种戴维森主义的观点，即解释假定了一整块的信念上的一致而不是发现了它，这初看起来似乎有点违犯直觉。“信念”似乎先于解释已经潜存于人们的头脑之中。但是对于一个戴维森主义者来说，“信念”是一个理论上的概念，其作用仅仅是作为解释的一部分：为了弄清一个言辞语句或其他行动，解释者必须假定一个更广泛的语句系列，而这个更广泛的语句系列是说话者同时认为是正确而持有的。当然，在我们言说自己的语句时，我们不断以同样的方式来对待自己。为了使我们所说的甚至对我们自己来说是可理解的，我们必须假定一个我们“相信”的广泛的其他语句系列，这就是说，同时认为是真的。说话就是同时把自己解释为一个说话者，以我们解释他人的相同的方式。这样，表面上是预先存在的信念就成为不过是不断进行的对我们自己解释的结果，无论何时我们说或想，这一解释就会实现。

戴维森主义者把说话者相互理解的解释描述为真理理论。为了弄明白为什么真理扮演如此基本的角色，我们必须首先理解真理如何被从表象概念中彻底分离出来。真理总是被在认识论上构想为语句意义和事实之间的符合关系和有意义句子之间的连贯关系。因此，人们就根据什么能使这些已有意义的句子真实描述世界的方式来分析真理。对戴维森主义者来说，这是颠三倒四。语句并不“有”意义，除了在某时说了(或将会说)什
【212】么的基础上。这样，确定哪些句子是一个说话者认为是真的，提供了唯一的基础来解释这些句子能意味着什么，使得一个说话者的语句构造在说出后大部分是真的(通过把它们与我们认为是真的句子对照起来)，就是使对这个说话者言辞的一个解释成为让人满意的。很简单，没有意义先于这一真值的临时性指派。对戴维森主义者来说，真理因此是一个纯语义学概念，使得句子能够通过被对照于解释者在同一场合下认为真的那些句子而得到解释。没有东西“使得”(make)句子为真，并且“真理”并不命名任何关系，当然不是句子与任何非语言事物之间的关系。未能认识到这一点常常是因为误解了戴维森的宽容原理。这个原理是，解释只能通过假定在说话者和解释者之间存在大规模的一致而得以进行，或者换个更好的说法，通过假定说话者说出并相信大多数真理。当这个原理被当做一个启发性格

言或一个(高度反直观的)认识论主张时，它就受到了误解。这两种误读都仍然预设了一个表象论，这种表象论会将意义独立于现世的环境而固定下来。雷姆博格(Ramberg)精妙地描述了这一常见的错误：

> 正如我们别无选择，如果我们想要明白其他人所说的，只有把他们视为整体上在说着真理，因此我们别无选择，除了把我们自己视为大体上的真理谈论者。宽容原理没有高估我们的认知和交流能力。大规模错误，正如大规模欺骗，预设了一个知识的、表象的关系存在于语言和世界之间，以及一个相应的词语和句子意义的固化……不幸被如此命名的宽容原理，只是在如下情况下才显得是宽容的：我们忘记了，当一个解释者在分离世界和一个说话者的信念之间的因果关系时，他收获的那一点洞见是语义学的，而不是知识的，并且，这些因果关系并不可用于辩明的目的。〔1〕

没有人曾经为一个说话者或一个自然语言明确构造一个完全的真理理论，而且我们也不应该期望这样的理论。但是真理理论本身在戴维森语 【213】
义学中并无重要地位。使戴维森感兴趣的是解释，他仿效了不断进行的建构真理理论的活动。〔2〕这些被建构的理论，把说话者用个人语言表达出来的语句对照于未经分析的母语的言辞。〔3〕对戴维森主义者来说，需要理解

〔1〕 Ramberg 1989：99.

〔2〕 Ramberg 1989：78—81 使我注意到这一点对理解戴维森语义学的重要性。

〔3〕 戴维森的真理理论观念背后有一套相当复杂的技术细节。其中心观点颠倒了 Tarski 1944 分析真理概念的方案，并假定一个有限的公理群，这个公理群可以产生无限数目的定理，展示出个体语句的真理条件。这些定理确立了被分析语言中句子的真理性和相应的母语言(元语言)——分析就在母语言之中进行——句子之间的物质上的等价物。这些定理因此就采取如下形式：“‘S’为真当且仅当 p。”当然，物质等价性并没有参照等价句子的意向性特征；要把“雪是白的”的真值与雪是白的联系起来，而不是草是绿的或太阳在东方升起，需要进一步的限制。这些限制产生的机制与从有限数目中产生无限可能的定理机制是一样的：这些定理是由组成句子的规则的迂回应用所构造的。“雪是白的”被联系到雪的颜色，是通过这样一种限制，即理论必须经济地说明不同语境中其他使用“雪”和“白”的句子，要与宽容原理相一致。这就是说，讲话者接受的绝大多数句子的真值必须与我们赋予同样真值的句子相适应。这样，尽管句子只能被历史地解释，真理理论中的全部解释却可以通过把它们视为在功能上由可重新组合部分所构成的真理而发挥作用。

的原始的现象是语言互动，或者交流。戴维森进路最让人吃惊的是，它说明了这些交流而未将意义、指称或构造的语言固化。我们无须假定意义已经呈现给说话者，接着由说话者传递给听众；我们也不需要词语和事物之间的指称性联系来固定意义；同样也无必要假定说话者及其对话者必须共享一个约定接受的语言。整个表象论的用具全部被摒弃了，而交流被塑造为一个词语和事物环境中的说话者之间的动态互动。

解释者建构的理论不是一些系统的理论来解释一个整体的语言或个人语言，而是一个“暂时理论”(passing theories)，一个时间性的构造，不断被修改以说明说话者不断的言辞。[1]这些理论弄清了人们所说的话、相信的内容，根据不断变化的环境以及不断增长的等待解释的语句而调整自己的解释。戴维森认为需要说明的材料是，日常的成功的交流依旧充斥着的可笑的用词错误，玩笑，各种索引，不常见的词语选择，革新，拼写、发音与
【214】语法错误，以及很多其他偶然性的以及不标准的词语使用。当然，说话者加入谈话时带着很多期望，包括其他人可能说什么，词语之间怎样相互联系。这些期望混合成一个“先在理论”(prior theory)肯定促进了说话者之间的相互理解(以及误解)。“先在理论”常常被规律性地推翻，因为对于成功的交流来讲，只需要一个对话者暂时理论的不那么系统的，或者不那么严格的趋同。

这样，在戴维森看来，解释总是动态的，并且这一动态论驱散了如下幻觉：“意义”(包括有意义的行动)构造了一个分明的或者连贯的客体领域。[2] 实际上，意义根本不是客体。只有言辞，行动，及未来行动和言辞的安排，这些都是解释者在相互理解(包括理解他们自己)时假定的。这一主张是坚决反对还原论的。与把有意义的句子还原成某种无意义的东西(例如，行为或者句法规则)相反，戴维森主义者把我们居住的世界理解为语言性地构造的。正如我在前面部分中指出的，戴维森接受语言为所有理解的

---

〔1〕 Davidson 1986 引入了“暂时理论”的观念。

〔2〕 认为意义是一种特殊的对象种类，这一观点一直是把人文科学设想为在方法论上与自然科学区分开来的基础。Rouse 1987b 第 6 章和 Rouse 1991b 反对使用这一观点来确立这一区分，并进行了广泛的论证；Rouse 1991a 发展了一种截然不同的反对这一区分的戴维森主义论证。

一个不可还原的、不可分割的维度。

与语言的不可还原性相伴随的,还有戴维森的拒绝分析/综合的区分。没有意义和事实之间的区分,就不会有理解人们所说的与理解的其他方面之间的清楚界线。萨缪尔·惠勒概论了非表象论地理解语言所带来的结果:

> 没有一个有魔力的语言——它的词汇携带着天生的意义,这样,决定语句的意义是什么以及什么是真的,也就是说,事实是什么,就依赖于一种简单的材料,即人们在何时说了什么。因此,学习一门语言与学习这个世界二者之间没有什么区别……如果这是真的话,那么同样地,我们所说的和也许说过的话的“偶然性”,与这个世界是什么或曾经是什么的偶然性,这两者之间也没有区分。因此,改变语言就联系着改变事实,并且改变事实就联系着重新评价。〔1〕

如果我们默默假定意义是独立于世界之所是而固定的,那么这些结论 【215】
看起来就让人吃惊。世界何以会随着人们所说的话而改变?但是戴维森主义的观点是,人们言辞的意义可能意味着什么,依赖于什么是真的,而什么是真的只能用一种语言说出来。有一个先于语言的理解而存在的世界,但没有意义及世界存在的方式先于语言而存在。

这些主张将显得更自然更明显,只要我们承认,言辞和其他可解释的活动是我们居于其中并试图理解的世界的显著特征。人们言辞的模式不仅仅回应于预先存在的世界特征,还引入了新的特征和区分。例如,维特根斯坦指出,被作为“期望”的各种行为和环境,并没有某种统一的属性(或者甚至家族相似性)先于使用“期望”这个词来谈论它们的实践。这个语言实践是期望现象的一个不可取消的部分。然而,“期望”并不已经有了一个意义,可以离开各种情境中使用它的持续进行的实践:意义表示与它具有

〔1〕 Wheeler 1991: 201.

的意义一起发生。这样,维特根斯坦得出结论说:“正是在语言中,一个期望及其满足联系起来。”[1]我们居住和理解的世界弥漫着语言实践。理解这些实践要求认识很多其他关于世界的事物,而世界的很多方面如果没有这些语言实践就是不可理解的。削弱意义和事实之间的区分,就是否认我们的理解实践的这些方面可以被有用地解开。

按照这一对语言的非表象论说明,隐喻及其他比喻就变得尤其重要。如果按照表象论来理解语言,比喻通常显得像是派生物。它们只能补充或扩展实际的或表象的内容,用一种不同的方式表达出来,即“隐喻”的方式。戴维森坚持不同的看法,他认为隐喻对我们使用语言的方式来说是很重要的,但并不表现或表达任何东西。它们依赖于使用词汇的熟悉方式(有些人不理解词汇通常被使用的方式,就不会正常领会一个隐喻或其他比喻),但是它们所做的事情不同于更平凡的使用。当比喻起作用的时候,它们
【216】“转变”我们,使我们以不同方式倾听或回应事物。[2]通常,当一个言辞说出时就被认为明显是错的(或者,在某些情况下是浅薄的正确的)——根据解释者为交换带来的标准期望来看,真理—理论性的解释就标志着一个比喻。或者必须显著地修改他的解释,或者接受说话者在做着什么事情而不是在说什么是什么。当然,不是所有这些表面上的错误陈述都是隐喻;它们在一个真理—理论中的最初表现并没有把它们与错误、误解、此前未认识到的真理以及玩笑相区分开来。比喻从它们引起的回应中的其他意外的使用词汇中突出出来:它们逗笑,激怒,联想,回响,等等。戴维森的观点是,不需要中间的“隐喻内容”以完成这些多种多样的角色。只要熟悉什么时候说了什么以及一个富有想象力的回应就足够了。

> 理解一个隐喻就像制造一个隐喻一样是一种创造性的努力,很少由规则来指导。除了程度的不同,(这一评论)并不区分隐喻

[1] Wittgenstein 1953:第445段。Wittgenstein关于期望的讨论在第444-453段和569-586段中得到了推广。我在本书第222页(原英文版页码——译者按)详细讨论了这些段落。

[2] Donna Haraway和Betty Smocovitis在谈话中向我指出,一个比喻也许常常被翻译为一个“转变”。

与更日常的语言业务：所有通过言谈的交流假定了有创造力的构造和有创造力的解释之间的互相作用。隐喻为日常语言增加的是这样一个成就，不使用日常语言依赖的资源之外的语义学资源。〔1〕

按照戴维森的进路，隐喻的重要性在于，它既扩展了使用语言可做事的范围，也改变了日常真理言论的可能性。隐喻可以滑落为更平凡的使用，通过重置其他真值就可以做到这样。如果树开始有"真正的"权利，这就是说，作为一个毫无争议接受的真理，那么，或者权利将不再那么重要，或者树将得到不同的对待(或者变化将通过更微妙的调整而被容纳)。语言的变化像意义的变化或事实的变化一样能产生重要后果，并以不能被清楚区分的方式转换了真值，这一认识具有重要的政治后果。这些后果常常受到热爱者以及批评者所误解，并被重新同化到一种社会相对主义之中。这样，在我们能充分考虑戴维森语言学进路的政治意义之前，我们必须清理一些错误。

有一个好例子，是我们应该拒绝的解释类型，巴里·艾伦(Barry Al- 【217】
len)从广泛意义上的戴维森主义前提出发，得到结论："一个偶然真理为真(being-true)，不外乎这样一个历史事实，即在有些话被说出时……被当做是真的。"〔2〕艾伦的结论在几个方面都是错误的。首先，对于戴维森主义者来说，真理的概念根本不能被分析；因此，它不能被分析为"被认为是真的"或"被一个共同体接受了"。而且这一读法还误解了解释性宽容的意义，并且未能充分认识到戴维森的解释是动态的。在前面一点上，被认为是真的东西就是解释必须开始的地方，而不是终点。一旦我们知道了哪一个句子为说话者(或说话者的共同体)接受，我们必须还要明白这些句子说了什么，这只能通过一个整体论的解释，使得说话者的绝大多数信念都显

〔1〕 Davidson 1984：245.
〔2〕 Allen 1993：6；Allen 的主张得到了 Okrent 1993 的广泛批评。

得是真的。[1]我们因此不能知道在某一时刻被认为是真的指的是什么，除了提及真的事物。

这样坚持真理的首要性并不只是用解释者认为是真的东西来代替说话者认为是真的东西。一个戴维森的真理理论解释语句，要通过语句的真理条件以及在其中它可能为真的环境。这些环境必须总是得到描述，因此在这个意义上，正如理查德·罗蒂所说的，戴维森主义者“根据我知道的语言(language I know)来说明真(true)”[2]。但是，决定性的是真理条件自身，而不是被选为解释性元语言的某种特殊语言。对一个句子真理条件的元语言描述本身就向解释和批评开放，而此类解释和批评又只能通过另外一个真理条件的整体性明确。[3]实际上，任何此类实际的元语言解释，是
【218】动态解释过程的一部分。解释总是资用性的，等待着与说话者和环境进行进一步的互动。因此，再重复一遍，把真理等同于接受，或者等同于“被认为是真的”，恰恰是把事情搞得更糟。理解我们以及他人接受了什么，要求与世界及关于它什么是真的之间进行不断的互动。

一旦我们认识到解释宽容的意义，那么似乎一个戴维森语义学会削弱语言具有的任何建设性政治意义。[4]这一印象同样是误导的。它的产生是因为这样一个假定，即真理是一个封闭的概念，这就是说，对于所有可能的句子来说，甚至那些还未想到、未说出的或未知的句子，真值已经存在。但是与这一假定所允许的相比，自然语言要松散得多，世界要更动荡，真理

〔1〕 重要的是要记住，一个戴维森主义的真理理论要说明的不只是赋予个体语句的真值，还要说明由其部分构成的无限其他句子的真值。句子的可组成性这样就为真理一理论解释施加了强有力的限制。

〔2〕 Rorty 1991：157；Royty 实际上引用的是 Jonathan Bennett，但是 Bennett 把对戴维森方案的这一描述视为一种批评，而 Royty 却强调它的价值。

〔3〕 在有的情况下，真理条件常常被还原成一个同调解释：“自由夸克有一个 1/3 电荷”为真当且仅当自由夸克有一个 1/3 电荷。同调解释的明显无聊所显示的——我们不必为之感到惊讶——是人们对所说话的理解很可能并不提高他对所讨论事情的掌握。当然，有时同调解释能够真正是有教益的，特别是当一个人最初的理解是另外一回事的时候。更进一步的讨论也许会指出某个人更早的言辞并不是一个玩笑，随意乱说，或被激怒的话，而是说话者实际上说出了他想说的东西(以及你在说着相同的语言)。

〔4〕 Okrent 1993 特别有力地说明了，为何戴维森主义纲领不能把真理还原为暂时为真，并且似乎是为了这一论证的政治上的重要性而得出这一结论的。

要更开放。正如惠勒指出的:

> 当实践(几乎)被彻底固定下来的时候,哲学家的"真"或"假"的观念似乎(几乎)很适合,这样它在事先就已经(几乎)被展开了,不论是什么客体及什么种类的客体,不论那个客体是否在这个术语推广了的意义上……我们可以期望"真"和"假"在我们事先可以概括出的总体性方面能很好应用,像一阶量化理论中的语法语句的数目和集合。那里,在这些方面,我们可以准备每一个不测事件……但是在自然语言中,要成为某集合元素的项目并不是由事物的本性给定的。在概念化之前,这是说,在语言之前,不存在多重性。〔1〕

戴维森主义者不允许为替代性概念图示留下余地,这些替代性概念图示将有利于普遍的不可决定性或不可通约性,因为没有多重性可以被不同地图示化。说语言是相同的或不同的唯一基础是解释,这假定了广泛的同意。然而不同意并不因此就被取消了,而只是被实地化了,而且还可以想见,它以各种形式实地化以与所有证据相一致。

这些边缘的不可决定性的意义会被推广,只要我们认识到,边缘的区域不是被在解释之前就被固定下来了。正如戴维森指出的:"料想一个给定的言辞属于一个独一无二的语言是错误的。我们可以不矛盾地把这一【219】言辞归属于一个或另外一个语言,只要我们允许我们关于一个人的全部理论的其他部分有一个转换。"〔2〕在这个意义上,一个语言就是一个解释固化,构成了言辞的领域,对这一区域,构建了一个单独的真理理论。惠勒提醒我们,这只是"一个简单化假定,即一个人的语言或理论在某一时是一个统一了的整体,(没有它)我们自己的语言的某些区域与我们自己语言的其他区域之间的关系就不可确定了"〔3〕。必须做出与之相当的假定以把一

〔1〕 Wheeler 1991:211.
〔2〕 Davidson 1984:239-240.
〔3〕 Wheeler 1986:490.

个说话者持续时间内的言辞或更多说话者的言辞包括到一个单独的真理—理论之中。雷姆博格(Bjorn Ramberg)承认这一点,并得出结论说:“不可决定的不是某个语言的某个句子意味着什么,而是语言正在被说的是什么。”〔1〕

这些不可决定性的政治意义来自于解释者在确定解释范围中的角色,这就是说,说什么语言。对戴维森主义者来说,约定对语言意义来说不是关键,胡言乱语也不是不可解释的,所以,政治性问题不是在使用的语言中某些事物不能被说。问题是,对于决定多种不同言说活动如何被处境于词语的其他使用及其与事物的遭遇之中,权力关系所扮演的角色。一个意外的言辞应该被同化到熟悉的用法当中吗?还是将其视为一个语言分歧的信号?〔2〕如果是后者,它表示了一个意外的事实吗?或者是一种新的叙述事物的方式?或者不过是一个词语的误用?对戴维森主义者来说,这些不同并不内在于孤立的言辞,而是依赖于它所处的环境。此外,这一环境仍然没有彻底安定下来:其中有些部分对于说话者回应某人说的一些话以及随后将发生什么事情,都是很紧要的。

当语言中的(可能)变化成了问题的关键,隐喻、转喻以及其他比喻可能会发挥特别重要的作用。比喻有很多与真理言说相差很远的用处,但是它们还是重组事物、言辞及其他实践之间联系的机缘。惠勒说:

> 有时我们说诸如“罪犯是其环境的受害者”,“胎儿是一个
> 【220】人”,或者“野生动物有权利”这样的话的意图是盼望这些陈述是真的。这一盼望,尤其是当话题重要的时候,不仅仅是在观察着某些明显东西,它事实上很难与如实的断言区分开来……斗争的关键是,有很多需要依赖这一描述。如果你是一个受害者,你受到了不公正的攻击,有一个攻击者,就应该有补偿金。〔3〕

〔1〕 Ramberg 1989:90.

〔2〕 当然,严格说来,一句不熟悉的或意外的言辞是无关的;最让人吃惊的语义学分歧常常来自那些熟悉的构造被以不易接受的方式重新构造。

〔3〕 Wheeler 1991:213.

由于实践和事物以多重方式被联系起来,意义转换和比喻漂移成普通真理,因此可以具有重要的后果。做出一个调整就很可能要求在其他地方的言、行进行多方面调整,问题不是语言决定了事实,或强制某些意义而不是其他意义。语言不再是一个特别的政治控制手段,而不过是一个中性的媒介,通过它,政治斗争可以得到报告和评估。语言既不在我们和世界之间,也不立于世界之外成为一个领域,其中它的客体可以被再次表现。言辞及其能够形成的模式既是人们所应付的环境的无法分开的组成部分,也是应付世界所需的不可缺少的部分。理解人们说着什么以及理解事情是怎么回事,是我们理解我们自己和世界的持续活动中的一部分。

戴维森之后的科学论

求助于语言哲学来解决科学哲学的问题不断产生着令人失望的结果。经验主义的意义理论,意义变化的实证主义理论,以及指称的因果理论,在最初承诺一个更可靠的科学知识解释和合法化基础之后都陷入悲痛之中。戴维森语言哲学对科学论的重要性是,不要在以前进路失败的地方继续前进。对戴维森工作的反思有助于表明,为什么这些失败是不可避免的,并防止它们以新的或隐蔽的方式重新出现。我们永远不能指望通过理解语言的运行来理解科学知识,因为它们的"运作"过于紧密地纠缠在一起。学【221】习我们理解世界的方式与学习我们理解我们语言的方式是相同过程的部分。

认真对待戴维森方案,对于科学论以后的工作来说,将会有既是批判性的也是建设性的后果。从批判性方面来说,戴维森的工作集中并推广了我已经尝试过的对合法化方案及其表象主义认识论基础的怀疑。特别是,一旦我们认识到表象论是一个有争议的假定,实在论、经验论和历史理性主义以及社会建构论,不过是如下误入歧途的尝试的残留,即"通过检查所谓的语言必然性来揭示科学的本质"[1]。从建设性方面来说,一个对表象论的戴维森主义批评,鼓励了一个科学实践与世界其他方面和特征之间联系和异质性之多重性的认识。这一认识符合于作为科学的文化研究的科学论进路。文化研究强调与话语实践进行批判性的联系。没有办法可以跳出语言之外或背后去用其他方式来说明话语实践。然而语言并不构成一个自我封闭的意义系统,可以离开持续进行的与世界的实践性联系而被理解。不论是对戴维森语义学来说,还是对科学的文化研究来说,意义最好被理解为与世界之间的开放的和动态的联系。按照这二者的说明,科学实践和科学的文化研究参与了这一联系,并且不只是去揭露已经确定的意义,无论是世界存在的方式,还是科学的本性和目的。

我对戴维森语义学对科学论的批判性意义的说明也许受到我对戴维森表述的限制。我把戴维森方案描述为理解语言交流而不固化语言或表象的一个有吸引力的、连贯的纲领,但是我并不试图系统捍卫它并反对语言哲学和心灵哲学中的其他纲领。即使这一有限的阐述,对于科学哲学和科学社会学中的解释纲领来说,也许具有重要的批判性含义,因为它们信奉的知识表象论几乎没得到讨论。实在论者、理性论者、经验论者以及社会建构论者,他们都普遍假定,认识者有相对直接的通道,来到达其思想和
【222】经验的内容,但是这一通向思想和经验对象的知识通道是很有问题的。他们对科学知识的一般合法化之必要性的不同反应可以大体上理解为对如何最好描述并解决这一所谓知识通道差别性方面的分歧。可以有一种严肃的并得到维持的替代方案来挑战这一表象论假定,这至少意味着它们这一共同的假定是需要讨论的。此外,不能建立这样一个讨论将是毁灭性的。戴维森主义和其他非表象论立场并不只是挑战他们对科学知识如何合法地联系于世界这一问题给出的答案的生命力;他们怀疑的是回答这些问题的严肃性和重要性本身。

戴维森主义的挑战通过如下方式得到强化,即更详细地考虑它对那些

[1] Shapere 1984: 383; 正如我在第1章中所论述的,Shapere错在认为他自己的计划已经抛弃了对"语言必然性"之哲学优先性的信念。

采取合法化方案的每一个传统所具有的含义。就科学实在论来说,一个非表象论语义学的可用性摧毁了实在论所有吸引人的但却不断重复失败的东西。实在论的直觉诉求有两个有力的原因:对日常物理客体的明显的熟悉(这些客体也许看起来比反实在论认为是中介的经验或社会关系更加容易达到);日常实践中在可观察的和不可观察的或社会的和自然的之间缺乏尖锐的区分。戴维森语义学求助于同样的直觉,而否认实在论的代表性信条(心灵和语言独立于世界以及真理和指称的说明力量)。实在论信条因此就被切断了和它最持久、最显得有理的相信它们的那些理由之间的联系。此外,戴维森主义提出的批评准确地隔离出了科学实在论中可以驳斥的方面:不是它接受科学理论的真理或理论实体的存在,而是它承诺了语义学实在论。实在论者相信科学理论说出的东西,与这些理论和世界之间的实际相互联系是明确分离的,并且世界有一个完美的描述,它先于与语言使用者之间的那些同样联系。没有哪个语义学信条有"实在论"一词常传达的那种自发的诉求。

戴维森主义者还挑战那些吸引经验论者和历史理性论者解释科学的东西:所谓观察的近似性和可达到性。这两个传统都利用了这样一个假定,与我们只能描述的我们"之外"的事物相比,我们更直接熟悉我们自己 【223】
的经验或程序。但是如果它们的相对可达到性不能被推定的话,那么使科学知识合法化的经验或方法就必须被明确指定。任何严肃地尝试去描述我们的经验或方法,当然只能确认戴维森的如下洞见:对于理解来说,没有比词语更好的东西,除了进一步的描述;没有什么东西能"使"我们对世界的描述成为真的或假的、辩明了的或未保证的。

戴维森对社会建构论的挑战进一步揭露了它不想要的与经典哲学信条的相似之处,即认为知识是精神的表象。社会建构论常常责备科学哲学家幼稚地忠诚于心灵、理性和一个客观世界的观念,忽略了人类行动因的重要性以及社会互动在意义创造和确立上的建设性。但是我们需要问,这里的"社会"互动是如何被设想的。社会建构论产生于一个社会理论和社会科学哲学的传统,这一传统把独特的社会领域确认为是由规则、制度和生活形式构成的。[1]这一传统最初致力于保护社会科学的自主性，使其免于物理主义或行为主义的还原。社会建构论不过是突出了“社会”世界在自然世界之外的自主性以及它在知识和形而上学上相对于自然的优越性。然而，从一个戴维森主义者的立场来看，意义或表象的固化是社会建构论和认识论传统之间的基本纽带，需要用这一纽带来给它们之间的差别赋予重要性。活动与(个体或社会)认识主体中的接受能力之间的平衡以及意义交易中认知或社会分析的优越性都是一些附属性问题。这样，对戴维森主义者来说，伍尔伽在下面这一点上看到了问题的关键：把如何理解表象作为社会建构论与更传统认识论之间争论的核心主题。然而，伍尔伽看到的是一个重要问题最终清楚地出现了，而戴维森主义者却看到整个争论被揭露为是错误前提的必然结果。

【224】 如果我们接受了戴维森主义纲领，关于如何设想和合法化科学表象的争论就是不必要的。是否戴维森主义者有自己的吸引人的替代研究纲领来理解并批判性地联系科学？关键是不要高估语言哲学对科学论的重要性。就自身来说，一个戴维森主义的语言哲学对于如何理解科学实践和成就来说只包含着很少的意义。不过，我看到，在戴维森主义对语言的理解与一个有前景的科学的文化研究对科学的理解之间有一个有益的趋同。为了可以看到我们如何从戴维森主义语义学转到科学的文化研究，我想简洁重述一下卡特莱特对她所说的关于科学知识的“基础主义”(fundamentalism)进行的批判性讨论。在她第一本著作中，《物理定律如何撒谎》(*How the Laws of Physics Lie*)，卡特莱特提出，物理学的基本定律是假的：它们获得普遍性和说明力量只是通过抽象和理想化，排除了任何对世界中真实客体或情境的精确描述。[2]卡特莱特没有否认基本定律所具有的说明力量和计算经济(calculative economy)上的价值，不过她鉴定了，关于这个世界，用把基本的理想化与具体情境联系起来的不太系统的或强有力的现象定律，物理学能真确地说出什么。

---

〔1〕 典型具有这一动机的有两个来源，Winch 1958 以及 Berger and Luckmann 1966。前者的根源在 Wittgenstein，后者在于 Alfred Schutz 解读的 Husserl。

〔2〕 Cartwright 1983.

现在，卡特莱特相信她错误地确定了她批判的目标。问题不在于物理定律的真理，而是在于它们的范围。[1]像绝大多数科学哲学家一样，卡特莱特最初把物理定律理解为可以用于无限的范围，定律本身确定了一个无限的应用领域，现在她指出，这远远超出了它们可以精确表现的范围。现在卡特莱特提出，错误在假定定律确定了一个无限的应用范围。卡特莱特将这种承诺称为“基础主义”。而卡特莱特本人现在认为，“科学活动的目的是建立模型……将所有但只是这些定律能精确描述的环境都考虑在内，而基础主义者想要更多的东西。他们想要定律；他们想要真的定律；但最重要的，他们想要他们习惯的定律可以有力地运用于任何地方”[2]。卡特莱特把她对基础主义的批判理解为形而上学主张，但是也许更好可以被理解为语义学的。形而上学主张会说，实在是“定律的拼接”：世界显示的规 【225】
则性只是如无意外则一切相同(*ceteris paribus*)的定律，或者事物趋势的表现，不是严格的普遍定律。[3]语义学则主张，解释定律和理论不能从据这些理论来处理具体情境的模型表达中区分出来：理论只应用于那些可以建立合理精确模型的地方。

卡特莱特的计划变得更清楚，如果我们认为她的目的是既要避免基础主义(定律适用于任何地方)，也要避免经验主义还原论(定律的内容限制于它们可观察的结果)，基础主义和还原论都认为定律和理论已经有一个由其意义固定的明确应用范围。一个把意义视为广泛性的；一个则是严格局限的。实际上，如果注意到卡特莱特有意为她的对手选择称呼的神学暗示，即对神圣定律(当然在这里指的是物理定律)进行教条主义的“字义”解释，那么还原论同样是一种基础主义。还原论者与更广泛的基础主义者之间的区别仅仅在于他们喜欢解释的是自然定律。

相比之下，对卡特莱特来说，理论和定律并不携带已经备好的确定意

〔1〕 我在 Rouse 1987：148－152 中也类似地指出，Cartwright 的 1983 论证与物理学中基本定律的真理是相容的，只要对定律及其范围的解释稍做调整。

〔2〕 Cartwright 1994.

〔3〕 更加激进的是，形而上学主张也许会认为，正是定律的概念被错误构想了，这是自然神学的最后遗迹。这样一种观点会承认因果(单一事件导致其他的单一事件)和局部的规律性，但不承认一般定律。

义或一个选定的解释。理论有意义只有通过模式的构造以把它们的术语以明确的方式联系到世界中的具体情境。例如,17及18世纪经典动态性标准模型的发展,既是对世界中事物行为的发现,也是理论的一个解释。相似的,达尔文理论认为的物种起源于对各种个体特性的偶然变种的自然选择,被进一步阐述为性选择和家族选择模型。一个理论关于世界讲了什
【226】么依赖于多种多样的情境如何能根据它建立模型。[1]理论的内容并不局限于已经阐述的模型,但是对于那些还没有以此方式确定的情境,也没有什么东西已经决定它是否应用或如何应用。一个理论获得新的模型因此既不改变它的意义(经验论者也许如此认为)也不只是明确讲出已经含有的意义。实际上,我们最好不要把意义当做是一个理论的属性,而是将之视为范围或语境,其中语句和事物之间更丰富更复杂的联系被确立。以这一方式去理解,卡特莱特拒绝基础主义在精神上就是戴维森主义的:一个理论的"意义"是它在一个更广泛的与其他事物互动的模式中的位置。

那些(至今)没有合理或精确模型可用的情境怎么办?卡特莱特提出,例如力学,对于那些没有力学函数的运动,就没有清楚的应用。如一张1000美元的钞票在风中飘荡,她说道:"当我们有了一个很适当的关于风的分子模型,并且在我们的理论中有了系统的规则以为这个模型指定了力学函数,并且被指定的力学函数精确预测了正确的运动,这时,我们将有好的科学理由来主张,风通过力来运作。否则,这一假定就不过是又一个基础主义信念。"[2]这是不是意味着所有的物理现象不是由定律支配的?卡特莱特否认如下主张,即"力学耗尽的地方没有定律。(例如)流体动态性也许与力学有一些重叠和纠结。但它绝对不是基本物理学的一个子学科;它自己就是一个学科。它的定律可以指导那张千元美钞,完全像牛顿和拉各

〔1〕 在推广了的情况下,"基础主义"可以等同于从某一偏好的解释学策略出发断言固定意义的存在,Cartwright自己的立场就容易被解读为一种准基础主义。如果有人认为,一个定律或理论的陈述事先被作为其模型的东西所严格限制,那么,这个理论的意义和范围就会预先被决定了,起决定作用的是理论的陈述和关于世界——在这个世界中理论得以被阐发的——的事实(理论的内容将是那些许可的模型,它们提供了对这个世界的合理的精确描述)。不过,这一解释与我在正文中归功于Cartwright的那个理论相比,远远不是一个有趣或充分激发的理论。

〔2〕 Cartwright 1994:285.

朗日的定律一样"[1]。不过,当流体动态性和其他学科的定律也失去了清楚的应用,我们也许会碰到一些现象,我们没有比这些现象本身更经济的表述方式了。[2]

只要我们问她说的一个理论或定律的"模型"指的是什么,卡特莱特的工作与文化研究的相关性开始显现。在有时被称为理论的语义学观点中,【227】"模型"这个术语有一个非常明确和限制的解释。但是卡特莱特清楚地想要比对科学理论的更形式化的解释能够包容的更松散更宽泛地使用这一术语。[3]她自己的模型案例是数学的,主要来自量子力学和计量经济学,但是对卡特莱特来说重要的不是它们的数学形式而是其运用。尽管她引入它们是通过类比于逻辑经验主义的"桥接原理"(bridge principles)或"部分定义"(partial definitions),但卡特莱特并不把模型视为术语的定义而是事物的影像。[4]一个影像模拟了世界的特征,使我们对这样一个客体感兴趣:我们操作这一客体的方式不同于我们操作被模仿事物的方式。在像著名的黑箱隐喻这样的模仿中,只有在其开端和结束时确立的联系才是紧要的。按照卡特莱特的说明,影像建立了物理理论的形式结构和我们在世界中遭遇的杂乱、具体情境之间建立了联系。更精确地说,因为我们能够在一个理论的形式要素和使我们感兴趣的具体情境的特征之间建立一套联系,科学理论能够被直接对照于具体情境而无须以模仿为中介,卡特莱特认为这是罕见的,尽管不是不可能的。[5]数学影像在科学中尤其重要,只是因为它们表述的经济性以及很好确立的操作上的可重现性。它们同样也是有趣的,因为需要复杂的实践("测量"只是描述了其冰山一角)以把它

[1] Cartwright: 1994: 284-285.

[2] Cartwright 无疑会承认,仍然存在这些事件的决定性原因,即便是没有可清楚道出的一般模式或模型,通过这些模式或模型,这些原因可以进行有用的分类。但是,即使 Cartwright 关于这些单一原因的观点是正确的,她关于定律的观点也同样可以被推广到因果。你不能假定所有的事件都有原因,而在有理由相信那些原因可以被确认的情况下除外。

[3] 对语义学概念的经典讨论,可参见 Sneed 1971 以及 Van Fraassen 1980。Cartwright (1983: 159-62) 简单讨论了她自己的模型概念与语义学概念的不同。

[4] Cartwright 对影像的重要讨论,参见 1983:143-162。

[5] Cartwright 在 1983:160—161 中提出了这一主张。

们的数字和数量的要素与世界的特征联系起来。[1]

一旦我们理解了模型是作为影像来使用的，那么在科学实践中，范围
【228】极其广泛的事物可以被作为模型。模型是新的客体，在理论词汇和世界中其他客体和事件之间建立更紧密得多的相互联系。[2]尽管卡特莱特强调了数学模型，但语词、图画甚至还有实物模型可以发挥同样的作用。例如实物模型，可以回忆一下，人们曾经使用金属线和金属片的奇妙玩意来模拟大分子结构构造的已知限制。今天，混杂的结构限制更可能是用计算机图形而不是以实际的实物结构来合并和操作，但是模型基本上没有发生变化。当然，地图、图形、表格、照片以及制图等也发挥着重要的作用，在科学词汇和世界中的客体之间建立着类似的关系（植物学的绘图，地理学的地图，周期表，天文学照片，或者粒子相互作用的费曼图）。

初看起来像是不同种类的模型在科学实验室中被有规律地建立。伊安·哈金强调了实验室在创造结果或"现象"方面的重要性：世界中值得辨别的以及值得注意的事件或情境。有些现象发生了而没有有意识地干预（彩虹，恒星的周日运动，蝗虫的周期），但很多更多的运动是仔细地有目的地构造于高度人工的环境之中。在《知识与权力》之中，我把这些环境描述为"微观世界"：一个表演场，其中实物可以经历受控的相互作用，这些相互作用受到严密监测，并消除了不想要的影响和污染。[3]那些在成功构造的微观世界中表现自己的现象还被用作模型，以介入语词构造和其他事物之间。语词构造与实验室现象之间的一套相关性，及另外一套在现象与微观世界环境之外事件之间的相关性，使得能够在未经调节的事件与语词实践之间建立一个丰富的、有力但不直接的相关性。然而，按照戴维森主义对人们所说和所做的解释，即便是这些密集的、不直接的相关性也可以作为

〔1〕 Cartwright 关于数学理论为何可以应用于世界中的事物的观点与 Husserl 的观点有相同之处；二者的比较，可参见 Rouse 1987a。Cartwright 的说明与 Latour（1987：第 6 章）的说明也很吻合，后者讨论了要建立和维持理论结构和其他事物之间的关系必须做的工作。

〔2〕 关于这些有助于把理论更牢固地附着于其他事物之上的异质性元素，Hacking（1992）提供了一个有用的分类。我推广"模型"这一术语的目的，不是混淆他所区分的，而是突出他的说明对削弱科学理论如何联系于世界所做表象论说明的重要性。

〔3〕 Rouse 1987b：第 4、7 章。

真理条件。

一个例子可以证明,在确立句子真理条件并由此整合这些句子的各种模型与人们所说所做的其他事情之间存在着相互作用。生物学家限制使用了一套丰富的语汇来描绘活细胞的结构特征:核、核糖体、线粒体、薄膜、高尔基体等。这些术语的应用被规则化,现在通过多重模型而被人们所学习。这些图表描绘了这些组分的结构关系。通过各种实验室操作,那些图表和细胞联系起来:超速分离细胞的离散层与细胞蒸馏,适当污染并超薄切片细胞薄片的电子显微镜照片,以及大量其他的实验构造分离并展示了细胞环境中的能量循环及其他交换过程;遗传交换,以及细胞内大量的其他过程。有了这些模型可以利用,可以非常直接地去学着理解(以及可理解地表达)讲述使用了像线粒体这类术语的句子,它们的真理条件涵盖了实验室之外的未经检查的事件。没有这些各种图表、图片以及实物模型,这些句子不能够被解释为是关于任何事物的。 【229】

应该不难看到,作为一个模型,不是仅仅由模型自身的属性或甚至它与它模仿的具体事物或情境之间的关系决定的。就其自身来说,所有种类的模型(甚至词语的和数学的模型)不过是世界中的一些事物,与其他事物之间有大量的关系。使得它们成为模型,并因此是某物的模型,是它们在实践以及不断进行的使用模式中被使用,其中,正确的规范和成功的标准得到有规则的应用。相关的实践概念在第5章得到了展开讨论;这里我只希望强调,现世的现象与词语、图画或数学模型就其都依赖于实践而获得其意义而言,我没有发现有任何不同。例如,有些现象仅仅是一些奇事,不论它们多么值得提起,但对于其他任何事物都没有任何教益。它们只是当它们在实践模式中被采用的时候(因此在实践中有了一些利害影响)才变得有教益,这就建立了与其他事物之间的有力、密集以及规则的关系。[1]

〔1〕 Mark Okrent 提醒我注意一个重要而相关的区分,这是 Dennett(1991a:379-380)所区分的属性或关系对事件和理解的两类依赖性。有些属性只依赖于存在物的理解能力(一个景色是"可爱的",只要一个适当构造的存在能在适当环境下辨认出它的可爱性,即便是没有这样的存在物实际上占据了这样的环境或做出了这样的辨认)。其他属性依赖于理解能力的实际运用(一个人是一个"嫌犯"只要有人实际上怀疑了他)。作为一个模型并因此对其他环境是有教益的,在我看来,更像一个"嫌犯"而不是"可爱"。

【230】 从很多方面来说,在上面的讨论中,用“表象”一词来代替“模型”一词是没有任何问题的。如果一个表象是一个事物可以在一个语境中代替另外一个事物(并且被承认为代替了)却不或不能代表自己(完成被代表的事物通过其他手段不能完成的事情),那么卡特莱特的理论模型以及图示、物理模拟以及被同化到模型概念中的现象都是表象。[1]但是这一用法很容易被误解,因为“表象”这个词,从戴维森语义学试图取代的精神表象或语言表象中积累了太多的含义。这些可以反驳的含义只有三个方面。首先,假定通过属于一个表象系统,如语言,一个事物代表另外一个事物。戴维森说“不存在一个语言这样的东西。”[2]他的意思是,理解是开放地、动态地涉入我们周围事物,不是可以包含在一个封闭的规则体系或约定的关系系统之内的东西。理解可以被一个语言的真理理论在某种程度上模拟,但是它总是超越了任何系统的结构,因为它总是持续要求一个“暂时理论”来包容。其次,精神表象的观念助长了一种幻觉,认为表象是表象的内容和它表象的客体之间的客观关系,而不是一个使用的模式——只存在于其不断的重新定制之中。再次,因为一个表象象征的物理“体现”似乎包括了一种物理事物及其意义之间的纯粹偶然性的联系,就产生了进一步的幻觉,即一个基本的言辞或“声音”为一个无意义的象征赋予了意义。[3]最后,这三点相互包容:表象最多是一个事物表示另外一个——通过它在一个开放的并且是不断进行的实践模式中的位置,因为不存在一个语言的这样的事物,一个自足的表象系统。

【231】 对于戴维森语义学的目的来说,模型就是比喻。它们并不表达某种意义或内容,但它们的确通过不同的表示把我们转到新的方向。它们鼓励我们注意语句解释的不同模式,与在过去通常使用的模式有所不同。像“他的讲座是一个真正的炸弹”这样的句子鼓励我们注意我们通常接受的有关炸弹和讲座的概括。与此相似,把氢原子处理为双体系统,只有库仑力是

〔1〕 Latour(1987)在这个意义上广泛地使用了“表象”这个词,部分原因是强调这个词的语义学/知识含义和政治学含义之间的联系。

〔2〕 Davidson 1986:446.

〔3〕 对表象的传统概念的这一批评,在 Derrida 1973 中得到了充分展开。

相关的,这就鼓励我们注意关于氢原子以及数学模型的一些普通信念,而不是其他。[1]决定哪一个日常信念应该在一个给定的情况下被想起来,其中包括了对言辞力量的解释,它是如何被接受的。对于"氢原子是双体的库仑系统"这句话,如果读者认为它的意图是为了否定电子有自旋,那么这句话将被很不相同的方式接受。但是在日常指谓和隐喻、模型或比喻之间的差别仅是程度上的差别。每一个一般术语推广到一个新的情况,就会修改一些我们以前倾向于接受的概括。除非事物具有本质性属性并且属性具有本质性的本性,把字义区分于隐喻的,不过是去决定如何裁定如下问题:是改变自己对世界的信念,还是改变自己对一个说话者的解释。[2]这样一种裁定的需要永远不能被消除,因为人们不可能固定一个言辞的修辞力量。[3]

我们绕到卡特莱特对模型的说明,其目的是阐明在戴维森语义学和科学的文化研究之间存在一个可能的联系。文化研究通常指向文本,戏剧或电影产品,仪式,手势,以及其他客体和实践,它们的重要性在于制造并扩散意义。如果在字义指谓和比喻之间存在清晰的和原则性的区别,那么,各门科学看来显然属于字义的报告,而文化研究将会适当地指向虚构的和比喻的东西。但是否认这一区分的关键不是要把一种实践同化到另外一 【232】
个之中:如果科学"文化"不具有根本性的本质,那么它们在根本上的相同并不比根本上的差异多多少。相对主义动议试图把科学主张贬低为虚构或把其他文化活动抬高到与科学"同样有效",它犯了这样一个错误:正如我们看到的,它最具代表性的形式,相对主义或建构论把科学陈述和其他文化产品看成是一样都是表象,而被表象的事物都是晦涩不清。戴维森语义学削弱了这一动议,问道:表象自身何以能少丝毫晦涩?不是表象介入

〔1〕 Cartwright(1983:136-139)讨论了氢原子与一个电子和一个质子间库仑电位之相对论模型之间的关系。

〔2〕 Wheeler(1989:116-139)强调所有新的预言必包括此前接受的一般性的某些改变,由此他发展了戴维森主义对字义和隐喻之间界线的模糊理论。

〔3〕 Wheeler(1989)间接概括了戴维森对这一效果的论述:"一个修辞力量的标示,一个可以附加于一句言辞以固定其修辞力量的表征,就其作为一个标记而言,将允许以不同的修辞力量来使用。"(124)

到我们和世界之间，而是我们有一个世界，包括了语句、模型以及图像及其相互之间及与其他事物之间的实践和因果联系。

文化研究探索词语、图像、活动和其他事件之间的异质性相互联系，而不是把意义还原成不在场事物的单一表象。新的说话方式，新的图像种类(卡通画，电影，计算机图形)，以及新的事物表达都彼此照亮了对方并为我们对自己和世界的理解开放了新的可能性。这些揭露还预先关闭了或改变了其他以前熟悉的可能性，并且它们重新联合了政治团结和反对促进或妨碍了人们的生活。文化研究的界定就是转向这些可能性和可理解性的改变；它们的对象不是某些特别的事物领域(如意义和表象)，而是作为理解和活动背景的世界。对戴维森来说，他坚持理解话语实践不能区分于理解讨论中的事物，没有其他合理定位文化研究的方式。

不过，也许有人反对说，科学通过诸如建构理论模型以及在实验室中操作现象这样的话语实践来处理世界中的事物；文化研究对这些科学实践的处理，则是通过其他种类的解释和文化批判这样的话语实践。这一反驳描述了科学和科学的文化研究二者各自最直接的关注和焦点，在这一点上并不错误。但是科学家在科学工作过程中不可避免地要对自己的工作进行解释和批评，而文化研究必须处理科学发生其中的环境。各门科学和科学的文化研究有着很不相同的历史、词汇和实践风格，但是也存在着大量的重叠：对象、实践以及二者都必须最终考虑的事物。文化研究必须批判
【233】性地联系科学实践和这些实践所属的世界；自反性的脱离或有意地疏远科学实践试图为合法化方案提供入场券的立场是得不到维系的。

我提出的在戴维森语义学和科学的文化研究之间的友好关系也许还面临着一个可怕的障碍。文化研究常常强调差异的重要性，强调权力、意识形态以及其他理解和交流上的失败。相比之下，戴维森语义学初看起来把理解和交流描写为愉快欢畅的：每一个人都相信绝大多数真理都是大致上理性的，而语言中的差异或概念图示上的差异并不足以导致交流的失败。但是戴维森并没有主张说话者事实上同意大多数其他的信念或他们的合理性规范。他们表现出这样一种同意是作为对任何行动者的解释所无法避免的一个预设。这些预设使得差异变得明显和可以理解；没有它

们,既不会有同意,也不会有分歧。这样戴维森主义者对文化研究的帮助,也许可以通过提供语义学资源以更丰富地说明差异和交流的失败。

一个广泛的戴维森主义进路可以提供几种策略来理解科学理解和交流(包括对早期科学工作的历史解释)中的缺陷和障碍。首先,可以承认,理解言辞不能脱离理解它们与其他词语和事物的联系。如果常常调节这些联系的模型和图像,对言语行为的解释就变得更加不可确定。不能重建创造现象的工具、过程以及技能或不能把文本与图像或图表配合起来,这些给从真理—理论上解释正在说的话强加的限制要少一点。戴维森主义者会以类似的方式来理解哈金的意见,即有些句子在一个特殊的环境中甚至不能被断定真或假。语句可能不能为真或假,其原因是无法达到那种"推理的风格",这种"推理的风格"会把这些句子与其他句子联系起来,其联系的模式能使一个整体论的、真理—理论性的解释成为可能。[1]例如,在文艺复兴时期自然哲学中,如果无法利用统计推理的模式,或者认识到相似性之间的相互联系模式,因此就会存在太多的自由,可以对句子进行不同的解释,并以各自独特的方式与这些模式和相互联系相符合,因此就不会有清晰的基础以得到一个确定的解释。[2]在这些情况下,理解的缺乏来自一个证据不足的基础。 【234】

戴维森主义者们也可以承认我们所称的"动态的不可通约性",它直接来自任何有魔力语言的缺乏,这种有魔力语言会把意义固定在变动不息的说话模式中。这里,问题不是什么东西被确定为不可通约性:一个言辞被从一种语言或理论到另外一种语言或理论的所谓的不可翻译性。问题是,尽管言辞只能作为一个更大的言辞模式的一部分来获得解释,这些言辞自

〔1〕 Hacking 1982.

〔2〕 推理的风格或模式不只是导致语句解释中的非决定性。不可决定性还在某种程度上出现于其他的方向;例如,在统计学推理的新实践和规范被引入之后,早期关于概率的主张也许可以用不同的方式来予以理解。问题不是以前的陈述曾经有一个意义而现在失去了它,也不只是为这些句子选择最恰当的翻译问题。问题是这些语句有意义,只是在它们与环境之间的关系,而它们在其中被解释的环境已经发生了变化。

身却并不携带任何标记可以表明这些模式是什么——说着的是什么语言。[1] 语言实践模式中这些逐步的或地方化的变化通常不会马上被认识到。雷姆博格适当地指出了这一点的含义："不可通约性不是(语言)结构之间的关系，而是一个结构变化的征兆。这一结构变化可能采取一个实践或范式的解散的形式……或者它可以采取不同传统的合并的形式……话语中的不可通约性只能发生在我们认为我们开始同意语言习惯，但是实际上仍然不清楚我们使用着什么样的语言。"[2]雷姆博格的主张显示出典型的戴维森进路的特点，也是使它对文化研究有吸引力的原因。戴维森主义者把语言看做一个制造(并回应)语句和其他事物之间联系的动态过程。可以采用来自雷姆博格的一个有用的隐喻，这些联系有着程度变化的时间的、地理的以及社会的粘度(viscosity)，这些变化说明了对完全流畅解释的部分抵抗。

【235】 最后一个但很关键的说明理解差异及交流障碍的戴维森策略是，承认语言使用总是嵌于更大活动模式之中。对戴维森主义者来说，理解言辞要求解释这些更广泛的实践。单有言辞通常提供了一个有限的基础以从真理—理论上来解释说话者；考虑更广范围的活动，为归属信念和期望提供了更广阔的基础。当然，所有的活动，包括言辞，都处境于其他行动者的被期望的以及实际的回应。但是这里我们同样遇到社会权力的动态性：理解一个行动者要求理解各种行动者的活动如何相互以及与他们的环境联合起来以维持权力的不对称，以及被解释的行动者如何能够行动去强化或避免这些不对称的后果。[3]我们已经看到，其他说话者能够把不熟悉的言说模式同化到熟悉的说话模式以及可能更不吓人的使用模式中。在另一方面，抵抗社会权力的一种方式是按照一种不会使自己完全透明于解释的方式去交流并活动。反讽、模糊、比喻以及沉默都是说话者用于这类间接交

〔1〕 请回忆一下，对戴维森主义者来说，一个"语言"只是一套实际的以及可能的语句，对于这些语句来说，有一种真理—理论性的解释。

〔2〕 Ramberg 1989：131－132(首先由我给予的强调)。

〔3〕 Wartenburg(1990)提供了关于动态社会权力关系的有用讨论。也可参见本书第7章。

流的本领。[1]对戴维森主义者来说,对同化或抵抗的修辞诡辩的唯一限制是,他们必须对一个解释者(也许比那些可能被骗的人更有想象力或处于不同的情境)来说在公共可用证据的基础上是可理解的。说一个公开的意见实际上是一个反讽或一个沉默有意义,这样说的基础是对所说所做的总体解释的连贯性,没有比这更深刻的基础。

戴维森主义策略这样就为理解不同意见、误解和不可通约性提供了相当可观的资源。然而,这些策略仍然从属于戴维森主义的基本观点,即理解意义和文化实践不能脱离理解这些实践发生于其中的环境,反之亦然。我已经提出,戴维森语义学的这一中心主题,为当代科学论提供了两个根本性的有利因素。首先最重要的是,他削弱了表象主义认识论及合法化方案的合理性,因此使得实在论者及社会建构论者之间正在进行的争论就显得没那么有趣了,与理解科学实践及其成就的关系也没那么密切了。其次,它支持一个建设性的纲领,以批判性涉入科学实践。科学的文化研究处理特殊的话语实践及其与其他实践和事物的明确互动——通过这些互动,这些实践才变得有意义。戴维森语义学对科学的文化研究的重要性在于鼓励对科学中的话语实践进行批判性检查,将之视为与世界之间的动态的、不断进行的联系,而不是一个封闭的、确定的表象系统。【236】

〔1〕 Biagioli 1993:第 4 章很有说服力地说明了把科学不可通约性建构为社会权力中非对称性的有意反应。

【237】

9 什么是科学的文化研究

在过去的20年里，社会建构论传统极大地改变了科学的跨学科研究。后实证论的跨学科规划“科学史与科学哲学”，受到爱丁堡强纲领、巴斯学派建构论—相对主义进路、应用话语分析来分析科学、常人学实验室研究等多种进路的根本性挑战。这些社会学传统强调的科学工作的很多特征成为后来对科学工作的解释不可缺少的考虑。社会建构论研究带来了新的眼光来看待实验室实践的知识重要性，科学在形成结果中无所不在的冲突和协商，学科之间界限的形成和消融，以及对科学工作“内在”因素进行划界的实践中的渗透性。建构论研究还有效地强调了科学工作中的困难：使设备和实验有效工作，重复他们的结果，使其成功和意义获得承认。

不过，尽管社会建构论有如此多的重要性，但科学论随后的许多工作，并不容易与能将社会建构论与内在科学史和科学哲学支持者都包括进去
【238】的合法化方案配合起来。社会建构论和内在论之间的中心论题是社会因素与理性因素(或外在因素与内在因素)之间的相对重要性，经验描述与方法的知识评估和科学探索成就之间的关系，实在论或相对主义/建构论对科学知识如何联系外在世界进行说明的连贯性。很多科学论学科中的工作越来越对这些争论的措辞提出挑战。很多问题被提出了，涉及科学知识说明的目标，假定的知识“内容”中的解释要素，所谓描述进路和规范进路之间的对立，以及实在论或社会建构论对知识的解释想要回答的那些问题的合理性。

在这一章里，我将阐述并例举一些重要的论题，这些都超越了社会建

构论和内在论之间争论的措辞。我引入短语“科学的文化研究”(cultural studies of science)来指称这些十分不同的学术团体,分布于历史、哲学、社会学、人类学、女性主义理论以及文化批评等领域。在使用这样一个短语时,我们必须想到,它超越了我所阐述的文化研究和社会建构论传统之间的一些很重要的理论上的、方法论的以及政治上的差异,以及它们做过的一些有意义的学术工作。我的目标不是去使文化研究具体化,而是强调一些重要的论题,它们可能重塑跨学科科学论的措辞。

那么什么是科学的文化研究?我在很广泛的意义上使用这个术语,包括了对科学实践的种种探索。在科学实践中,科学理解在一个具体的文化语境中得到阐发和维持,并被翻译和扩展到新的语境中。“文化”是有意选择的词语,原因是它的异质性(它既可以包括“物质文化”,也可以包括社会实践,语言传统,或身份、共同体和团体的构造),以及它可以暗示意义的结构或范围。几个历史小插曲也许有助于说清我构想的文化研究与它要回应的社会学和哲学传统之间的差别。我应该强调,这些简述只构成一些可能有揭示性意义的文化研究史的片段。在这一语境中,接下来我应该更系统地讨论我认为是最重要的理论问题,它把科学的文化研究划定为一个有意义的独特的探究领域。

我的第一个历史评注是承认社会建构论传统对科学的文化研究的贡献。文化研究追随了强纲领及其社会学后继者的领导,拒绝要求一些独特的方法或范畴来理解科学知识,使得它对立于其他文化形式。卡尔·曼海 【239】
姆的早期社会学工作不恰当地把数学和自然科学排除在他的视野之外。[1] 与此类似,至今依旧统治着美国社会学的默顿传统的确研究了自然科学,但是坚持它对科学制度和规范的探索,把成功科学工作的内容视为当然的。[2]默顿主义者一直关心这些工作何以得到制度和文化的体现,以及如何合理地说明对这些规范和方法的偏离。很多科学哲学(以及一些历史工作)也类似地建立对如下二者区分的基础上:(一方面)想象、推理和证

〔1〕 Mannheim 1952.
〔2〕 例如可参见 Merton 1973。

据，这些都内在于科学知识的确立；以及（另一方面）生平的、社会的因素，这些至少可以理想地从知识论反思中排除出去。不过，在拒绝把知识或知识的“内容”视为它们研究的重要核心这一方面上，科学的文化研究可能比有些社会建构论走得更远：一个紧缩论的知识论进路，因此远离任何试图更一般性地根据共识、表象或规则统治的生活形式等术语来描述知识的努力。

相比之下，科学的文化研究把科学探究与那些经常被科学哲学视为外在于知识的文化实践和形态之间的交流作为探索的对象。各门科学被当做文化形态，对它们的理解，必须详细地检查它们的阐述的资源、回应的情境以及它们改变这些情境并影响其他情境的方式。正如我将提出的，文化研究不试图依赖于某个有特权的说明框架（如社会因素）来取代对知识的内在论说明，但也不给当前被接受的科学工作赋予任何知识自主性。

第二个更明确的历史评注，也许有助于指出存在于建构论和科学的文
【240】化研究之间的一些有趣的差别。在二战期间及以后的美国和英国，科学知识的文化和政治成为政府政治的一个焦点，因为政府越来越积极地投入对科学研究的支持和指导。广泛地关注在一个民主政治文化中，如何最好地组织、支持并指导科学探究。在英国，晶体学家J·D·贝尔纳支持为了社会目标而对科学进行有目的的政治管理。[1]贝尔纳是一个忠诚的社会主义者，他提出资本主义社会不能有效地或人性地发展或利用科学知识。他强调，科学探究是一个人类劳动的社会产品，需要可观的资源，既可以为人类带来大量的利益，也可以带来新的压迫。需要一个社会变革，其中一个人性的科学可以繁荣，在他看来这也是科学自身所暗示了的：“科学暗示了一个统一的以及协调了的，并且最要的，自觉的对整个社会生活的控制。”[2]

“贝尔纳主义”（Bernalism）遭到著名的物理化学家迈克尔·波兰尼的反对。[3]波兰尼的认识论强调实践技能的重要性，以及它称为“个人知识”

〔1〕 Bernal 1967，1954；关于 Bernal 观点的充分讨论，可参见 Werskey 1978。

〔2〕 Bernal 1967：409.

〔3〕 Polanyi 1958.

的非言辞交流对科学工作的影响。但是他的观点具有重要的保守意义。科学不能被有意图地指向社会目的而不削弱它的知识成就；此外，因为科学知识的基础是不可说清的，如果不是一个实际的科学家，没有人能理解如何最好地推进科学。波兰尼看到只能保护科学探究的自由以及由科学精英管理控制科学资源，除此之外别无选择。

社会建构论传统在贝尔纳/波兰尼争论上采取了一个骑墙的立场。对于科学活动，社会建构论者采用了一个贝尔纳主义解释立场，强调研究是一个社会生产和确认过程，必须根据社会范畴来理解。但是对发展了的科学活动的描述，却深受波兰尼的影响。波兰尼把科学知识说明为实地处境的、默会的知会(know-how)，直接影响了有关科学实验室的相对主义和常人学研究(例如，哈里·科林斯、特雷佛·平奇、布鲁诺·拉图尔以及史蒂夫·伍尔伽、凯文·诺尔-塞蒂纳)，这是建构论传统中的一个重要组成部 【241】 分。此外，除了他们偶尔的反科学主义修辞，建构论传统压倒性地坚持波兰尼的反规范立场，这预先关闭了批评科学实践和信仰的可能性。[1]建构论者初看起来禁止对科学实践进行批评的基础不同于波兰尼；他们拥护一个很极端的知识相对主义，而不是对科学共同体不可置疑的权威性的精英主义捍卫。然而，在实际上，这两个立场趋同于对共同体权威性的捍卫。因此，建构论者科林斯和斯蒂芬·耶耳利(Steven Yearley)，对迈克尔·加农(Michel Callon)关于法国扇贝培养研究计划的命运的说明，提供了一个波兰尼式的反对："我们知道只有一种测量扇贝复杂性的方法，而这是由适当的科学研究提供的。如果我们真的使扇贝行为进入我们的说明等式中，那么加农必须证明他的科学资格。"[2]

在社会建构论发现他们自己从波兰尼和贝尔纳争论中的两个方面都借鉴了的地方，文化研究的支持者却不会受到任何一个的吸引。后结构主义对很多科学的文化研究的影响不同于马克思主义的人道主义对贝尔纳的影响：贝尔纳假定了一个共同的人类利益以及一个共有的通过产品社会

〔1〕 社会建构论传统和 Polanyi 对科学反规范性的说明之间的连续性，参见 Fuller 1992c。
〔2〕 Collins and Yearley 1992a：316.

再分配而达致的解放计划，这与文化研究更敏感于意义和同一性的差别和争议是相抵牾的。然而，波兰尼设想的一个自我管理的科学精英阶层更缺乏吸引力。与将科学共同体神圣化或相对主义化相比，文化研究质疑它们的界限以及通过划定和维持这些界线而确立的权威性。〔1〕一个不同的知识政治学必须从这一立场出发，而不是波兰尼的科学寡头政治，也不是建构论者的多元知识共同体。

这样一种知识政治学不会允许科学共同体以一种权威性的一致口音说话；也不会用一些从一个知识最高的立场从外部强加给科学的那些特权
【242】词汇的名义在科学领域开辟殖民地。〔2〕因此，我最后一个历史评注适当地强调，20世纪后半叶来自科学共同体内部的对科学的政治批评、对科学的文化研究的影响。当代科学的文化研究要很感激物理学家们在政治上的矛盾态度——导致了《原子物理学家公告》(*Bulletin of the Atomic Scientists*)，以及科学界对将科学研究军事化的更广泛的反对(特别在越南战争期间)；诸如为人民的科学(Science for the People)以及激进科学杂志集体(Radical Science of Journal Collective)这样的群体的兴起；科学环境主义的兴起，包括对公司和政府控制杀虫剂研究的抵制，低水平辐射，等等；以及直到最近的合成DNA研究和人类基因组计划。关于科学与性别问题的第一波研究强调了对生物学和心理学中的意识形态的批评，同样绝大多数是科学家自身的工作，并且他们的工作很可能是文化研究更深入探讨科学与性别问题的先决条件。〔3〕科学的文化研究不只属于学术的历史以及对科学进行的学科化的历史、哲学和社会学解释，而且也属于科学的历史研究，科学自身的文化，以及关于科学知识的政治斗争。

在以这些方式定位科学的文化研究时，我试图强调它们与20世纪科学文化很多重要方面的连续性。但是现在应该指出它们自己对理解科学所做的独特贡献。当然，考虑到科学知识的文化研究既是多样性的，也是

〔1〕 关于维护知识界线的知识重要性，Traweek 1992和Rouse 1991c进行了批评性讨论。

〔2〕 介绍知识统治的概念是为了推广Foucault(1978，1980)的观点，他批评了统治问题构造政治理论的方式。这个概念被Rouse 1993，1994在科学论中进行了阐发和批评性应用。

〔3〕 例如，Hubbard 1990，Fausto-Sterling 1985，Bleier 1984以及Birke 1986。

有争论的，我发现让它们描绘一个共同的科学工作图景显得很不合适。但是还是有一些醒目的共同主题：关于科学的反本质主义，非解释性地涉入科学实践，以及强调科学实践的实地性和物质性，更强调它们的文化开放性，颠覆而不是反对科学实在论或认为科学是“价值一中立”的观点，以及承诺一个来自科学文化的知识和政治批评。

科学的文化研究拒绝承认科学有任何本质或者一个单一的本质目标——所有真正的科学工作都必须追求这一目标。按照理查德·罗蒂的表述，“自然科学不是一个自然类”[1]，科学探索的实践，它的产品，以及它 【243】
的规范是历史地变化的，在不同的科学学科内部及学科之间变化也很大。高能物理学、低温物理学、射电天文学、群落生态学、分子生物学、动植物分类学、古生物学以及气象学等，它们是在很多方面都很不相同的知识实践，并且这一清单还没有包括更多直接“应用”的科学领域。科学工作即便是在同一个领域内也有文化上的很多变化，例如，在风格、方向、标准以及科学工作目标上就存在很多重要的民族差异。[2]这丝毫不意味着，不同的科学文化是自我封闭的，或相互不理解的，或者个体科学家或群体不能再有效地穿越这些界线。它也不意味着科学文化中知识上的有趣差别能清晰地划入民族的、语言的或其他文化领域之中。

现在，我只想强调，科学实践领域内的变化性包括了它很多的重要特征。它包括规模、精确性、技术复杂性、敏感性、理论透明性、机动性、探究目标的可达到性；它的社会秩序（例如，有效研究群体的规模、知识、技能及相互理解差异的程度，等等）；它的理论复杂性和理论与实验或观察实践之间的关系；它与其他文化实践联系的重要性；描述和说明的相对重要性；其研究和交流的制度性组织。

在文化研究看来，对各门科学中的异质性不敏感，是很多将科学合理性或其指称成功进行合理化方案的一个重要错误，而且，文化研究看来同样错误的是，知识相对主义将科学共同体（及其接受的结果）摆在和其他共

〔1〕 Rorty 1991:46 - 62.
〔2〕 对这些差别的最新讨论，包括 Traweek 1988 和 Harwood 1993。

同体同样的水平线上。不论一个人是认为这样的一种科学探究要优越于其他知识实践，或是“不比”其他更好；或是有点不足，其错误的假定仍然在于科学知识属于一个单一类，与其他类相似或可以用任何有趣的方式从类
【244】上加以区分。相似的问题，很明显地存在于任何试图将自然科学从社会或人文科学中区分开来的努力之中。[1]

文化研究的反本质主义可以推广到我的第二个主题。它们与社会建构论传统最重要的一个差别是它们对科学知识（或其内容）的说明性立场的反对。社会建构论通常把自己视为一门说明性的社会科学，可以（潜在地）充分说明科学实践的知识结果。就此而言，社会互动的用语（利益，协商，等等）被认为是充分理解科学实践的关键。但是正如南希·卡特莱特就物理学说明所指出的，“（一门说明性科学的）目的是用小数目的原理来涵盖一个广泛多样的不同现象。（一个）理论的说明力来自它用少量充分理解的（表达）去覆盖广泛不同事例的能力。但是这一说明性力量要付出代价，（即）限制我们逼真地表现情境的能力”[2]。根据一个理论的说明性概念来说明现象的需要压制了被说明现象之间的差别，不论这些是否容易受到不同说明性框架的影响。例如，对一个科学实践的社会说明没有被适当地处境以考虑这一实践被挪取和利用的多种方式；科学的文化研究也许很好地考虑到了建构论研究认为没有问题的说明要素的可塑性。

但是，说明性立场遇到的两个相互关联的困难，对文化研究来说更为根本。首先，文化研究反对说明性立场将解释以及被解释内容之间的界线固化。这一固化可以采取不同的形式。例如，拉图尔和伍尔伽采取了（至少在修辞上）常人学作者的一个陌生人立场[3]，而科林斯和耶耳利则把自己视为自然科学的学科对手：“我们提供了一个方案：以社会事物为基础——作为社会实在论者——以说明自然事物。世界是一个竞技的场地
【245】（借用拉图尔的短语）；其他人将会以自然事物为基础来说明社会事物……

[1] Rouse 1987b：第 6 章。
[2] Cartwright 1983：139.
[3] Latour and Woolgar 1986.

(于是,SSK)希望用科学去弱化自然科学与社会科学的关系。"[1]

文化研究受到这一传统影响的是在后殖民人类学领域,它被怀疑试图单方面地给他者(the Other)强加一些分类[2],甚至当人类学被遣回了,而科学却被弄进他者之中,并且使跛扈的人类学家把自己描述为"失败了的狗",彻底输给了自然科学的充分确立了的文化权威性。[3]

科学知识的社会说明面对的第二个相关问题,是(社会)说明要素分类的固化,这由科林斯和耶耳利自觉进行了辩护(在我刚才引用的段落里)。文化研究集中于意义的表达和重要性,不情愿把社会说明的分类置于其视野的范围之外。这些说明在哪里假定了社会同一性或分类的统一,而文化研究就更不情愿把它们置于自己的视野之外,因为它要把这些假定的统一解构掉。这样一种抗辩变得更加麻烦,因为人们广泛承认,社会说明自身的分类和实践就属于一个科学传统。[4]

社会科学的分类的固化在社会建构论传统中以"自反性"为题进行了批判性讨论。关于这一问题最有名的工作是与伍尔伽和马尔考姆·阿什摩尔(Malcolm Ashmore)联系在一起的。[5]伍尔伽和阿什摩尔认为,科学知识之社会说明的追求是修辞上的连贯:社会学说明致力于破坏科学解释的幼稚和明显的透明性,但是它们自己的表象论修辞一点也不缺少幼稚。【246】
在前一章,我反驳了表象论的语言观点——这种观点构造了伍尔伽的自反性表演,也反驳了伍尔伽暗示的一般意义上的哲学怀疑论。但是,文化研

〔1〕 Collins and Yearlry 1992b: 382 - 383.

〔2〕 关于这些论题的讨论,参见 Marcus and Fischer 1986、Clifford and Marcus 1986 以及 Rosaldo 1989。

〔3〕 Collins and Yearley(1992b)明确地把他们自己对自然科学的文化异质性的说明性对抗描绘为就像"从浪漫描绘科学中败下阵来"(382)。

〔4〕 对于很多社会建构论者来说,社会学提供了一条选择路径,以充分使关于科学自身的科学研究自然化。例如,尽管奎因式的自然主义把科学认识论或科学哲学视为关于科学知识如何从感觉刺激中构造起来的科学研究,但爱丁堡学派却发现,对于科学的科学研究来说,关键的问题是,那些多样的信念何以从相同的环境中产生出来。不过,对于二者来说,它们共同的目的是把科学的领域圈定起来,把它们的活动放在它们的范围之中,并且对于二者来说,作为结果的知识与更广范围的科学知识共命运。如此自然化了的认识论,其关键理由局限于确认或消除科学总体中的不协调因素。文化研究认为这些理由是不充分的。一个自然化的关于科学的科学,同样错误地把科学视为从本质上是为了生产一个连贯的表象知识体系,这样一个概念是文化研究所拒绝的。

〔5〕 特别参见 Woolgar 1988b,c 以及 Ashmore 1989。

究回应的是那些对社会说明追求的自反性批评，其批评的方式可以被进一步区别于伍尔伽和阿什摩尔的进路。对于伍尔伽和阿什摩尔来说，认真对待自反性意味着放弃提高科学表象的实用性考虑而支持一种有创造力的、闹着玩式的对表象自身的“探问”：伍尔伽宣布，“自反性”“是文本的常人学作者”〔1〕。文化研究把自反性问题视为一个请求，去考虑它们自己与其研究的文化实践和表意之间的复杂知识和政治关系。〔2〕

这一区分不是意味着去豁免科学论的修辞使其免于自反性批评。例如，唐纳·哈拉维以及沙龙·特拉维克也批评了科学论领域中的共同修辞学策略，但是得到了不同的结果。特拉维克指出，就像科学家一样，“几乎所有更新一些的科学与技术论的写作也是说明所有事情并同时反对所有其他的故事。几乎所有哲学故事，不论是关于自然的、科学家的或是关于科学的，都是叙事的利维坦，通过相同的修辞学策略，生产并再生产着无所不包的关于原因和结果的故事”〔3〕。这些故事进行“无情的、循环的模拟；故事讲着和自己同样的故事”〔4〕。在对这些修辞的批评中，哈拉维和特拉维克并不想去一般性地“探问”和陌生化表象实践。从他们的立场看，伍尔伽的故事成了又一个叙事利维坦，讲述的是所有表象(包括他自己的)何以是“我”(the Self)的投影。相比之下，对哈拉维和特拉维克来说，自反性揭露了不全面性和处境性，而不是自我隔离。它揭露了这样一个幻觉，即表
【247】象是自主的并自我投射的；我们永远不能遭遇或理解我们自己，除非在一个与他人不完全共享的环境中与他人进行互动。如果修辞总是处境化的，那么对于自己写作活动的自反性考虑就不能保持着内在于这一文本。作者的文本性自我表现经受自反性批评，只是一个更一般认识的一部分，即将写作和言说视为行动的形式。这些写作和言说在干什么？它们讲给谁听？讲的是谁？它们以何种方式允许，或承认，或排除而不倾听谁对谁、关

〔1〕 Woolgar 1988b.

〔2〕 Haraway 1989 以及 Traweek 1992 都表明了对文本自身构造的自反性关注可以联系到科学的文化研究具有的政治重要性，而不是从事失败了的表现所谓“表象意识形态”的修辞学任务。

〔3〕 Traweek 1992：430.

〔4〕 Haraway 即将出版的著作：ms. 14。

于谁的反应？最重要的是，对谁来说是可说明的？对知识主张的批判性反思因此总是像知识论一样是道德的、政治的，并且哈拉维和特拉维克对自反性的呼吁，其目标是重构科学和科学论的政治学。哈拉维指出，当"自然科学合理地经受……文化和政治的'内在的'评估，而不仅仅是'外在的'，评估也牵涉了、限制了、充满了利益与要害，这些是实践领域的一部分，为现实的人们制造意义以说明处境中的生活"〔1〕。对自己言说和写作活动的自反性考虑因此就内在于政治性地联系科学，也将具有适当的谦逊和自我批评的态度。〔2〕

哈拉维和特拉维克对自反情境化的探究强调指出了文化研究的第三个独有特征，即坚持科学实践的实地性、物质性以及话语性特点。〔3〕科学知识经常被讨论，就好像它是一个自由漂流的观念体，超然于物质的和工具性的实践——科学知识是通过它们被确立并被联系于事物。文化研究（以及最近对实验实践的研究）则强调工具和专门化物质材料的专门综合体以及利用它们所需要的技能和技术在知识形成中的重要性。他们还强调科学交流和交换网络的特点，它既影响了需要说什么，也影响了什么词汇和技术资源可以被适当地利用。例如，文化研究强调如何可以通过新工具和新客体以及同样通过新理论或新概念（尽管我们应该清楚不要不把这 【248】
些范畴分得太清，好像工具和客体在某种程度上是前话语的）来创造或改变各个学科。经典细胞学转化为现代细胞生物学就主要是因为超离心机和电子显微镜的使用，超过任何具体的理论革新的作用，但是它由此改变了什么可以科学上视为与细胞有关的有趣的问题以及什么可以算得上是

〔1〕 Haraway 1989：13.

〔2〕 Haraway 对灵长类动物学家 Alison Jolley 科学职业生涯的讨论（1981：第 10 章）提供了一个有力的例子，证明此种自反性谦虚何以在一个十分具体的背景下得以实现。Jolley 的职业及其科学和文化背景是很寻常的，很难把她的科学工作视为与政治联系的科学实践的典型，但是它却表明 Haraway 的自反性修辞和政治学的概念。

〔3〕 关于科学知识的局部性和物质性的详细讨论，可参见 Rouse 1987b：第 4 章和 Rouse 1991c。

这一问题的答案。[1]彼得·盖里森同样提出,粒子物理学的一些基本概念因为计数器的使用而被改变;在实践中,它们改变了"电子",例如,从一个集聚体变成了一个可以数的概念(而没有例示独特的个体)。[2]

工具不可消除地属于地方性语境,这一语境中,有各种设备、技能及使它们有意义运行的话语实践。20 世纪 60 年代和 70 年代的哲学家们认为,工具对科学知识的影响可以根据观察的理论负荷来说明,假定工具发挥功能的重要方面被理论性地理解。几乎不变的是,这不是事情的真相,因为错误和噪音的因素,就是通过不需要理论理解的安排处理而被有规律地阻止了。[3]知识的地方性还表现在实际物质材料交换的重要性,或者为了使用,或者为了探索(特殊细胞的培养,质体,超导材料,等等);它们不是很容易根据一个描述就能重新制作出来的。有些科学家和哲学家会对强调科学知识的不可还原的地方性感到犹豫不前,但是他们应该清楚这样做意味着什么:他们把实验科学家、工具专家甚至现象学家所知道的和所做的绝大多数从科学知识中排除出去了。

文化研究强调科学知识的实地性和物质性特点,但必须区分于如下观点,即这些实践展示的知识是"默会"(tacit)的(如波兰尼所说的)或者无声的(mute)实地(如有些实验研究所暗示的,这些研究似乎提出了一个对科
【249】学知识做出了一个唯物主义说明,以反对它的文化解释)。无论是哪种情况,物质实践会被无法言明地进行,并因此是文化研究的解释实践无法达到的。科学实践和能力的实地化也不应该被认为是排除了实践的适应和标准化以推广到新的地方环境中去,并确立和维持这些环境之间的大致连

[1] 详细的讨论可参见 Rheinberger 1992c,1994,以及 Bechtel 1993。这些讨论之间的差别对当前的有关讨论是有益的,因为 Rheinberger 的说明代表了对意义阐发的那类解释,这是我归于文化研究的那一种,而 Bechtel 则试图尝试调和社会建构论和更传统的科学史以及科学哲学。

[2] Galison 1987:第 2-3 章。

[3] Hacking 1983,Traweek 1988:第 2 章。

续性。[1]拉图尔对网络扩张和维持及其与计算中心的联系的说明[2]，以及我前面对知识和权力通过竞争联合体扩散的讨论，都与科学实践的地方性十分一致。认为科学实践和知识是实地性的，对立于科学推理和知识的不费力性和非物质性的普遍性，不是对立于整体性相互联系的明确性和物质性（网络，联合体，关系）——它们可以被扩展到任何地方（得到充分的社会和物质支持），但不能被一下子掌握的。[3]

我从文化研究中得出的第四个主题，我一直称为科学实践的开放性，与一种广泛流传的观念相冲突，那种观念把科学共同体视为一个相对自我封闭的、同质的以及其他社会实践或社会群体没有什么联系的东西。即使像托马斯·库恩这样一位有影响的以及有教益的文化研究先驱，在《科学革命的结构》中，他强调了思想和规范的自主性和科学共同体的一致性。社会建构论传统在这个方面总是追随着库恩，或者集中于社会利益或者集中于社会互动，他们认为这些因素构成了科学共同体共有的信仰、价值和考虑。[4]但是科学的文化研究展示了在各种科学共同体（及其语言和规范）的界线之间有一个不断的流动。拉图尔曾挑衅地表示了科学工作的这 【250】
种开放性，说科学工作自身有效地打乱任何科学之内和科学之外的区分，或者什么是科学的、什么是社会的之间的区分。[5]

重要的是认识到，在科学与社会界线之间流动总是双道（two-way）的。现在，我想谈谈科学如何不断依靠并受到"外部"文化的影响。这一方向上的流动包括，科学家寻求并获得物质和财政资源，招募新成员，有意义或重

〔1〕 Rouse 1987b：第 4 章和第 7 章。

〔2〕 Latour 1987：第 6 章；对于文化研究的目的来说，Latour 对网络、中心以及其他维持它们的保护实践的说明，比他对这些实践的 semiotic 解释以及他把科学和科学论一起建构为力量的军事化演习，要更加有吸引力。对 Latour 的后面这几个方面的讨论，参见 Haraway 1994，即将出版的著作，以及 Lenior 1994。

〔3〕 Fraser and Nicholson（1988）有益地讨论了拒绝普遍性而不拒绝大尺度历史和地理学具体分析的政治上的重要性。

〔4〕 Khun 1970；有的社会建构论者强调了相对封闭的科学共同体或生活形式的角色，重要的例子包括 Collins 1992（特别是他的"核心集合"概念）以及 Bloor 1983。Knorr-Cetina 1981 强调了"跨科学领域"，并较早地脱离了对科学共同体的集中。

〔5〕 Latour 1983，1987.

要的疑问和难题去探索，联合，等等。我希望提出大量例子来证明我的观点，以使文化研究所提主张及辩护的范围和深度显得是有道理的。

我的第一个案例来自罗伯特·马克·弗里德曼。[1]弗里德曼表明了，维尔姆·比亚克尼(Vilhelm Bjerknes)的大气地球物理学的进化研究受到他培养的与军队和民用航空、渔业和农业的特殊关系的影响。比亚克尼群体用三维的大气动力学建模取代了气象学中主导的统计/气候学进路。他的模型强调了大气不连续性(或者“前沿”)的形成和运动。但是正是这一概念最初既依赖于航空和海运自身的需要，也依赖于它们提供资源的能力。航空需要更多的是精细的以及不同概念化的大气分析，这不是流行的气象学理论所能做到的。然而必需飞机和飞船获得数据，使得一个三维的大气地球物理学成为可能，它可以揭示快速运动以及非线性的不连续性。这些关系对于成功地在欧洲和北美推广成套工具和气象学是必不可少的，其特点是物质上有意义的装置而不是现象学上有意义的装置，是时间上同时化的，而并不是根据地方性特点而定时的。绝大多数以前的实践气象学家甚至不能理解新的测量装置；然而，没有这些变化，就不会有相关气候特征的知识。

【251】 高能物理学(HEP)似乎显得比气象学离社会利益或文化实践更为遥远。但是文化和政治联系可以对产生什么种类的知识产生相当可观的影响。正如特拉维克指出的，HEP 群体工作的最有决定意义的是他们的探测器。[2]所有加速器研究群体取得的粒子脉冲都来自同一束，但他们能产生什么样的知识则取决于他们的探测器。在美国，探测器的寿命不长，且要不断进行修补，以使它们一直处于最好状态，避免遇到一些不可消除的噪音或者浪费人们工作的时间。实验物理学家自己建立探测器(并改造它们)，以为了消除噪音得到需要的精确数据。在日本，这一方式是不可能的。对 HEP 的资助局限于日本的公司；物理学家只是明确探测器的一般设计标准，接下来由一些工业公司生产且不能改变尺寸。如特拉维克指出

〔1〕 Friedman 1989.

〔2〕 我对这一例子的讨论来自 Traweek 1988。

的，这些高度昂贵的机器以及极为复杂的组件必须使用很长时间。而在美国，一个物理学家通常会使用几代的探测器；在日本，一个探测器会陪伴几代的物理学家，这些物理学家就在这一件机器上度过了自己的研究生涯。这些不同严重影响了可问问题的种类以及好的结果的特点。

我的第三个例子来自历史学家唐纳·哈拉维。她记载了20世纪40年代和50年代几个生物学领域中，特别是进化论、遗传学、发展生物学以及免疫学中，组织研究及其解释的隐喻所发生的显著变化。哈拉维把这个变化描述为："从有机体生理学话语，由劳动的等级性性别划分和自我平衡原理所支配，转变为一个控制论技术系统的话语，由通信工程原理所支配。"〔1〕哈拉维讨论了生物科学的核心领域转变为与战争相关的统筹学研究和劳动力管理等发展中需要的理论和经济资源，及其在语言与自我在经济和文化中形象的当代变化看来所具有的貌似合理性。科学中的这些隐喻结构在知识上是极其重要的，特别是因为它们决定了随后研究的发展。它们有助于形成有趣的问题及什么会是对这些问题的可理解的回答。【252】

科学知识纠缠着性别（生理性别与社会性别）的文化建构应该得到特别强调，因为它对科学的文化研究有很大的影响。有些对科学与性别的关注到现在不会再让人惊讶了（尽管它们肯定不是无争议的）。可以研究内分泌对行为或能力的性别差异的影响，或者期望对性别差异进行进化论的解释，以避免性别的文化建构吗？类似的，当认识到研究者信誉的知识重要性和文化复杂性，如果性别不重要那才会让人震惊。因此，我选择两个更加直接的例子来强调科学工作的开放性主题。

第一个来自艾微恩·弗克斯·凯勒，她的历史工作研究了分子生物学在今日生物学中特殊中心地位的文化形成。从H·J·穆勒（H. J. Muller）着迷地把自己的X射线诱发的基因突变类比于卢瑟福的α粒子轰炸原子核的实验（"突变与嬗变——我们通向力量的彩虹桥的两块基石"〔2〕），到分子生物学随后认定DNA分子是"生命的秘密"并"取代了以后只起象征

〔1〕 Haraway 1981－1982：245.
〔2〕 引自 Keller 1990：397。

性作用的血肉参照物"〔1〕,凯勒提出,对分子生物学重要性的描绘受到性别的有力影响。她有趣地把科学家强调生物学核心地位的手段与雄性出身和二次出身的有力文化叙事联系起来。这里的问题不是DNA分子在遗传中的作用,而是某特殊研究纲领在与生物学其他生物(物理)科学基础部分的关系中,被性别化地赋予的重要性。

哈拉维最近对《科学》(Science)内容的讨论提供了一个很不相同的例子。〔2〕美国科学促进协会(American Association for the Adavancement of Science)的这一官方杂志的内容通常被理解为是其中的科学文章和信件、新闻以及评论。但是按照我的计算,几乎这一杂志的四分之一篇幅留给了
【253】广告。单单这一个事实就表现了科学实践和设备的经济意义。但是哈拉维所做的是研究这些广告为了获得惊人效果而发展或利用的图像。从计算机键盘上的兔子盯着屏幕上的图案("来自这一领域公认领导者的几句话")到深夜里男科学家在实验室中用瓶子喂猴子以及杜邦遗传工程实验室老鼠带着活跃的致癌基因(肿瘤鼠™),这些形象和幽默在广告中玩弄着微妙和不那么微妙的文化叙事变化,如性别和出身,起源与拯救,纯度和污染,自然与文化。关于其受众及他们体现的形象的意义,这些广告引出了复杂的问题,但是它们提醒我们注意,科学理解包括了比权威杂志报告的谨慎干瘪风格要多得多的东西。

科学开放性的重要性及任何区分科学内在与外在因素的原则性界线的不适当性,使我们回到知识与权力之间的紧密联系。第7章中的讨论表明,知识与权力不能被还原成同一个事物,因为二者中的任何一个根本就不是一种事物。谈论知识与谈论权力是理解实践及其揭露的事物之间的关系的方式。"权力"及与其相关联的概念(强迫、统治、权威、授权等)提供了一个方式,去理解一些行动者及工具如何与一个具体环境相一致以改变其他行动者的活动方式。使用"知识"一词及相关的概念使我们能够解释和评估行动者及其环境如何相互协调以揭露或理解对方。"权力"考虑的

〔1〕 Keller 1992:52.
〔2〕 Haraway 1992b.

是人们与事物如何有效地联合，而“知识”则关心它们如何能有教益地联合。可能有些相同的要素和模式参加了两种联合体（权力联合体与知识联合体），一个知识联合体自身也许促进了一个权力联合体，反之亦然。知识与权力常常在科学实践中一起到来，不仅改变了世界被理解的方式，也影响了人们的处境及生活可能性。[1]作为一个结果，对科学知识主张（假定）的批判性评估必须经常紧密地联系对相关科学实践影响或维持的权力关 【254】
系的批评。科学的女性主义研究常常显示了对这一点最精致的把握，因为她们从来没有放弃寻求更充分更可靠的关于世界的知识，而同时却认识到知识主张不可避免地纠缠着统治与授权关系。

关于文化研究，我想提出的最后两点是紧密联系在一起的。对于长久以来的关于科学的哲学问题，像实在论及价值中立性，文化研究采取了一个颠覆的而不是敌对的立场；她们挑战问题的规划本身，而不是想提出一个替代性的答案。这一进路因此联系着认识论以及政治批评在科学的文化研究中的位置。文化研究既不支持由哲学家提出的科学的整体合法化，也不支持很多的科学社会学家试图去描述科学同时，又把关于它的任何批判性评估括号化和相对化。

实在论是这样一种观点，科学（常常是成功地）致力于提供一个理论，以让人信服地表现世界如何独立于人类的范畴、能力和干预。社会建构论者拒绝实在论通常出于两个理由：科学描述的世界自身就是社会地构造的，对世界进行描述的目的也可以从社会方面予以明确（满足利益，维持制度和实践，等等）。科学的文化研究被理解为对实在论及反实在论二者的拒绝，包括社会建构论。[2]实在论和反实在论都提出去说明科学知识的内容，或者通过它与真实客体的因果联系，或者通过固定其内容的社会互动。这里共同的假定是，有一个固定的“内容”需要去解释。不论是科学实在论

〔1〕 对科学实践中知识与权力的交织进行的更广泛更详细的讨论，参见 Rouse 1987b：第 7 章。

〔2〕 Rouse(1987b：第 5 章）提供了一个推广了的论证，既拒绝了实在论，也拒绝了经验论或建构论的反实在论，这个论证的基础是一个最小主义的或“紧缩式”的真理概念。前面第 7—8 章进一步从新的方向发展了这一论证的线索。

还是反实在论，都假定了一种语义学实在论，这种论点认为，我们的理论、概念图示或生活形式就世界所"说"的，已经有确定的事实。他们坚持，解释必须在某个地方结束，如果不是在一个独立客体的世界，就是在一个语言、概念框架、社会语境或文化之中。

与之相反，文化研究拒绝图示与内容的二元论，或者语境与内容的二
【255】元论。没有确定的图示或语境可以固定言辞的内容，因此不可能跳出语言之外。一个理论或实践如何解释世界，这个问题本身不可避免地向更进一步的解释开放，没有谁能够具有比谁在何时说了什么更高的权威性。[1]这一立场与社会建构论比较起来至少具有两方面的重要性。首先，文化研究可以轻易地说陈述是真的，因为"真理"是一个语义学概念，从来不会使我们超出语言之外。说"p"为真并没有比说 p 更多(但也不更少)的东西。其次，它消解了科学的文化研究和它们研究的科学实践之间的界线。文化研究提供了对科学实践的解释，包括这些实践不断表达的文本和言辞。但是科学实践本身已经参与了这些解释，如在对过去实践的引用、重申、批评或推广中。正如阿瑟·法因提出的：

> 如果科学是一个表演，那么这一表演中观众和演员一样在演出。对解释的指导也是演出的一部分。如果有关于这个或那个的意义或其目的等方面的问题和猜想，那么，在作品中也有它们的空间。此外，剧本永远不会结束，没有过去的对话能确定未来的行动。这样一个表演不允许任何整体意义上的阅读或解释，并且它挑拣出自己的解释，实地的，在行进的过程中。[2]

文化研究的解释性阅读因此是科学文化的一部分，并不是从"外部"对它进行的说明或解释。它的"内部"和"外部"的界线，它的中心及边缘的界线，总是本身即为解释实践中的问题，没有什么东西是已经固定了的。关

〔1〕 对意义和真理的这一说明进行的进一步讨论，可参见 Wheeler 1986，1991 以及 Rouse 1987b：第 5 章。

〔2〕 Fine 1986b：148.

键是不要把所有的解释摆在一个层次上,因为有的可以被认为是相关的、严重的,并有意义的,而有的则不是。我们不妨说,哪些解释在这个意义上重要,何时何地这些解释本身就是不断进行的解释中的关键部分。

这里,我更早所称的科学实践的"开放性"就很关键。因此,内在论的科学史和科学哲学以及还有社会建构论都是错误的,他们都试图把决定真理的因素或者固定于狭窄意义上构想的理性和证据,或者固定于"社会因素"。你不能把一个科学主张的真理性的决定分离于影响它成为一个真理主张的多种多样的考虑,这个真理作为可理解的、有意义的,承担着(可变的)证明,并相关于各种其他的实践和主张。【256】

文化研究同样试图颠覆科学是否(或应该)价值中立的问题。对价值中立性"这"一问题的传统讨论固化了"价值"观念,就像实在论争论试图固化"真理"。[1]关于真理的问题不可避免地转换成关于意义、相关性、可理解性或者证明的负荷等多重问题。相似地,罗伯特·普罗科特(Robert Proctor)提出,价值中立不是一个问题,而是多个问题。[2]因此,普罗科特的工作就为科学的文化研究开辟了一个有意义的论题,就是说,把科学探索和知识本身历史地、文化地处境为价值—中立(value-free)。

"价值—中立"这一术语的重要性无疑来自马克斯·韦伯的影响。讽刺性的是,普罗科特表明,韦伯主要考虑的不是想使价值不影响科学,而是相反。他对价值中立(Wertfreiheit)的支持是对科学主义的批评。但是另外一个重要的考虑在同一个标题下得到了阐发。为了反对纳粹对种族化和民族化科学或苏联对孟德尔遗传学的拒绝,人们胆怯地援引价值中立的观念来挑战对科学工作的政治审查(胆怯是因为如果说科学不是完全或严格价值中立的,那么仍有可能经受政治审查)。同样胆怯地,价值中立的观念也被用来挑战根据性别、种族或政治及宗教联系来排斥科学家的行为。

〔1〕 对这一比较,Stich(1990)显示了让人惊讶的无知。Stich有力论证了任何固化"真理"意向的企图都潜在地在"'p'是真的"与"相信'p'的理由"之间打开了裂缝,但他随后选择了关于理由的文化多元论,求助于使某个个人或文化的期望固定下来的价值,而没有认识到,发展一个精确的比较论证就可以打碎"价值"概念。

〔2〕 Proctor 1991.

“价值中立”概念的一个十分不同的使用是有问题地把纯科学区分于应用科学，或者基础科学区分于“有目的”的研究。当然，其工作被应用或指向某一目的那些科学家及雇主，用任何合理的标准来衡量，都会毫不犹豫地利用价值中立的合法化观念。

价值中立还被赋予自然。这里我们既遇到了“祛魅”宇宙的现代观念，
【257】这一观念拒绝一个有秩序的宇宙，也遇到了对生物学中生机论和目的论的批评。把自然视为价值中立的这一概念直接冲突于常见的把科学工作运用于合法化或怀疑价值（例如，关于社会学的争论）。但是，对我们的目的来说重要的是，把自然视为祛魅的、把科学视为价值中立的这些观念是科学的文化研究的一个重要话题，有一个丰富的矛盾的历史，而不是对文化探究的限制。

关于真理和价值的这些讨论，把我们引导到我描述科学的文化研究的最后一个论题。社会建构论者常常认为，他们仅仅描述科学知识被社会生产的方式，但同时不理会（bracket）关于其知识和政治价值的任何问题。在这个意义上，他们的工作属于坚持价值中立作为科学理想的传统。相比之下，科学的文化研究有更强烈的自反意识，去关注它们自己的文化和政治活动，且并不回避知识或政治批评。他们发现科学和科学的文化研究中不可避免规范性问题，但是把这些问题视为地方性及自反性产生的。一个人无法不牵涉到政治和知识。

有两个关于 AIDS 研究中如何决定证明关键的案例，这两个案例将表明我的观点，并强化前面我提出的主张，及科学的文化研究最后是与科学自身的自反性实践相联系的。保拉·特雷希尔（Paula Treichler）和辛迪·佩顿（Cindy Patton）都指出了，逆转录病毒学家自信地宣布它们分离的一段 RNA 序列是“AIDS 病毒”或“AIDS 的原因”，但关于它在疾病的临床发展中的作用，及是否有其他辅助因素，还没有确立任何事情。[1]在当前的科学氛围中，证明的关键主要依赖于凯勒所称的用“雄性分子”（master molecule）来说明生物现象的反对者；他们以及这种说明的支持者用什么种

〔1〕 Treichler 1989，1992 以及 Patton 1990。

类和程度的证据来支持他们的主张,也是因人而异。[1]相似地,对 AIDS 的"非洲起源"的广泛讨论,因为政治和历史的主要理由,面对的证据标准要更松散于其他有关病毒学主张所具有的标准。特雷希尔和佩顿的讨论 【258】 都既非对科学证明关键如何被指派的无批判的描述,也不是将科学论证的整体性相对化。相反,她们详细地批评了证明关键及其后果,解释了它是如何被历史地构造的。她们的论点不是说应该因为超科学的理由来拒绝科学的主张,而是科学推理的地方模式和相关性关系需要在一些特殊问题上得到重构。

此类文化研究所提供的批判性立场,不是一个知识至上的立场——这种立场铭刻在"叙事利维坦"[2]中,后者在掌握正确说明因素以解释全部科学知识的基础上,将会使科学和文化合法化。相反,文化研究自身处于关于知识、权力、认同以及活动可能性进行的不断冲突之中。不论她们可能具有什么样的批判性洞见和效力,都一定来自它们能否回应我所称的塑造一个知识情境的联合体和反联合体中的各种共鸣和张力。[3]如我在第7章中描述的,知识联合体是实践、客体和共同体或团体的动态和异质性联合,这种联合将彼此强化、利用或扩展,于是构造了知识。文化研究是自反性的尝试,试图通过从历史和地理上重置它们的情境以加强、改变或重构存在着的联合体或反联合体。

在社会建构论的规范性立场和科学的文化研究之间存在的关键差别,被它们的几个最主要的实践者进行了精练的表述。平奇看到,"社会学家的任务是尝试并重新把握科学家的'生活世界'——那些使得自然世界能够被利用的被认为是理所当然的实践和解释——的某些方面"[4]。这种"重新把握"的目标是重组学科间的权威关系。正如科林斯和耶耳利所说的,"SSK 希望使用科学来弱化自然科学与社会科学的关系……我们希望

---

〔1〕 Keller 1985:第 8 章。
〔2〕 我从 Traweek 1992 中得到这一短语。
〔3〕 参见上面的第 7 章。
〔4〕 Pinch 1986:19.

所有的文化努力都被视为在科学能力上是平等的"[1],把这样一种说法对照于哈拉维对文化研究的设想很有益处:

> 女性主义者需要坚持一种对世界的更好的说明;表明基本的
> 【259】历史偶然性和任何事物的建构模式是不够的……(所以)"我们的"问题是如何同时对一个关于所有知识主张和认知主体的基本历史偶然性的说明,一个重组我们自己的"符号技术"以制造意义的批判性实践,以及一个非—无意义的承诺如实地说明一个"真实的"世界,一个可以被不完全共享的世界,它支持有限自由全球计划,充分的物质丰富性,以及苦难及有限幸福中的适度意义。[2]

用可能引起争论的方式来表述,社会建构论敌视自然科学主张的文化权威性,但不批判科学实践。文化研究颠倒这一立场,试图通过批判性地涉入制造意义的科学实践,来参与重构关于世界的可靠和权威性的知识。

〔1〕 Collins and Yearley 1992b: 383.
〔2〕 Haraway 1990:187.

索 引

A

B

C

H

I

J

M

N

Q

R

S

T

U

V

Y

参考文献

Abir - Am, Pnina. 1985. Themes, Genres, and Orders of Legitimation in the Consolidation of New Scientific Disciplines. History of Science 23:73 - 117

Ackermann, Robert. 1985. Data, Instruments, and Theory. Princeton: Princeton University Press.

Adas, Michael. 1989. Machines as the Measure of Men: Science, Technology, and Ideologies of Western Dominance. Ithaca: Cornell University Press.

Allen, Barry. 1993. Truth in Philosophy. Cambridge: Harvard University Press.

Allen, Garland. 1978. Life Science in the Twentieth Century. Cambridge: Cambridge University Press.

Ashmore, Malcolm. 1989. The Reflexive Thesis: Wrighting Sociology of Scientific Knowledge. Chicago: University of Chicago Press.

Barnes, Barry. 1982. T. S. Kuhn and Social Science. London: Macmillan.

Barrett, William and Paul Roth. 1991. Deconstructing Quarks: Rethinking Sociological Constructions of Science. Social Studies of Science 20: 579 - 632

Bechtel, William. 1993 Integrating Sciences by Creating New Disciplines: The Case of Cell Biology. Biology and Philosophy 8: 277 - 99.

Berger, Peter and Thomas Luckmann. 1966. The Social Construction of Reality. New York: Doubleday.

Bernal, J. D. 1954. Science in History. Cambridge: MIT Press.

——1967. The Social Function of Science. Cambridge: MIT Press.

Bhaskar, Roy. 1986. Scientific Realism and Human Emancipation. London: Verso.

Biagioli, Mario. 1993. Galileo, Courtier. Chicago: University of Chicago Press.

Birke, Lynda. 1986. Women, Feminism, and Biology. Brighton: Wheatsheaf

Bleier, Ruth. 1984. Science and Gender: A Critique of Biology and Its Theories on Women. New York: Pergamon.

Bloor, David. 1983. Wittgenstein: A Social Theory of Knowledge. New York: Columbia University Press.

——1991. Knowledge and Social Imagery. 2d ed. Chicago: University of Chicago Press. 262

——1992. Left and Right Wittgensteinians. In Pickering 1992: 266 - 82.

Boyd, Richard. 1984. The Current Status of Scientific Realism. In Leplin 1984:

41-82.
——1988. How to Be a Moral Realist. In Essays on Moral Realism, ed. Geoffrey Sayre-McCord, 181-228. Ithaca: Cornell University Press.
Brandom, Robert. 1976. Truth and Assertibility. Journal of Philosophy 73: 137-89.
——1979. Freedom and Constraint by Norms. American Philosophical Quarterly 16: 187-96.
——1994. Making It Explicit: Reasoning, Representing, and Discursive Commitment. Cambridge: Harvard University Press.
Brown, James Robert, ed. 1984. Scientific Rationality: The Sociological Turn. Dordrecht: D. Reidel.
Butler, Judith. 1987. Variations on Sex and Gender: Beauvoir, Wittig, and Foucault. In Feminism as Critique, ed. Seyla Benhabib and Drucilla Cornell, 128-42. Minneapolis: University of Minnesota Press.
——1990. Gender Trouble. New York: Routledge.
——1993. Bodies That Matter. New York: Routledge.
Carnap, Rudolf. 1928. The Logical Structure of the World. Trans. R. George. Berkeley: University of California Press.
Carr, David. 1986. Time, Narrative, and History. Bloomington: Indiana University Press.
Cartwright, Nancy. 1983. How the Laws of Physics Lie. Oxford: Clarendon.
——1989. Nature's Capacities and Their Measurement. Oxford: Oxford University Press.
——1994. Fundamentalism vs. the Patchwork of Laws. Proceedings of the Aristotelian Society 94: 279-92.
Cat, Jordi, Nancy Cartwright and Hasok Chang. Forthcoming. Otto Neurath: Politics and the Unity of Science. In Galison and Stump Forthcoming.
Churchland, Paul. 1979. Scientific Realism and the Plasticity of Mind. Cambridge: Cambridge University Press.
——1989. A Neurocomputational Perspective: The Nature of Mind of and the Structure of Science. Cambridge: MIT Press.
——1992. A Deeper Unity: Some Feyerabendian Themes in Neurocomputatonal From. In Cognitive Models of Science, ed. Ronald Giere, 341-66. Minneapolis: University of Minnesota Press.
Churchland, Paul, and Clifford Hooker, ed. 1985. Images of Science: Essays on Realism and Empiricism. Chicago: University of Chicago Press.
Clifford, James, and George Marcus, ed. 1986. Writing Culture: The Poetics and Politics of Ethnography. Berkeley: University of Chicago Press.
Code, Lorraine. 1991. What Can She Know? Ithaca: Cornell University Press.
Coffa, J. Alberto. 1991. To the Vienna Station: The Semantic Tradition from Kant to Carnap, ed. Linda Wessels. Cambridge: Cambridge University Press.
Collins, Harry. 1983. An Empirical Relativist Programme in the Sociology of Scien-

tific Knowledge. In Knorr-Cetina and Mulkay 1983：85 - 113.
——1992. Changing Order：Replication and Induction in Scientific Practice. 2d ed. Chicago：University Press.
Collins, Harry, and Steven Yearley. 1992a. Epistemological Chicken. In Pickering 1992：301 - 26.
——1992b. Journey into Space. In Pickering 1992：369 - 89.
Crosby, Alfred. 1986. Ecological Imperialism：The Biological Expansion of Europe, 900 - 1900. Cambridge：Cambridge University Press.
Davidson, Donald. 1984. Inquiries into Truth and Interpretation. Oxford：Oxford University Press.
——1986. A Nice Derangement of Epitaphs. In Truth and Interpretation：Essays on the Philosophy of Donald Davidson, ed. Ernest Lepore, 433 - 46. Oxford：Basil Blackwell.
Dennett, Daniel. 1987. The Intentional Stance. Cambridge：MIT Press.
——1991a. Consciousness Explained. Boston：Little, Brown.
——1991b. Real Patterns. Journal of Philosophy 91：27 - 51.
Derrida, Jacques. 1973. Speech and Phenomena. Trans. David Allison. Evanston：Northwestern University Press.
——1976. Of Grammatology. Trans. Gayatri Spivak. Chicago：University of Chicago Press.
——1988. Limited Inc. Samuel Weber and Jeffrey Mehlman. Evanston：Northwestern University Press.
Dretske, Frederick. 1981. Knowledge and the Flow of Information. Cambridge：MIT Press.
Dreyfus, Hubert. 1980. Holism and Hermeneutics. Review of Metaphysics 34：3 - 23.
——1984. Why Current Studies of Human Capacities Can Never Be Made Scientific. Berkeley Cognitive Science Report 11：1 - 17.
——1991. Being-in-the-World：A Commentary on Heidegger's "Being and Time", Division I. Cambridge：MIT Press.
——1992. The Hermeneutic Approach to Intentionality. Paper presented to 18th Annual Meeting of the Society for Philosophy and Psychology, Montreal, Quebec.
Dupre, John. 1993. The Disorder of Things：Metaphysical Foundations of the Disunity of Science. Cambridge：Harvard University Press.
During, Simon, ed. 1993. The Cultural Studies Reader. New York：Routledge.
Fausto-Sterling, Anne. 1985. Myths of Gender. New York：Basic.
Feyerabend, Paul. 1975. Against Method. London：NLB.
——1987. Farewell to Reason. London：Verso.
Fine, Arthur. 1986a. The Natural Ontological Attitude. In Fine 1986c：112 - 35.
——1986b. And Not Anti-Realism Either. In Fine 1986c：136 - 50.

——1986c. The Shaky Game: Einstein, Realism, and the Quantum Theory. Chicago: University of Chicago Press.
——1986d. Unnatural Attitudes: Realist and Instrumentalist Attachments to Science. Mind 95: 149 - 179.
——1991. Piecemeal Realism. Philosophical Studies 61: 79 - 96.
——Forthcoming. Science Made Up: Constructivist Sociology of Scientific Knowledge. In Galison and Stump forthcoming.
Fleck, Ludwik. 1979. Genesis and Developments of a Scientific Fact. Trans. Fred Bradley and Thaddeus Trenn. Chicago: University of Chicago Press.
Fodor, Jerry. 1980. Methodological Solipsism Considered as a Research Strategy in Cognitive Psychology. Behavioral and Brain Sciences 3: 417 - 24.
Foucault, Michel. 1977. Discipline and Punish. Trans. Alan Sheridan. New York: Random House.
——1978. The History of Sexuality, vol. 1. Trans. Robert Hurley. New York: Random House. 264.
——1980. Power/Knowledge. New York: Random House.
Franklin, Allen. 1987. The Neglect of Experiment. Cambridge: Cambridge University Press.
Fraser, Nancy. 1988. Solidarity or Singularity? Richard Rorty between Romanticism and Technocracy. Praxis International 8: 257 - 72.
——1989. Unruly Practices. Minneapolis: University of Minnesota Press.
Fraser, Nancy. And Linda Nicholson. 1988. Social Criticism without Philosophy: An Encounter between Feminism and Postmodernism. In Universal Abandon? The Politics of Postmodernism, ed. Andrew Ross, 83-104. Minneapolis: University of Minnesota Press.
Frege, Gottlob. 1970. On Sense and Reference. Trans. Max Black. In Philosophical Writings of Gottlob Frege, ed. Peter Geach and Max Black, 56-78. Oxford: Basil Blackwell.
Friedman, Michael. 1984. Critical Notice of Philosophical Papers, Moritz Schlick. Philosophy of Science 50: 498 - 514.
——1987. Carnap's Aufbau Reconsidered. Nous 21: 521 - 45.
Friedman, Robert Marc. 1989. Appropriating the Weather: Vilhelm Bjerknes and the Construction of a Modern Meteorology. Ithaca: Cornell University Press.
Fuller, Steve. 1988. Social Epistermology. Bloomington: Indiana University Press.
——1989. Philosophy of Science and Its Discontents. Boulder, Colo: Westview.
——1992a. Being There with Thomas Kuhn. History and Theory 31: 241 - 75.
——1992b. Epistemology Radically Naturalized: Recovering the Normative, the Experimental, and the Social. In Cognitive Models of Science, ed. Ronald N. Giere, 427 - 59. Minneapolis: University of Minnesota Press.
——1992c. Social Epistemology and the Research Agenda of Science Studies. In

Pickering 1992：390 - 428.
Galison，Peter. 1985. Bubble Chambers and the Experimental Workplace. In Observation，Experiment，and Hypothesis in Modern Physical Science，ed. Peter Achinstein and Owen Hannaway，309 - 73. Cambridge：MIT Press.
——1987. How Experiments End. Chicago：University of Chicago Press.
——1988. History，Philosophy，and the Central Metaphor. Science in Context 2：200 - 201.
——1990. Aufbau/Bauhaus：Logical Positivism and Architectural Modernism. Critical Inquiry 16：709 - 52.
——Forthcoming. Image and Logic：The Material Culture of Modern Physics.
Galison，Peter，and Bruce Hevly. 1992. Big Science：The Growth of Large-Scale Research. Stanford：Stanford University Press.
Galison，Peter，and David Stump. Forthcoming. The Disunity of Science：Boundaries，Contexts，and Power. Stanford：Stanford University Press.
Ginzberg，Ruth. 1987. Uncovering Gynocentric Science. Hypatia 2：89 - 106.
Gooding，David，Trevor Pinch，and Simon Schaffer. 1989. The Uses of Experiment. Cambridge：Cambridge University Press.
Goody，Jack. 1977. The Domestication of the Savage Mind. Cambridge：Cambridge University Press.
Griffin，Susan. 1978. Woman and Nature. The Roaring Inside Her. New York：Harper & Row.
Grossberg，Lawrence，Cary Nelson，and Paula Treichler. 1992. Cultural Studies. New York：Routledge.
Gutting，Gary. 1980. Paradigms and Revolutions：Applications and Appraisals of.
265
Thomas Kuhn's Philosophy of Science. Notre Dame：University of Notre Dame Press.
Habermas，J? rgen. 1982. Modernity versus Postmodernity. New German Critique 26：13 - 30.
——1986. Taking Aim at the Heart of the Present. In Hoy 1986：103 - 8.
Hacking，Ian. 1982. Language，Truth，and Reason. In Rationality and Relativism，ed. Martin Hollis and Steven Lukes，48 - 66. Cambridge：MIT Press.
——1983. Representing and Intervening. Cambridgo. Cambridge University Press.
——1988. The Participant Irrealist at Large in the Laboratory. British Journal for the Philosophy of Science 39：277 - 94.
——1992. The Self-Vindication of the Laboratory Sciences. In Pickering 1992：19 - 64.
Haraway，Donna. 1981 - 82. The High Cost of Information in Post-World War II Evolutionary Biology：Ergonomics，Semiotics，and the Sociobiology of Communication Systems. Philosophical Forum 13：244 - 78.
——1989. Primate Visions：Gender，Race，and Nature in the World of Modern

Science. New York: Routledge.
——1990. Simians, Cyborgs, and Women, New York: Routledge.
——1992a. Otherworldly Conversations; Terran Topics; Local Terms. Science as Culture 3: 64 - 98.
——1992b. The Promises of Monsters: A Regenerative Politics for Inappropriate/d Others. In Grossberg, Nelson, and Treichler 1992: 295 - 337.
——1994. A Game of Cat's Cradle: Science Studies, Feminist Theory, Cultural Studies. Configurations 2: 59 - 71.
——Forthcoming. Modest Witness @ Second Millenium: FemaleMan-c Meets OncoMouse.
Harding, Sandra. 1986. The Science Question in Feminism. Ithaca: Cornell University Press.
——1991. Whose Science? Whose Knowledge? Ithaca: Cornell University Press.
Hardwig, John. 1991. The Role of Trust in Knowledge. Journal of Philosophy 88: 693 - 708.
Harwood, Jonathan. 1993. Styles of Scientific Thought: The German Genetics Community, 1990 - 1933. Chicago: University of Chicago Press.
Heidegger, Martin. 1962. Being and Time. Trans. John Macquarrie and Edward Robinson. New York: Harper & Row.
——1977. Basic Writings, ed. David Farrell Krell. New York: Harper & Row.
Heldke, Lisa. 1988. Recipes for Theory Making. Hypatia 3: 15 - 30.
Hesse, Mary. 1980. Revolutions and Reconstructions in Philosophy of Science. Bloomington: Indiana University Press.
——1986. Changing Concepts and Social Order. Social Studies of Science 16: 714 - 26.
Horwich, Paul. 1990. Truth, Oxford: Basil Blackwell.
Hoy, David. 1986. Foucault: A Critical Reader. Oxford: Basil Blackwell.
Hrdy, Sarah Blaffer. 1981. The Woman That Never Evolved. Cambridge: Harvard University Press.
Hubbard, Ruth. 1990. The Politics of Women's Biology. New Brunswick: Rutgers University Press.
Hume, David. 1888. A Treatise of Human Nature. Oxford: Clarendon. 266
Husserl, Edmund. 1970. Logical Investigations. 2 vols. Trans. J. N. Findlay. London: Routledge & Kegan Paul.
Irigaray, Luce. 1987. Le sujet de la science est-il sexu ? Is the Subject of Science Sexed? Trans. Carol M. Bove. Hypatia 2: 65 - 87.
Jacob, Francois, 1981. The Possible and the Actual. Seattle: University of Washington Press.
Jameson, Fredric. 1984. Postmodernism, or the Cultural Logic of Late Capitalism. New Left Review 146: 53 - 92.
Kant, Immanuel. 1965. Critique of Pure Reason. Trans. Norman Kemp Smith.

New York: St. Martin's.
Kay, Lily. 1993. The Molecular Vision of Life: Caltech, the Rockefeller Foundation, and the Rise of the New Biology. Oxford: Oxford University Press.
Keller, Evelyn Fox, 1983. A Feeling for the Organism: The Life and Work of Barbara McClintock, San Francisco: W. H. Freeman.
——1985. Reflections on Gender and Science. New Haven: Yale University Press.
——1990. Physics and the Emergence of Molecular Biology. Journal of the History of Biology 23: 389-409.
——1992. Secrets and Life, Secrets of Death: Essays on Language, Gender, and Science. New York: Routledge.
Kohler, Robert. 1991. Partners in Science: Foundations and Natural Scientists, 1900-1945. Chicago: University of Chicago Press.
——1994. Lords of the Fly: Drosophila Genetics and the Experimental Life. Chicago: University of Chicago Press.
Knorr-Cetina, Karin. 1981. The Manufacture of Knowledge: An Essay on the Constructive and Contextual Nature of Science. Oxford: Pergamon.
Knorr-Getina, Karin, and Michael Mulkay. 1983. Science Observed: Perspectives on the Social Study of Science. London: Sage.
Kripke, Saul. 1982. Wittgenstein on Rules and Private Language. Cambridge: Harvard University Press.
Kuhn, Thomas. 1970. The Structure of Scientific Revolutions. 2d ed. Chicago: University of Chicago Press.
——1977. Objectivity, Value Judgment, and Theory Choice. In The Essential Tension, 320-39. Chicago: University of Chicago Press, 1977.
Lakatos, Imre. 1978. The Methodology of Scientific Research Programmes, ed. John Worrall and Gregory Currie. Cambridge: Cambridge University Press.
Latour, Bruno. 1983. Give Me a Laboratory and I Will Raise the World. In Knorr Cetina and Mulkay 1983: 147-70.
——1984. Les microbes: Guerre et paix, suivi par irreductions. Paris: Metailie. The Pasteurization of France. Trans. Alan Sheridan and John Law. Cambridge: Harvard University Press, 1988.
——1987. Science in Action. Cambridge; Harvard University Press.
——1988. The Politics of Explanation: An Alternative. In Knowledge and Reflexivity, ed. Steve Woolgar, 155-76. Beverley Hills: Sage.
——1990. Postmodern? No, Amodern: Steps toward an Anthropology of Science. Studies in History and Philosophy of Science 21: 145-71.
——1992. One More Turn after the Social Turn. In McMullin 1992: 272-94.
——1993. We Have Never Been Modern. Trans. Catherine Porter. Cambridge: Harvard University Press. 267
Latour, Bruno, and Steve Woolgar. 1986. Laboratory Life: The Construction of

Scientific Facts, 2d ed. Princeton: Princeton University Press.

Laudan, Larry. 1977. Progress and Its Problems. Berkeley: University of California Press.

——1981. A Confutation of Convergent Realism. Philosophy of Science 48: 19-49.

——1984. Science and Values. Berkeley: University of California Press.

——1987. Progress or Rationality? The Prospects for Normative Naturalism. American Philosophical Quarterly 24: 19-31.

Laudan, Larry, Arthur Donovan, Rachel Laudan, Peter Barker, Harold Brown, Jerrold Leplin, Paul Thagard, and Steve Wykstra. 1986. Scientific Change: Philosophical Models and Historical Research. Synthese 69: 141-223.

Lenoir, Timothy. 1994. Was the Last Turn the Right Turn? The Semiotic Turn and A. J. Greimas. Configurations 2:119-36.

Leplin, Jarrett. 1984. Scientific Realism. Berkeley: University of California Press.

Longino, Helen. 1990. Science as Social Knowledge. Princeton: Princeton University Press.

Lynch, Michael. 1985. Art and Artefact in a Laboratory Science. London: Routledge.

——1992. Extending Wittgenstein: The Pivotal Move from Epistemology to Sociology of Science. In Pickering 1992: 215-65.

Lyotard, Jean-Francois. 1984. The Postmodern Condition: A Report on Knowledge. Trans. Geoff Bennington and Brian Massumi. Minneapolis: University of Minnesota Press.

MacIntyre, Alasdair. 1980. Epistemological Crises, Dramatic Narrative, and the Philosophy of Science. In Gutting 1980: 54-74.

——1981. After Virtue. Notre Dame: University of Notre Dame Press.

MacKenzie, Donald, and Barry Barnes. 1979. Scientific Judgment: The Biometry-Mendelism Controversy. In Natural Order: Historical Studies of Scientific Culture, ed. Barry Barnes and Steven Shapin. Beverly Hills: Sage.

Mannheim, Karl. 1952. Essays on the Sociology of Knowledge. London: Routledge & Kegan Paul.

Marcus, George, and Michael Fischer. 1986. Anthropology as Cultural Critique. Chicago: University of Chicago Press.

McMullin, Ernan. 1992. The Social Dimensions of Science. Notre Dame: University of Notre Dame Press.

McNeill, William. 1976. Plagues and Peoples. Garden City, N. Y.: Anchor/Doubleday.

Merleau-Ponty, Maurice. 1962. Phenomenology of Perception. Trans. Colin Smith. London: Routledge & Kegan Paul.

Merton, Robert. 1973. The Sociology of Science: Theoretical and Empirical Investigations. Chicago: University of Chicago Press.

Miller, Richard. 1987. Fact and Method. Princeton: Princeton University Press.

Millikan, Ruth. 1984. Language. Thought, and Other Biological Categories. Cambridge: MIT Press.
Mink, Louis O. 1987. Historical Understanding. Ithaca: Cornell University Press.
Mitchell, Sam. 1988. Constructive Empiricism and Antirealism. In PSA 1988, vol. 1, ed. Arthur Fine and Jarrett Leplin, 174-80. East Lansing, Mich.: Philosophy of Science Association.
Musgrave, Alan. 1980. Kuhn's Second Thoughts. In Gutting 1980: 39 - 53.268.
Nelson, Lynn Hankinson. 1990. Who Knows? From Quine to a Feminist Empiricism. Philadelphia: Temple University Press.
Okrent, Mark. 1988. Heidegger's Pragmatism. Ithaca: Cornell University Press.
——1989. The Metaphilosophical Consequences ofPragmatism. In The Institution of Philosophy, ed. Avner Cohen and Marcel Dascal, 177 - 98. Totowa, N. J.: Rowman and Allanheld.
——1991. Teleological Underdetermination. American Philosophical Quarterly 28: 147 - 56.
——1993. The Truth, the Whole Truth, and Nothing but the Truth. Inquiry 36: 381 - 404.
——Forthcoming. Teleology, Language, and the Mental.
Olby, Robert. 1979. Mendel NO Mendelian? History of Science 17: 53 - 72.
——1985. Origins of Mendelism. 2d ed. Chicago: University of Chicago Press.
Patton, Cindy. 1990. Inventing AIDS. New York: Routledge.
Pickering, Andrew. 1984. Constructing Quarks: A Sociological History of Particle Physics. Chicago: University of Chicago Press.
——1989a. Big Science as a From of Life. In The Restructuring of the Physical. Sciences in Europe and the United States, 1945 - 1960, ed. Michelangelo de Maria, Mario Grilli, and Fabio Sebastiani, Singapore: World Scientific Publishing.
——1989b. Living in the Material World. In Gooding 1989: 275 - 97.
——1992. Science as Practice and Culture. Chicago: University of Chicago Press.
——1995. The Mangle of Practice. Chicago: University of Chicago Press.
Pinch, Trevor. 1986. Confronting Nature. Dordrecht: D. Reidel.
Polanyi, Michael. 1958. Personal Knowledge. Chicago: University of Chicago Press.
Popper, Karl. 1962. Conjectures and Refutations. New York: Basic.
Proctor, Robert. 1991. Value-Free Science? Purity and Power in Modern Knowledge. Cambridge: Harvard University Press.
Putnam, Hilary. 1978. Meaning and the Moral Science. London: Routledge & Kegan Paul.
Quine, Willard van Orman. 1953. Two Dogmas of Empiricism. In From a Logical Point of View, 20 - 46. Cambridge: Harvard University Press.

Rabinow, Paul. 1992. Artificiality and Enlightenment: From Sociobiology to Biosociality. In Incorporations, ed. Jonathan Crary and Sanford Kwinter, 234 - 53. Cambridge: MIT Press.

Ramberg, Bjorn. 1989. Donald Davidson's Philosophy of Language. Oxford: Basil Blackwell.

Rheinberger, Hans-J rg. 1992a. Experiment, Difference, and Writing: I. Tracing Protein Synthesis. Studies in History and Philosophy of Science 23: 305 - 31.

——1992b. Experiment, Difference, and Writing: II. The Laboratory Production of Transfer RNA, Studies in History and Philosophy of Science 23: 389 - 422.

——1992c. Experiment, Differenz, Schrift. Marburg: Basiliskenpresse.

——1994. Experimental Systems: Historiality, Narration and Deconstruction. In Science in Context 7: 65 - 81.

Richardson, Alan. 1990. How Not to Russell Carnap's Aufbau. In PSA 1990. vol. 1,ed. Arthur Fine, Mickey Forbes, and Linda Wessels, 3 - 14. East Lansing, Mich.: Philosophy of Science Association.

Rorty, Richard. 1979. Philosophy and the Mirror of Nature. Princeton: Princeton University Press.

——1982. Consequences of Pragmatism. Minneapolis: University of Minnesota Press. 269.

——1989. Contingency, Irony, and Solidarity. Cambridge: Cambridge: University Press.

——1991. Objectivity, Relativism, and Truth: Philosophical Paper, vol. 1. Cambridge: Cambridge University Press.

Rosaldo, Renato. 1989. Culture and Truth. Boston: Beacon.

Roth, Paul. 1987. Meaning and Method in the Social Sciences. Ithaca: Cornell University Press.

Rouse, Joseph. 1987a. Husserlian Phenomenology and Scientific Realism. Philosophy of Science 54:222 - 32.

——1987b. Knowledge and Power: Toward a Political Philosophy of Science. Ithaca: Cornell University Press.

——1991a. Indeterminacy, Empirical Evidence, and Methodological Pluralism. Synthese 86: 443 - 65.

——1991b. Interpretation in Natural and Human Science. In The Interpretive Turn,ed. David Hiley, James Bohman, and Richard Shusterman, 42 - 56. Ithaca: Cornell University Press.

——1991c. Policing Knowledge: Disembodied Policy for Embodied Knowledge. Inquiry 34: 353 - 64.

——1993. Foucault and the Natural Sciences. In Foucault and the Critique of Institutions, ed. John Caputo and Mark Yount, 137 - 62. State College: Pennsylvania State University Press.

——Forthcoming a. Beyond Epistemic Sovereignty. In Galison and Stump forth-

coming.
——Forthcoming b. Feminism and the Social Construction of Scientific Knowledge. In A Dialogue Concerning Feminism, Science, and the Philosophy of Science, ed. Lynn Hankinson Nelson and Jack Nelson. Dordrecht: Kluwer.
Ryckman, Thomas. 1991a. Condition Sine Qua Non? Zuordnung in the Early Epistemology of Cassirer and Schlick. Synthese 88:57 - 95.
——1991b. Designation and Convention: A Chapter of Early Logical Empiricism. In PSA 1990, vol. 2. ed. Arthur Fine, Mickey Forbes, and Linda Wessels, 149 - 57. East Lansing, Mich.: Philosophy of Science Association.
Sapp, Jan. 1987. Beyond the Gene: Cytoplasmic Inheritance and the Struggle for Authority in Genetics. Oxford: Oxford University Press.
Searle, Israel. 1983. Intentionality: An Essay in the Philosophy of Mind. Cambridge: Cambridge University Press.
Scheffler, Israel. 1982. Science and Subjectivity, 2d ed. Indianapolis: Hackett.
Sellars, Wilfred. 1963. Science, Perception, and Reality. London: Routledge & Kegan Paul.
——1968. Science and Metaphysics. London: Routledge & Kegan Paul.
Shapere, Dudley. 1984. Reason and the Search for Knowledge. Dordrecht: D. Reidel.
——1986. External and Internal Factors in the Development of Science. Science and Technology Studies 4: 1 - 9, 19 - 23.
Shapin, Steve. 1982. History of Science and Its Sociological Reconstructions. History of Science 20: 157 - 211.
——1994. A Social History of Truth: Civility and Science in Seventeenth-Century Science. Chicago: University of Chicago Press.
Shapin, Steven, and Simon Schaffer. 1985. Leviathan and the Air-Pump. Princeton: Princeton University Press.
Smith, Crosbie, and Norton Wise. 1989. Energy and Empire: A Biographical Study of Lord Kelvin. Cambridge: Cambridge University Press. 270.
Smocovitis, Vassiliki Betty. 1992. Unifying Biology: The Evolutionary Synthesis and Evolutionary Biology. Jouranl of the Biology 26: 1 - 65.
——Forthcoming. Unifying Biology: The Evolutionary Synthesis and Evolutionary Biology. Princeton: Princeton University Press.
Sneed, Joseph. 1971. The Logical Structure of Mathematical Physics. Dordrencht: D. Reidel.
Stich, Stephen. 1990. The Fragmentation of Reason. Cambridge: MIT Press.
Stump, David. 1992. Naturalized Philosophy of Science with a Plurality of Methods. Philosophy of Science 59: 456 - 60.
Tarski, Alfred. 1994. The Semantic Conception of Truth. Philosophy and Phenomenological Research 4: 341 - 75.
Taylor, Charles. 1986. Foucault on Freedom and Truth. In Hoy 1986: 69 - 102.

——1991. The Dialogical Self. In The Interpretive Turn, ed. David Hiley, James Bohman, and Richard Shusterman, 304 – 14. Ithaca: Cornell University Press.

Todes, Samuel. 1996. A Comparative Phenomenology of Perception and Imagination, Part I. Journal of Existentialism 6: 253 – 68.

Traweek, Sharon. 1988. Beamtimes and Lifetime. Cambridge: Harvard University Press.

——1992. Border Crossings: Narrative Strategies in Science Studies and among Physicists in Tsukuba Science City, Japan. In Pickering 1992: 429 – 65.

Treichler, Paula. 1988. AIDS, Homophobia, and Biomedical Discourse: An Epidemic of Signification. In AIDS: Cultural Analysis/Cultural Activism, ed. Douglas Crimp, 31 – 70. Cambridge: MIT Press.

——1989. AIDS and HIV Infection in the Third World: First World Chronicles. In Remaking History, ed. Barbara Kruger and Phil Mariani, 31 – 86. New York: Dia Art Foundation.

——1991. How to Have Theory in an Epidemic: The Evolution of AIDS Treatment Activism. In Technoculture, ed. Constance Penley and Andrew Ross, 57 – 106. Minneapolis: University of Minnesota Press.

——1992. AIDS, HIV, and the Cultural Construction of Reality. In The Time of AIDS, ed. Gilbert Herdt and Shirley Lindenbaum, 65 – 98. Beverly Hills: Sage.

Tuana, Nancy, 1988. Feminism and Science II. Hypatia 3: 1 – 168.

Turner, Stephen. 1994. The Social Theory of Practices. Chicago: University of Chicago Press.

Van Fraassen, Bas. 1980. The Scientific Image. Oxford: Clarendon.

Wartenburg, Thomas. 1990. The Forms of Power. Philadelphia: Temple University Press.

Werskey, Gary. 1978. The Visible College. New York: Holt, Rinehart, and Winston.

Wheeler, Samuel C., III. 1986. Indeterminacy of French Interpretation: Derrida and Davidson. In Truth and Interpretation: Perspectives on the Philosophy of Donald Davidson, ed. Ernest LePore, 477 – 94. Oxford: Blackwell.

——1989. Metaphor according to Davidson and de Man. In Redrawing theLines: Analytic Philosophy, Deconstruction, and Literary Theory, ed. Reed Dasenbrock, 116 – 39. Minneapolis: University of Minnesota Press.

——1991. True Figures: Metaphor, Social Relations, and the Sorites. In The Interpretive Turn, ed. David Hiley, James Bohman, and Richard Shusterman, 197 – 217. Ithaca: Cornell University Press.

Willians, Michael. 1986. Do We (Epistemologists) Need a Theory of Truth? Philosophical Topics 14: 233 – 42. 271.

——1991. Unnatural Doubts: Epistemological Realism and the Basis of Scepticism. Oxford: Basil Blackwell.

Winch, Peter. 1958. The Idea of a Social Science and Its Relation to Philosophy.

London: Routledge & Kegan Paul.

——1964. Understanding a Primitive Society. American Philosophical Quarterly 1: 307-24.

Winner, Langdon. 1977. Autonomous Technology. Cambridge: MIT Press.

Wittgenstein, Ludwig. 1953. Philosophical Investigations. Oxford: Basil Blackwell.

Woolgar, Steve. 1983. Irony in the Social Study of Science. In Knorr-Cetina and Mulkay 1983: 239-66.

——1988a. Knowledge and Reflexivity: New Frontiers in the Sociology of Knowledge. Beverly Hills: Sage.

——1988b. Reflexivity Is the Ethnographer of the Text. In Woolgar 1988a: 15-34.

——1988c. Science: The Very Idea. London: Tavistock.

——1991. The Very Idea of Social Epistemology. Inquiry 34: 377-89.

——1992. Some Remarks about Positionism: A Reply to Collins and Yearley. In Pickering 1992: 327-42.

Wylie, Alison. 1991. Gender Theory and the Archaeological Record: Why Is There No Archaeology of Gender? In Engendering Archaeology: Women and Prehistory, ed. Joan M. Gero and Margaret W. Conkey, 31-54. Oxford: Blackwell.

——1992. The Interplay of Evidential Constraints and Political Interests: Recent Archaeological Research on Gender. American Antiquity 57: 15-35.

——Forthcoming. The Constitution of Archaeological Evidence: Gender Politics and Science. In Galison and Stump forthcoming.